NCS 적용교육!!

Advance Hair Coloring

어드밴스 헤어컬러링

메디시인

머리말

최근 우리나라는 모든 기술직종에서 국가직무능력표준(NCS, National Competency Standards)을 제정하여 산업현장에서 성공적이고도 효율적인 직무수행 능력을 갖도록 필요한 지식과 기술, 그리고 소양 등을 체계화하여 기술 및 학습 교육의 표준화를 이루었습니다.

이 책은 이 준거에 의하여 NCS 능력단위 중 어드벤스 헤어컬러링 '헤어서비스 준비 〈1201010117_16v3〉, 특수목적 샴푸 〈1201010119_17v4〉, 디자인 헤어컬러 〈1201010137_17v4〉, 크리에이티브 헤어컬러 〈1201010146_17v4〉'를 완벽하게 실행할 수 있도록, 교육과정을 특수목적 샴푸의 이해와 실습, 디자인 헤어컬러 및 크리에이티브 헤어컬러의 이해와 실습으로 나누었고 실습 사진을 세세히 촬영, 수록하여 학생들로 하여금 자세하고도 쉽게 이해하게 하려는 의도에서 집필되었습니다.

이와 같이 헤어서비스 준비에서 특수목적 샴푸 및 디자인, 크리에이티브 헤어컬러 기본 이해로부터 다양한 실습까지를 습득함으로써 산업현장에 나아가 헤어컬러 샴푸 및 디자인헤어컬러 및 크리에이티브 컬러를 자신감 있게 시행하고 나아가 손님들에게 인정을 받도록 하는 것이 이 책의 목표입니다.

이 분야의 새로운 학습 모듈이 제시되는 등 시대에 따른 변화에도 연구를 게을리하지 않을 것을 약속드리며, 아울러 교수님들의 지도와 성원을 부탁드립니다.

끝으로 실습과 촬영에 적극적으로 참여해 주신 선생님들과 편집디자인 및 출판을 위해 애써주신 메디시언 임직원들에게도 심심한 감사의 말씀을 드립니다.

무술년 팔월에

필자 대표 박 은 준

차례

Contents

차례

Contents

차례

Chapter 1

NCS 3, 5수준 응용 헤어컬러링

1. 교과목 PROFILE
2. NCS기반 강의계획서
3. 주차별 강의계획서

Chapter 1

NCS 3, 5수준 응용 헤어컬러링

1. 교과목 PROFILE

대분류	중분류	소분류	세분류
숙박 · 여행 · 오락	이 · 미용	이 · 미용 서비스	헤어미용
능력단위 수준	3, 5 수준		
능력단위 명칭	헤어서비스 준비 〈1201010117_16v3〉 특수목적 샴푸 〈1201010119_17v4〉 디자인 헤어컬러 〈1201010137_17v4〉 크리에이티브 헤어컬러 〈1201010146_17v4〉		
교과목표	1. 헤어서비스 준비란 미용업소에서 고객에게 헤어커트, 헤어펌, 헤어컬러, 드라이 등의 서비스 제공에 필요한 재료, 도구, 기구 등을 준비하는 능력이다. 2. 특수목적 샴푸란 헤어컬러, 헤어펌 등의 화학적 제품을 사용한 미용서비스후 두피와 모발에 남아 있는 화학 성분을 세정하는 능력이다. 3. 디자인 헤어컬러란 고객의 요구에 따라 헤어컬러 디자인을 설계하고 그에 따른 염 · 탈색제를 선정하고 배합한 후 다양한 도포기법을 사용하여 헤어컬러를 완성하는 능력이다. 4. 크리에이티브 헤어컬러란 고객의 요구, 외형적 특징, 트렌드 등을 반영하여 헤어컬러 디자인을 제안하고 연출하는 능력이다.		

능력단위 명칭	단원명 (능력단위 요소명)	교과내용
헤어서비스 준비 〈1201010117_16v3〉	헤어컬러 준비하기 〈201010117_ 16v3.3〉	3.1 피부보호를 위해 얼굴, 목, 귀 등에 보호제품을 도포할 수 있다. 3.2 고객의 옷에 염모제가 묻지 않도록 어깨보, 가운 등을 착용해 줄 수 있다. 3.3 헤어컬러 서비스 전 알레르기 반응 확인을 위해 패치 테스트(Patch Test)를 할 수 있다. 3.4 헤어컬러 서비스 전 희망색상을 확인하기 위해 스트랜드 테스트(Strand Test)를 할 수 있다. 3.5 모발 상태에 따른 전처리제를 처리할 수 있다.

능력단위 명칭	단원명 (능력단위 요소명)	교과내용
특수목적 샴푸 〈1201010119_17v4〉	특수목적 샴푸하기 〈1201010119_ 17v4.1〉	1.1 헤어컬러, 헤어펌 등 미용서비스에 사용한 화학제품의 종류를 정확하게 파악하고 샴푸제를 선택할 수 있다. 1.2 염모제를 제거할 경우 사용한 약제와 테크닉의 특성을 고려하여 샴푸 순서와 방법을 결정할 수 있다. 1.3 모발과 두피로부터 화학제품이 충분하게 제거될 수 있도록 샴푸할 수 있다.
	특수목적 트리트먼트하기 〈1201010119_ 17v4.2〉	2.1 헤어트리트먼트제를 모발에 도포한 후 두피지압과 매니플레이션을 할 수 있다. 2.2 헤어트리트먼트제가 페이스라인, 귀, 두피 등에 남지 않도록 충분하게 헹굴 수 있다. 2.3 타월로 모발의 물기를 제거한 후 두상을 타월로 감쌀 수 있다. 2.4 샴푸대 및 주변을 깨끗하게 정리한 후 고객을 서비스 공간으로 안내할 수 있다.
디자인 헤어컬러 〈1201010137_17v4〉	디자인 헤어컬러하기 〈1201010137_ 17v4.1〉	1.1 고객의 희망색상에 대한 발색가능정도를 확인하기 위해 스트렌드 테스트를 할 수 있다. 1.2 고객의 요구와 모발 상태에 따라 염 · 탈색제를 선정하여 배합할 수 있다. 1.3 디자인에 따른 도포방법 및 사용도구를 결정할 수 있다. 1.4 호일워크, 발레아주, 존컬러 등 도포방법에 따라 모발에 염모제를 도포할 수 있다. 1.5 원하는 컬러를 얻기 위해 가온기 사용여부를 결정할 수 있다.
	디자인 헤어컬러 마무리하기 〈1201010137_ 17v4.2〉	2.1 헤어컬러 마무리 샴푸 시 에멀전 여부를 결정 할 수 있다. 2.2 사용한 염모제와 염색방법의 특성을 고려하여 샴푸순서와 방법을 결정할 수 있다. 2.3 모발보호와 헤어컬러의 지속성을 위해 후처리를 할 수 있다. 2.4 헤어스타일링 제품과 도구를 사용하여 마무리할 수 있다.
크리에이티브 헤어컬러 〈1201010146_17v4〉	크리에이티브 헤어컬러하기 〈1201010146_ 17v4.1〉	1.1 고객의 퍼스널컬러를 진단하고 최신 트렌드를 반영한 헤어컬러 디자인을 제안할 수 있다. 1.2 고객의 이전 미용서비스내역에 따라 언더컬러 색소를 추정하여 염모제를 선택할 수 있다. 1.3 고객에게 제안한 헤어컬러디자인을 표현할 수 있는 염색방법을 결정하여 도포할 수 있다.
	크리에이티브 헤어컬러 마무리하기 〈1201010146_ 17v4.2〉	2.1 염색이 퇴색이 되지 않도록 모발에 따라 온도를 조절한 열기구를 선택하여 헤어스타일을 연출할 수 있다. 2.2 모발보호와 컬러유지를 위한 헤어전문제품을 선택하여 마무리할 수 있다. 2.3 염모제 유형에 따른 홈케어 손질을 위한 헤어제품을 추천할 수 있다.

능력단위 명칭	단원명 (능력단위 요소명)	교과내용
교육방법	강의법, 실험실습법, AI 교수법, 문제해결식 수업	
평가시 고려사항	헤어서비스 준비 〈1201010117_16v3〉	① 수행준거에 제시되어 있는 내용을 성공적으로 수행할 수 있는지를 평가해야 한다. ② 평가자는 다음 사항을 평가해야 한다. • 수행준거에 따른 지식 · 기술 · 태도의 습득정도 • 헤어서비스 유형에 따라 정확하고 신속한 준비상태 • 고객과의 커뮤니케이션 및 응대 능력
	특수목적 샴푸 〈1201010119_17v4〉	① 수행준거에 제시되어 있는 내용을 성공적으로 수행할 수 있는지를 평가해야 한다. ② 평가자는 다음 사항을 평가해야 한다. • 수행준거에 따른 지식 · 기술 · 태도의 습득 능력 • 두피 · 모발 유형 및 서비스 목적에 따른 샴푸제 선정 여부와 샴푸테크닉의 적절성 • 샴푸 종료 후 샴푸제 잔류여부 확인 • 타월 드라이와 타월밴드의 적정성 • 샴푸대 주변 정리 · 정돈 상태
	디자인 헤어컬러 〈1201010137_17v4〉	① 수행준거에 제시되어 있는 내용을 성공적으로 수행할 수 있는지를 평가해야 한다. ② 평가자는 다음 사항을 평가해야 한다. • 수행준거에 따른 지식 · 기술 · 태도의 습득 능력 • 모발 손상과 두피 자극을 최소화 하는 능력 • 헤어 컬러제 도포 숙련도 • 피부와 의복에 염 · 탈색제가 묻지 않게 도포하는 기술 • 염모제 선택 및 배합과 사용의 적정성 • 고객만족도를 위해 노력하는 자세
	크리에이티브 헤어컬러 〈1201010146_17v4〉	① 수행준거에 제시되어 있는 내용을 성공적으로 수행할 수 있는지를 평가해야 한다. ② 평가자는 다음 사항을 평가해야 한다. • 수행준거에 따른 지식 · 기술 · 태도의 습득 능력 • 모발 손상과 두피 자극을 최소화 하는 헤어컬러 서비스 능력 • 컬러의 발색정도 • 피부와 의복에 염 · 탈색제가 묻지 않게 도포하는 능력 • 고객만족도
평가 방법	A.포트폴리오 B.문제해결 시나리오 C.서술형 시험 D.논술형 시험 E.사례연구 F.평가자 질문 G.평가자체크리스트 H.피평가자 체크리스트 I.일지/저널 · 역할연기 K.구두발표 L.작업장평가 M.기타	
작업기초능력	기술능력(기술이해능력 · 기술적용능력), 문제해결능력(사고력 · 문제처리능력), 대인관계능력(고객 서비스 능력)	

2. NCS 기반 강의계획서

<table>
<tr><td>능력단위명
〈코드〉</td><td colspan="6">헤어서비스 준비 〈1201010117_16v3〉
특수목적 샴푸 〈1201010119_17v4〉
디자인 헤어컬러 〈1201010137_17v4〉
크리에이티브 헤어컬러 〈1201010146_17v4〉</td></tr>
<tr><td rowspan="2">이수구분</td><td colspan="2">이수시간</td><td colspan="2">학점</td><td colspan="2">학년/학기</td></tr>
<tr><td colspan="2"></td><td colspan="2">3학점</td><td colspan="2"></td></tr>
<tr><td>강의실</td><td colspan="2"></td><td colspan="2">요일</td><td colspan="2"></td></tr>
<tr><td>담당교수</td><td colspan="2">(인)</td><td colspan="2">연구실</td><td colspan="2"></td></tr>
<tr><td>연락처</td><td colspan="2"></td><td colspan="2">E-mail</td><td colspan="2"></td></tr>
<tr><td>학습환경</td><td colspan="2">헤어실습실</td><td colspan="2">학습자료</td><td colspan="2">교재</td></tr>
<tr><td>인력양성
유형</td><td colspan="2">• 헤어디자인_L3
(초급헤어디자이너)
• 뷰티디자인전문_L3
(트레이너)</td><td colspan="2">관련자격증</td><td colspan="2"></td></tr>
<tr><td>교과목표</td><td colspan="6">1. 헤어서비스 준비란 미용업소에서 고객에게 헤어커트, 헤어펌, 헤어컬러, 드라이 등의 서비스 제공에 필요한 재료, 도구, 기구 등을 준비하는 능력이다.
2. 특수목적 샴푸란 헤어컬러, 헤어펌 등의 화학적 제품을 사용한 미용서비스 후 두피와 모발에 남아 있는 화학 성분을 세정하는 능력이다.
3. 디자인 헤어컬러란 고객의 요구에 따라 헤어컬러 디자인을 설계하고 그에 따른 염 · 탈색제를 선정하고 배합한 후 다양한 도포기법을 사용하여 헤어컬러를 완성하는 능력이다.
4. 크리에이티브 헤어컬러란 고객의 요구, 외형적 특징, 트렌드 등을 반영하여 헤어컬러 디자인을 제안하고 연출하는 능력이다.</td></tr>
<tr><td>실습장비 및
재료</td><td colspan="6">• 헤어컬러 도구(염색볼, 염색브러시, 전자저울 등)
• 분무기, 핀셋, 염 · 탈색제, 어깨보, 가운, 타월
• 두피 유형별 샴푸제와 컨디셔너제
• 모발 유형별 샴푸제와 컨디셔너제
• 비닐캡, 이어캡, 호일, 랩, 탈지면, 면봉
• 미용장갑, 앞치마, 염색보
• 피부 보호제, 컬러 리무버
• 염색 유지용 헤어 에센스 제품
• 퍼스널 컬러진단도구</td></tr>
<tr><td rowspan="3">교재 및
참고도서</td><td>구분</td><td colspan="2">교재명</td><td>저자</td><td>출판사</td><td>출판년도</td></tr>
<tr><td>주 교재</td><td colspan="2">NCS 적용교육!
3, 5수준
응용 헤어컬러링</td><td>박은준 외</td><td>메디시언</td><td>2018</td></tr>
<tr><td>참고도서</td><td colspan="5"></td></tr>
</table>

수업진행 방식	이론강의	실습	발표	토론	팀 프로젝트	현장견학	코 · 티칭 등 기타
	√	√					

평가방법	A	B	C	D	E	F	G	H	I	J	K	L	M	출석	계(%)
	20		30									30		20	100

A. 포트폴리오 B. 문제해결 시나리오 C. 서술형 시험 D. 논술형 시험
E. 사례연구 F. 평가자 질문 G. 평가자 체크리스트 H. 피평가자 체크리스트
I. 일지/저널 · 역할연기 K. 구두발표 L. 작업장평가 M. 기타

능력단위 명칭〈코드〉	단원명 (능력단위 요소명)	수행준거 (평가내용)
헤어서비스 준비 〈1201010117_16v3〉	헤어컬러 준비하기 〈201010117_16v3.3〉	3.1 피부보호를 위해 얼굴, 목, 귀 등에 보호제품을 도포할 수 있다. 3.2 고객의 옷에 염모제가 묻지 않도록 어깨보, 가운 등을 착용해 줄 수 있다. 3.3 헤어컬러 서비스 전 알레르기 반응 확인을 위해 패치 테스트(Patch Test)를 할 수 있다. 3.4 헤어컬러 서비스 전 희망색상을 확인하기 위해 스트랜드 테스트(Strand Test)를 할 수 있다. 3.5 모발 상태에 따른 전처리제를 처리할 수 있다.
특수목적 샴푸 〈1201010119_17v4〉	특수목적 샴푸하기 〈1201010119_17v4.1〉	1.1 헤어컬러, 헤어펌 등 미용서비스에 사용한 화학제품의 종류를 정확하게 파악하고 샴푸제를 선택할 수 있다. 1.2 염모제를 제거할 경우 사용한 약제와 테크닉의 특성을 고려하여 샴푸 순서와 방법을 결정할 수 있다. 1.3 모발과 두피로부터 화학제품이 충분하게 제거될 수 있도록 샴푸할 수 있다.
	특수목적 트리트먼트하기 〈1201010119_17v4.2〉	2.1 헤어트리트먼트제를 모발에 도포한 후 두피지압과 매니플레이션을 할 수 있다. 2.2 헤어트리트먼트제가 페이스라인, 귀, 두피 등에 남지 않도록 충분하게 헹굴 수 있다. 2.3 타월로 모발의 물기를 제거한 후 두상을 타월로 감쌀 수 있다. 2.4 샴푸대 및 주변을 깨끗하게 정리한 후 고객을 서비스 공간으로 안내할 수 있다.
디자인 헤어컬러 〈1201010137_17v4〉	디자인 헤어컬러하기 〈1201010137_17v4.1〉	1.1 고객의 희망색상에 대한 발색가능정도를 확인하기 위해 스트렌드 테스트를 할 수 있다. 1.2 고객의 요구와 모발 상태에 따라 염?탈색제를 선정하여 배합할 수 있다. 1.3 디자인에 따른 도포방법 및 사용도구를 결정할 수 있다. 1.4 호일워크, 발레아주, 존컬러 등 도포방법에 따라 모발에 염모제를 도포할 수 있다. 1.5 원하는 컬러를 얻기 위해 가온기 사용여부를 결정할 수 있다.

<table>
<tr><td></td><td>디자인
헤어컬러
마무리하기
〈1201010137_
17v4.2〉</td><td colspan="2">2.1 헤어컬러 마무리 샴푸 시 에멀전 여부를 결정 할 수 있다.
2.2 사용한 염모제와 염색방법의 특성을 고려하여 샴푸순서와 방법을 결정할 수 있다.
2.3 모발보호와 헤어컬러의 지속성을 위해 후처리를 할 수 있다.
2.4 헤어스타일링 제품과 도구를 사용하여 마무리할 수 있다.</td></tr>
<tr><td rowspan="2">크리에이티브
헤어컬러
〈1201010146_
17v4〉</td><td>크리에이티브
헤어컬러하기
〈1201010146_
17v4.1〉</td><td colspan="2">1.1 고객의 퍼스널컬러를 진단하고 최신 트렌드를 반영한 헤어컬러 디자인을 제안할 수 있다.
1.2 고객의 이전 미용서비스내역에 따라 언더컬러 색소를 추정하여 염모제를 선택할 수 있다.
1.3 고객에게 제안한 헤어컬러디자인을 표현할 수 있는 염색방법을 결정하여 도포할 수 있다.</td></tr>
<tr><td>크리에이티브
헤어컬러
마무리하기
〈1201010146_
17v4.2〉</td><td colspan="2">2.1 염색이 퇴색이 되지 않도록 모발에 따라 온도를 조절한 열기구를 선택하여 헤어스타일을 연출할 수 있다.
2.2 모발보호와 컬러유지를 위한 헤어전문제품을 선택하여 마무리할 수 있다.
2.3 염모제 유형에 따른 홈케어 손질을 위한 헤어제품을 추천할 수 있다.</td></tr>
<tr><td>능력단위
명칭〈코드〉</td><td colspan="3">관련 지식 (K), 기술(S), 태도(A)</td></tr>
<tr><td rowspan="3">헤어서비스
준비
〈1201010117_
16v3〉</td><td rowspan="3">헤어컬러
준비하기
〈201010117_
16v3.3〉</td><td>지식(K)</td><td>• 모발과학에 관한 지식
• 패치테스트와 스트랜드테스트에 관한 지식
• 전처리 제품과 피부보호제의 역할과 사용법에 관한 지식</td></tr>
<tr><td>기술(S)</td><td>• 패치테스트 테크닉
• 스트랜드테스트 테크닉
• 전처리 기술</td></tr>
<tr><td>태도(A)</td><td>• 고객의 안전을 살피는 주의깊은 태도
• 모발의 상태를 정확하게 판단하려는 의지
• 고객 차트의 작업지시 사항을 준수하려는 자세</td></tr>
<tr><td rowspan="2">특수목적 샴푸
〈1201010119_
17v4〉</td><td rowspan="2">특수목적 샴푸
하기
〈1201010119_
17v4.1〉</td><td>지식(K)</td><td>• 샴푸의 성분과 작용원리
• 화학제품을 사용한 미용서비스에 적합한 샴푸 지식
• 헤어컬러의 명도 및 채도에 따른 샴푸순서에 관한지식
• 에멀전에 관한 지식</td></tr>
<tr><td>기술(S)</td><td>• 화학제품을 사용한 미용서비스별 샴푸제 선택 능력
• 화학제품을 충분히 제거하기 위한 샴푸 능력
• 두피 지압 및 매니플레이션 테크닉
• 수온과 수압 조절 능력
• 고객 응대에 관한 능력</td></tr>
</table>

		태도(A)	• 화학 성분의 잔여물을 깨끗하게 제거하려는 자세 • 샴푸 시 염모제나 펌제 등이 의복과 피부에 닿지 않도록 주의하는 자세 • 고객의 얼굴이나 옷에 물이 흐르지 않도록 주의하는 태도 • 샴푸과정에서 불편한 사항을 수시로 점검하는 자세
	특수목적 트리트먼트하기 〈1201010119_17v4.2〉	지식(K)	• 두피 지압과 매니플레이션의 효과에 관한 지식 • 적정한 수온과 수압에 관한 지식 • 미용서비스 목적에 적합한 컨디션 및 트리트먼트에 관한 지식
		기술(S)	• 두상의 지압 매니플레이션 • 샴푸 및 트리트먼트 테크닉 • 수온과 수압을 조절하는 능력 • 타월드라이와 타월밴드하는 능력
		태도(A)	• 고객의 얼굴이나 옷에 물이 흐르지 않도록 주의하는 태도 • 미용서비스과정에서 불편한 사항을 수시로 점검하는 자세
디자인 헤어컬러 〈1201010137_17v4〉	디자인 헤어컬러하기 〈1201010137_17v4.1〉	지식(K)	• 염 · 탈색제의 성분, 종류, 작용원리 • 스트랜드 테스트(Strand test) 방법 • 희망색과 모발상태에 따른 염 · 탈색제 배합법 • 리터치, 존컬러, 호일워크 등 도포기법 • 가온기 사용법과 염모제 처리시간에 관한 지식
		기술(S)	• 고객의 모발색상과 희망색상에 따라 컬러레벨과 반사 빛을 조절하는 기술 • 염색디자인과 모발 상태에 따른 염 · 탈색제 도포 기술 • 염 · 탈색제가 두피나 피부에 묻지 않게 도포하는 기술 • 염탈색 도구와 가온기기 사용 기술 • 염탈색으로 인한 두피와 피부 트러블을 진정시키는 기술 • 리터치, 슬라이스 및 위빙에 관한 호일워크 기술
		태도(A)	• 헤어컬러서비스 계획을 정확하게 수행하려는 자세 • 고객의 요구를 정확하게 판단하고 만족을 위해 노력하는 태도 • 디자인의 완성도를 높이려는 태도 • 고객의 불편을 확인하고 대처하는 자세 • 주변을 정돈하고 도구를 청결하게 정리하는 자세 • 두피를 자극하지 않고 모발 손상을 최소화하려는 태도 • 제품의 정량사용으로 자원낭비와 환경오염을 최소화하려는 노력

	디자인 헤어컬러 마무리하기 〈1201010137_17v4.2〉	지식(K)	• 유화작업에 대한 지식 • 색상유지를 위한 후처리 지식 • 스타일링 제품과 도구에 관한 지식
		기술(S)	• 샴푸 전 유화작업 능력 • 염모제 제거 순서에 따른 마무리샴푸 능력 • 색상지속력을 높이는 후처리 능력 • 스타일링 도구 사용기술 • 헤어스타일 연출기술과 헤어스타일링 제품 사용능력
		태도(A)	• 고객만족을 위해 노력하는 태도 • 홈 케어 방법을 정확하게 안내하는 자세
크리에이티브 헤어컬러 〈1201010146_17v4〉	크리에이티브 헤어컬러하기 〈1201010146_17v4.1〉	지식(K)	• 모발과학과 인체생리에 관한 지식 • 색채와 퍼스널컬러에 관한 지식 • 염 · 탈색제의 종류와 특징 및 사용법에 관한 지식 • 모발상태와 목적에 적합한 헤어컬러 기법에 관한 지식 • 헤어컬러디자인 패턴에 따른 도해도를 이해하고 분석하는 지식 • 존컬러, 그라데이션 컬러, 투톤컬러, 호일워크 등의 테크닉에 관한 지식 • 헤어컬러디자인에 대한 지식
		기술(S)	• 고객에게 어울리는 퍼스널 컬러를 진단하는 기술 • 염색 및 탈색제를 선정하고 활용하는 능력 • 모발상태를 진단하고 염색목적에 따라 과정을 결정하는 기술 • 디자인을 도해도로 작성할 수 있는 능력 • 헤어컬러 디자인 패턴에 관한 기술 • 고객 요구에 맞게 투톤 컬러 트랜드 응용 기술 • 고객 요구에 맞게 하이라이트, 판넬 윅을 응용하는 기술 • 염색 진단에 따른 염색 포뮬레이션 처방 기술 • 피부컬러, 모발색, 눈동자 컬러를 대조 및 파악하는 능력 • 퍼스널 컬러 진단도구를 활용하는 능력 • 설문도구를 사용하여 고객과 면담을 진행 하는 능력 • 설문도구를 분석하는 능력

<table>
<tr><td rowspan="4">크리에이티브
헤어컬러
〈1201010146_
17v4〉</td><td></td><td>태도(A)</td><td>• 고객만족을 위해 노력하는 자세
• 사용공간을 청결하게 사용하고 정리정돈하려는 노력
• 염 · 탈색제의 정량사용으로 자원 낭비와 환경오염을 최소화하려는 노력
• 고객의 안전을 고려하는 태도
• 의도한 디자인을 중간과정에서 확인하는 태도
• 고객의 요구에 맞는 디자인을 수용 및 적용하는 태도
• 서비스 시 두피를 자극하지 않도록 주의하는 자세
• 디자인의 창의성과 완성도를 높이려는 태도
• 고객의 불편을 확인하고 대처하는 자세
• 염색방법에 따른 결과를 확인하는 태도
• 주변을 정돈하고 도구를 청결하게 정리하는 자세
• 퍼스널 컬러진단 도구를 관리하는 노력
• 면담 진행시 편안한 분위기를 연출하려는 노력
• 고객의 피부컬러, 모발색, 눈동자컬러에 대해 선입견을 갖지 않는 노력</td></tr>
<tr><td rowspan="3">크리에이티브
헤어컬러
마무리하기
〈1201010146_
17v5.2〉</td><td>지식(K)</td><td>• 모발 보호와 컬러유지에 관련된 지식
• 온도가 모발 변색에 미치는 영향에 관한 지식
• 헤어컬러 공용 리무버 사용에 관한 지식
• 염색모발에 알맞은 드라이 온도에 관한 지식
• 컬러유지와 사후손질을 위한 헤어제품에 관한 지식</td></tr>
<tr><td>기술(S)</td><td>• 열기구를 사용한 스타일링 기술
• 염색 모발에 알맞은 드라이 온도를 파악하는 기술
• 염색 모발상태에 알맞은 사후손질 주기를 제안하는 기술
• 다양한 헤어제품을 숙련되게 사용하는 기술</td></tr>
<tr><td>태도(A)</td><td>• 열기구 등 기기를 안전하게 사용하려는 노력
• 모발상태에 따른 컬러유지 기간을 세심하게 확인해 주려는 노력
• 모발보호와 컬러유지가 모발상태에 따라서 다를 수 있음을 인지하고 대처하는 노력</td></tr>
</table>

3. 주차별 강의계획서

<table>
<tr><th>주차</th><th colspan="2">학습내용
(단원명)</th><th>수업(수행)목표</th><th>수업
방식</th><th>수업
매체 및
자료</th><th>평가</th></tr>
<tr><td>1</td><td colspan="2">응용 헤어컬러 이론</td><td>• 색채이해와 퍼스널 컬러를 진단하기 위한 지식과 염색실기 이론을 습득한다.</td><td>강의</td><td>교재</td><td></td></tr>
<tr><td>2</td><td colspan="2">퍼스널 컬러 톤표 만들기</td><td>• 주차별 강의 계획서</td><td>강의,
실습</td><td>교재</td><td></td></tr>
<tr><td>3</td><td rowspan="8">디자인 헤어컬러</td><td>리터치 도포기법 (원터치 : 새치커버)</td><td>• 고객의 희망색상에 대한 발색가능 정도를 확인하고 원터치 기법인 새치커버를 수행 할 수 있다.</td><td>강의,
실습</td><td>교재</td><td></td></tr>
<tr><td>4</td><td>리터치 도포기법 (원터치:뿌리 재염색)</td><td>• 고객의 희망색상에 대한 발색가능 정도를 확인하고 원터치 기법인 뿌리 재염색을 수행 할 수 있다.</td><td>강의,
실습</td><td>교재</td><td></td></tr>
<tr><td>5</td><td>리터치 도포기법 (투터치)</td><td>• 고객의 희망색상에 대한 발색가능 정도를 확인하고 투터치 기법으로 재염색을 수행 할 수 있다.</td><td>강의,
실습</td><td>교재</td><td></td></tr>
<tr><td>6</td><td>리터치 도포기법 (쓰리터치)</td><td>• 고객의 희망색상에 대한 발색가능 정도를 확인하고 쓰리터치 기법으로 재염색을 수행 할 수 있다.</td><td>강의,
실습</td><td>교재</td><td></td></tr>
<tr><td>7</td><td>호일워크 기법 (위빙)</td><td>• 고객의 희망색상에 대한 발색가능 정도를 확인하고 호일워크기법 중 위빙 테크닉으로 수행 할 수 있다.</td><td>강의,
실습</td><td>교재</td><td></td></tr>
<tr><td>8</td><td>호일워크 기법 (슬라이싱)</td><td>• 고객의 희망색상에 대한 발색가능정도를 확인하고 호일워크기법 중 슬라이싱 테크닉으로 수행 할 수 있다.</td><td>강의,
실습</td><td>교재</td><td>1차
(서술형
시험)</td></tr>
<tr><td>9</td><td>존컬러 기법</td><td>• 고객의 희망색상에 대한 발색가능정도를 확인하고 각각의 섹션에 따른 존 컬러 기법으로 헤어컬러 디자인을 수행 할 수 있다.</td><td>강의,
실습</td><td>교재</td><td></td></tr>
<tr><td>10</td><td>발레아주 기법</td><td>• 고객의 희망색상에 대한 발색가능정도를 확인하고 발레아주 기법으로 헤어컬러를 수행 할 수 있다.</td><td>강의,
실습</td><td>교재</td><td></td></tr>
</table>

주차	학습내용 (단원명)		수업(수행)목표	수업 방식	수업 매체 및 자료	평가
11	크리에이티브 헤어컬러	그라데이션 컬러	• 퍼스널 컬러를 진단하고 고객에게 어울리는 그라데이션 컬러 기법으로 트랜디한 컬러를 수행 할 수 있다.	강의, 실습	교재	
12		투톤컬러	• 퍼스널 컬러를 진단하고 고객에게 어울리는 투톤컬러 기법으로 트랜디한 컬러를 수행 할 수 있다.	강의, 실습	교재	
13		탈 · 염 디자인 컬러	• 퍼스널 컬러를 진단하고 고객에게 어울리는 탈색과 염색의 두 가지염색 기법으로 트랜디한 컬러를 수행할 수 있다.	강의, 실습	교재	
14		톤다운	• 퍼스널 컬러를 진단하고 고객에게 어울리는 톤다 • 운 기법으로 트랜디한 컬러를 수행할 수 있다.	강의, 실습	교재	3차 (포트폴리오)
15		창작 헤어컬러 디자인	• 현재 유행하는 컬러를 분석하여 고객에게 어울리는 헤어컬러를 선택하고 도포 기법을 디자인하여 수행할 수 있다.	강의, 실습	교재	2차 (평가자 체크리스트)

Chapter 2

NCS 응용 헤어컬러링 이론

1. 색채이론
2. 퍼스텔 컬러
3. 염색실기 이론

Chapter 2 NCS 응용 헤어컬러링 이론

1 st week

응용 헤어컬러링 이론

학습내용(단원명)	수업 목표
응용 헤어컬러링 이론	• 색채지각의 특성, 색과 톤의 컬러이미지, 모발색에 대해 설명할 수 있다. • 퍼스널 컬러를 이해하고 진단 할 수 있다. • 염색실기에 필요한 이론지식을 습득 할 수 있다.

1. 색채이론

1. 색채지각의 특성

(1) 한색과 난색

① 차가운 계열의 색상의 특징

차가운 색상은 빛을 흡수하며, 반 정도 어둡게 보이므로 차가운 계열색상(회색, 보라, 파랑 등) 표현 시 탈색을 좀 더 밝게 시술한다.

② 따뜻한 계열의 색상의 특징

따뜻한 계열의 색상은 빛을 반사하며, 반 정도 밝게 보이게 한다. (노랑, 주황, 빨강 등)

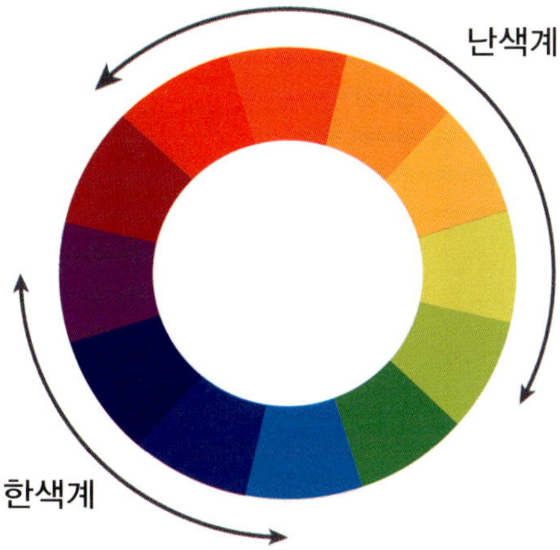

(2) 컬러 디자인[1)2)]

디자인의 법칙은 디자인 요소가 따라야 할 예술적인 배열 패턴으로 크게 5가지로 나뉜다.

1) 반복

모발 색에서 한 색상이 특정한 부분이나 모발 전체에 반복되는 것이다.

▶ One Color 장점

모발 전체에 한 가지 컬러만 사용했을 때 최대한 빛의 반사 효과를 만들 수 있지만 단조롭게 보인다는 단점이 있다.

2) 교대

한 가지 색상에서 다른 색상으로 반복해서 변화한다.

빛의 반사를 깨기 위해 밝은 색상을 교대로 처리한다.

▶ Double Color 장점

① 적절한 색의 혼합 효과로 단일 색상의 단조로움을 극복, 모발의 움직임을 더 잘 볼 수 있다.

② 깔끔하고 세련된 이미지이다.

③ 개인의 전체적인 컬러 이미지를 결정해 준다.

3) 진행(3가지 컬러 이상)

색상이 점진적으로 변하는 것으로 밝은 색상에서 어두운 색상 또는 따뜻한 색조에서 차가운 색조로 진행한다. 입체적인 효과를 만들기 위한 3가지 컬러의 진행이다.

4) 대조

반대되는 요소들의 관계로 디자인에 흥미를 자아내고, 다양성과 재미를 더해준다. 대조 색은 적어도 명도 3 이상의 차이가 나야 한다.

5) 조화

명도나 색조가 비슷한 색상을 어울리게 혼합해 놓은 것이다.

두 가지 색상이 쓰여 자연 모발 색과 섞여 자연스러운 빛의 반사를 만들어 낸다.

(3) 색채 조화

1) 색의 촉감

색상에 따라 각기 다른 촉감을 느낄 수가 있는데, 밝고 채도가 높은 색은 부드러운 느낌을 주고 난색 계열은 한색 계열보다 건조한 느낌을 준다. 또 한색 계열은 난색 계열에 비교하여 촉촉한 느낌을 준다.

2) 색의 경중도(輕重度)

경중(輕重)도는 색의 가벼운 느낌과 무거운 느낌을 말하는 것으로 이는 팽창 감과 수축 감과도 관계된다. 일반적으로 실내 장식에서 천장은 가장 밝게 하고, 벽은 조금 어둡게, 바닥을 가장 무겁고 어둡게 처리하는 것은 안정감을 주기 위해서이다. 이를 응용하여 둥근 얼굴을 가진 사람이 두상의 제일 높은 부분인 탑 부분을 밝게, 사이드 부분을 어두운색으로 염색을 하면 키가 커 보이고 얼굴은 좁아 보이는 효과가 있다.

미용실 인테리어를 할 때 시선이 오래 머무르는 곳에 난색 계열의 색상을 사용하면 시간이 길게 느껴지므로 피하는 것이 좋다

3) 색의 온도감[3][4][5]

일반적으로 따뜻하게 느껴지는 색상, 즉 빨강, 주황, 노랑과 같은 색상을 난색이라 하고 차갑게 느껴지는 색상, 즉 파랑, 초록, 보라 등을 한색이라고 한다.

주로 먼셀의 색상환 표에서 오른쪽은 난색이고, 왼쪽은 한색이다.

난색은 혈액순환을 자극하여 따뜻하고 능동적이며 활발한 느낌을 주고, 한색은 혈액순환을 지체시키고, 수동적이거나 냉정하게 보이는 효과가 있다.

2. 색과 톤의 컬러 이미지

(1) 색상 이미지[6][7][8][9][10]

색이란 가장 먼저 눈에 들어오는 시각적인 요소로써 감정에 영향을 미치는 힘을 지니고 있으며 단순히 눈으로 보는 것뿐만 아니라 마음을 움직이고 감정을 움직이는 역할을 한다. 수많은 색은 태양으로부터 주어진 것으로 색상에 따라 사람의 심리에 반응하며 각기 다른 작용으로 영향을 미치고 있다.

▶ **사물을 구체적으로 떠올리는 경우** : 빨강 – 사과, 노랑 – 바나나 등
▶ **특정한 감정을 일으키는 경우** : 보라 – 신비스러움, 초록 – 안정감 등

1) 검은색(Black)

검은색은 명도가 가장 낮은 색으로 어둡지만, 반면 화려하고 세련된 느낌도 있는 색상이다. 헤어컬러로 검은색은 피부를 하얗게 보이도록 하는 효과가 있고, 특유의 깨끗하고 차분한 느낌 때문에 동양인에게 선호되는 헤어칼러이다. 또한 손상된 모발을 건강하게 보이게 하는 효과가 있고 무거운 느낌 때문에 숱도 많아 보인다.

▶ **긍정적 이미지** : 신비, 세련, 위엄, 당당함, 권위, 교양, 힘, 압도
▶ **부정적 이미지** : 공포, 불안, 절망, 슬픔, 침묵, 고독, 부정

2) 회색(Grey)

보수적이면서 깔끔한 이미지를 준다.
모든 색을 흡수해서 안도감을 주는 색이고 수동적이며 조심스럽고, 타협, 평화를 추구하며 스스로 설계한 틀에 맞추려고 한다.

▶ **긍정적 이미지** : 상식, 평온, 점잖음, 기품, 우아함, 세련, 겸손, 절제
▶ **부정적 이미지** : 무기력, 흐림, 내성적, 우울, 고독함

3) 흰색(White)

흰색은 순수하고 청결한 이미지를 나타내며 순결과 정직을 나타내므로 전통적으로 신부를 위한 색으로 선택된다. 감성적인 면에서는 자신의 감정, 사고를 순화하고자 할 때 연상하게 된다.

▶ **긍정적 이미지** : 순수, 순결, 청결, 신뢰, 세련
▶ **부정적 이미지** : 단조로움, 무기력, 추운, 텅 빈, 유령의

4) 빨간색(Red)

빨간색은 강한 빛을 받았을 때 가장 그 색이 두드러진다. 돌출되어 보이는 효과로 인해 무대에서 주연에게 많이 사용되는 색상이고, 정열, 활력, 분노, 생명의 상징을 나타내기도 한다. 또한, 빨간색의 역동적인 활발한 느낌이 모발을 건강하게 보이게 하고, 화려한 분위기 연출에 도움이 되기도 한다. 단, 붉은빛 피부인 사람은 피하는 것이 좋다.

▶ **긍정적 이미지** : 열정, 정열, 에너지, 용기, 힘, 생명력
▶ **부정적 이미지** : 두려움, 공포, 분노, 긴장

5) 주황색(Orange)

주황색은 빨간색의 강함보다는 부드럽고, 노란색이 주는 밋밋함보다는 세련된 느낌을 준다. 특유의 평화롭고 온화한 이미지로 인해 집안 인테리어에 활용하는 경우에는 따뜻한 느낌을 받을 수 있고 실내 벽지나 가구 카펫에 활용했을 경우에는 싫증이 나지 않아 많이 활용된다.

풍성하게 헤어스타일을 보이게 할 수 있어 젊은 세대들의 헤어칼러로 투명한 메이크업과 잘 어울리며 약간 검은 피부에는 세련된 느낌을 더해줄 수 있는 색상이다.

한때 환타 색상이라 하여 주황색 염색이 크게 유행한 시기가 있을 만큼 개성적이고 세련된 느낌을 연출 할 수도 있다.

▶ **긍정적 이미지** : 온화, 따뜻함, 풍요로움, 싱싱함, 넉넉함, 자기 어필
▶ **부정적 이미지** : 부조화, 질투, 인위적, 흥분, 악동

6) 노란색(Yellow)

노란색은 쾌활한 느낌과 이기적인 느낌을 동시에 지니고 있는 색상이다. 한편 명도가 높고 눈에 잘 띄는 색상으로 안전대, 비옷, 그리고 도로의 중앙선을 표시하는 등 주목성이 필요한 곳에 많이 활용되는 색상이다.

선명한 노란색은 깨끗하고 선명한 느낌과 또 특유의 화려함이 있으나, 채도가 낮은 노란색 헤어칼러는 동양인의 피부에는 칙칙한 느낌을 줄 수 있다.

▶ **긍정적 이미지** : 따뜻함, 귀여움, 행복감, 미소
▶ **부정적 이미지** : 연약함, 유치함, 질투, 배신자

7) 갈색(Brown)

갈색은 차분하고 무난한 색상으로 옅은 갈색에서 짙은 갈색까지 다양한 명도의 갈색이 헤어칼라로 활용된다. 자칫 무거워 보이는 우리나라 사람들 헤어스타일에 눈에 많이 띄지 않으면서 가벼운 느낌을 주는 효과가 있기 때문에 많이 사용되고 있다.

▶ **긍정적 이미지** : 안정, 클래식, 소박, 침착함, 편안한, 겸손
▶ **부정적 이미지** : 촌스러움, 보수적, 수수함, 게으름

8) 초록색(Green)

초록색 자체는 안정과 평화의 상징으로 마음을 편안하게 해주는 효과가 있다. 하지만 명도와 채도 변화 때문에 많은 차이가 있어서 선명한 초록색상은 전체 염색보다는 포인트 컬러로 연출하기에 적당하고, 관용색명으로 '카키'라 부르는 색상은 세련되고 매트(mat)한 느낌으로 젊은 층에 인기가 있는 헤어컬러이다.

▶ **긍정적 이미지** : 생명력, 편안함, 건강, 안정, 성장, 회복, 안전, 여운
▶ **부정적 이미지** : 시기심, 자기 억제, 재앙, 탐욕, 부식, 도덕적 타락, 광기

9) 파란색(Blue)

고대에는 지혜로운 이미지의 색상으로 학자들을 상징하였으나 현대에는 희망이나 청결한 이미지로 영상매체에서 많이 사용된다.

파란색은 명도나 채도에 따라 주는 느낌이 크게 다른데 선명한 파란색은 시원하고 상쾌한 느낌, 저명도인 네이비블루, 남색 등의 파란색은 안정, 무게감, 냉정한 느낌도 들 수 있다. 또 저채도인 하늘색은 젊음의 상징으로 Y-셔츠나, T-셔츠 등에 많이 활용된다.

헤어컬러에 활용될 때는 투명한 분홍색 메이크업과 잘 어울린다.

▶ **긍정적 이미지** : 시원함, 냉철함, 정직, 편안함, 명상, 영원
▶ **부정적 이미지** : 냉담, 상실, 우울, 긴장, 슬픔

10) 보라색(Violet)

보라색은 우아하고 신비로움의 상징으로 그 명도나 채도의 변화에 따라 느낌이 차이가 난다. 명도가 높은 분홍색은 어리고 순종적인 느낌인데 반해 짙은 자주색이나 깊은 보라색은 매우 중후하고 고독한 느낌, 차가운 느낌마저 든다.

헤어컬러에서 보랏빛은 특유의 서늘함으로 반사 빛에 활용되어 겨울에는 우아하게 보이고, 여름에도 서늘한 느낌으로 표현될 수 있는 색상이다.

그리고 명도가 높은 모발에 분홍빛이 나는 염색을 하면 부드럽고 피부색상이 밝아 보이는 효과가 있다.

▶ **긍정적 이미지** : 우아함, 고귀함, 화려, 신비로움, 통찰력, 상상력
▶ **부정적 이미지** : 외로움, 우울, 상처, 갈등, 불안정, 오만, 비애, 화려, 사치

(2) 톤의 이미지[11)12)13)14)]

컬러 톤은 일반적으로 색의 강약과 농담 등 색의 모양을 말하지만 좁은 의미로는 명도와 채도를 합친 복합적 개념으로 정의할 수 있다.

톤의 이미지는 같은 색상에서도 명암, 강약, 농담 등의 차이를 두어 색상을 분류한다.

즉, 톤이 같은 색은 색상 자체가 바뀌어도 감정 효과는 공통되므로 톤의 이미지를 알아두면 그 톤에 속하는 어떤 색을 사용하더라도 그 이미지에 가깝게 연출할 수 있다.

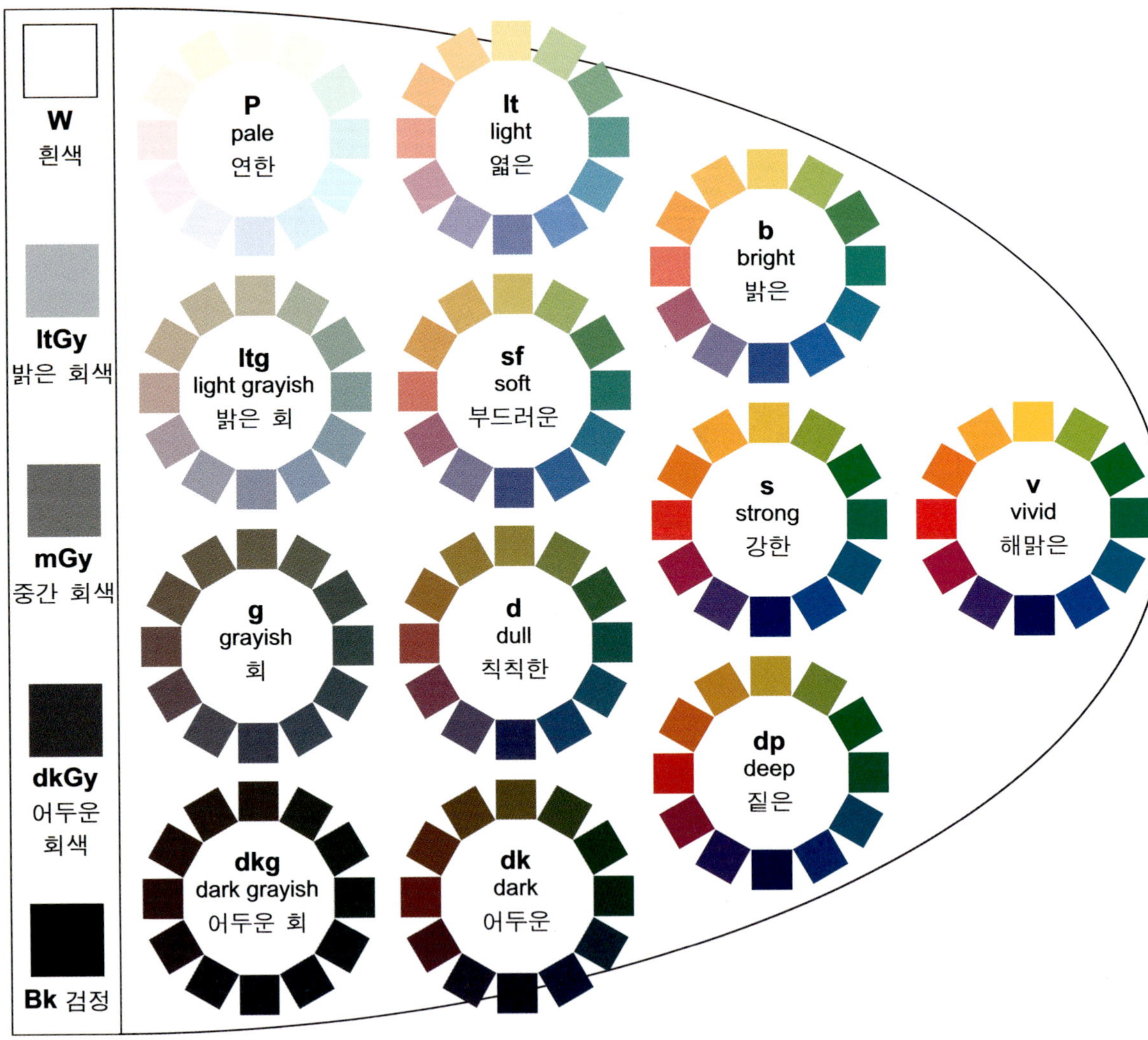

1) Vivid(선명한)

선명한, 강렬한, 생생한, 활발한, 산뜻한

흰색이나 검은색이 섞이지 않은 순색으로 가장 원색에 가깝고 채도가 높으므로 선명하고 화려하다. 비비드한 컬러는 화려하므로 사람의 눈을 끌고 주목성이 높다. 자유분방함을 강조하는 캐주얼이나 스포티 팝스타일에 잘 어울린다.

2) Strong(기본, 강한)

강한, 정열적인, 활동적인, 적극적인

기본 톤(Primary tone)은 기본적인 색으로 빨강, 노랑, 주황, 초록 등 흰색이나 검은색이 섞이지 않은 순색으로 강한 원색의 톤을 말한다.

3) Light(밝은)

밝은, 선명한, 맑은, 깨끗한, 투명한, 엷은

명도가 높아지면서 색감은 그대로 유지하며 밝고 깨끗한 느낌을 준다. 라이트 톤은 톤 중에서도 가장 깨끗하고 맑은 색조로 신선해 보이는 톤이다. 명랑한 이미지를 연출하거나 밝고 화려한 느낌의 유희적인 디자인에 적합하다고 할 수 있다.

4) Pale & Soft(연한, 흐린)

연한, 얇은, 창백한, 약한, 부드러운, 푹신한

페일 톤은 명도가 밝은 톤으로 흐리지 않고 부드러우며 고명도의 약한 색상의 연한 톤이다.

소프트 톤은 지나치게 밝거나 어둡지 않은 중간 정도의 명도와 채도로 거부감이 느껴지지 않는 부드럽고 온화하며 은은한 이미지를 준다.

5) Dark(어두운)

어두운 톤에 dull, deep, dark 톤이 있다.

- Dull(탁한) : 둔탁한, 소박한, 노화한, 억센, 떫은
- Deep(진한) : 짙은, 깊은, 충실한, 정통적인
- Dark(어두운) : 어두운, 어른스러운, 대장부다운, 원숙한

6) Grayish(회색) 계열

회색은 소량의 원색에 무채색 N5(중명도)를 혼합한 색으로 흰색 량에 따라 Light grayish와 Dark grayish가 있다.

- Light grayish(밝은 회색) : 소박한, 흐릿한, 안개 낀 것 같은, 약한
- Grayish(회색) : 칙칙한, 어두운, 둔한, 소박한, 침착한
- Dark grayish(어두운 회색) : 음침한, 무거운, 딱딱한, 남성적인

7) Whirish(화이티시)

흰, 깨끗한, 약간 하얀, 희끄무레한

가장 밝은 색조로 고명도의 저채도 하얀색의 90% 이상에 약간의 원색을 혼합한 톤이다. 하얀색이 주를 이루는 연한 색조로 부드러움보다 깨끗하고 연한 선명한 이미지를 지니고 있다.

8) Blackish(검은)

모던함, 중후함, 어두운, 권위적, 남성적인, 시크함

검정에 가까운 가장 낮은 어두운 색이다. 거의 검정에 가깝지만, 검정과는 분위기가 다른 깊은 맛이 드는 톤으로 중후하고 엄숙하며 미묘한 신비감을 지니고 있다.

표 2-1 계절에 따른 톤의 분류

계절	톤
봄(spring)	Pale/ Light/ Vivid
여름(summer)	Whitish/ Pale/ Light/ Soff/ Dull
가을(autumn)	Soft/ Dull/ Deep/ Dark
겨울(winter)	Whitish/ Pale/ Vivid/ Strong/ Deep/ Dark

3. 모발 색의 이해[15)]

모발의 색상은 개개인의 유전적인 요인과 환경 및 인종에 따라 다르며, 멜라노사이트에 의해 생성되는 멜라닌(melanin)의 구조 및 생성과정에 의해 모발 색이 결정된다. 모발은 어둡거나 중간색 또는 밝은 색상의 자연 모발색상을 가지게 되는데 이는 똑같은 모발을 가지고 있는 사람은 아무도 없다는 것이다. 모발 색상은 인체에서 변화를 줄 수 있는 외적인 요소라 할 수 있다.

(1) 모발 색상

자연 모발색상은 모피질내의 유멜라닌(eumelanin)과 페오멜라닌(pheomelanin)에 의해 결정된다. 유멜라닌(eumelanin)은 검은색에서 적갈색까지의 진한 색소로서 갈색과 검정 머리의 색을 만들며, 페오멜라닌(pheomelanin)은 빨간색에서 옅은 노란색까지의 색소로 붉은 색조를 띠는 금발 머리와 비교적 밝은 색의 모발을 만든다.

멜라닌(melanin)은 검정색소를 얼마나 생성해 내는가에 따라 짙은 갈색이 포함된 검정 머리를 만들거나 붉은 색소나 노랑 색소가 많을 경우 금발머리나 붉은색의 모발 색상을 만들어 낸다.

1) 자연 모발의 기여 색소

모발 색은 유멜라닌(eumelanin)인 검정과 갈색, 페오멜라닌(pheomelanin)인 빨강과 노란빛으로 구분할 수 있으며, 모발의 멜라닌 속에는 빨강, 노랑, 파랑의 3원색과 여러 가지 중합물질의 작용으로 모발의 색이 나타난다. 멜라닌 색소의 발달과정은 여러 단계를 거치게 되는데 노란 색소가 형성되고 붉은 색소로 변화시킨 후 붉은 색소를 검정 색소로 변화시키게 된다. 따라서 검정모발을 탈색할 경우에는 레드〉 레드오렌지〉 오렌지〉 노랑으로 변화한다.

표 2-2 모발에 따른 멜라닌 색소

모발색	색소
검은머리	빨강 + 노랑 + 파랑
금발머리	빨강 + 노랑 색소의 혼합된 결과 색
붉은머리	빨강 + 검정 색소의 혼합된 결과 색
갈색머리	붉은색 + 검정 색소의 혼합된 결과 색

2) 헤어컬러와 조명

헤어컬러는 햇빛과 조명에 따라 다르게 지각될 수 있다. 햇빛 아래에서의 색상은 인공조명에서보다 더 선명하게 보이므로 실내에서 컬러링 시술 후에 밖으로 나갔을 때 색상이 더 선명하고 반사빛도 더 잘 보일 수 있음을 알아야 한다. 또한 미용실의 조명은 가능하면 자연광에 가깝도록 세팅되어 있어야 컬러를 제대로 볼 수 있다.

백열광	백열광은 헤어컬러가 약간 붉은 기운을 띈다.
형광등	실제보다 푸르고 희끄무레하게 보이게 한다.

2. 퍼스널 컬러

1. 퍼스널 컬러(Personal color)

사람은 피부의 톤, 머리의 질감, 체형, 얼굴형, 성격적인 요소 등 개인이 가지고 있는 고유한 컬러가 있으며 이를 베이스 컬러 또는 퍼스널 컬러라고 한다.

퍼스널 컬러를 분석하고 이를 활용하여 개인에게 맞는 색을 제안할 수 있다.

2. 헤어컬러 이미지(Hair color image)

20세기 초(1919~1923) 스위스 화가이며 색채학자인 요하네스 이텐은 사람들은 본능적으로 가장 잘 어울리는 색을 알아낼 수 있다는 이론을 발표하였고, 이는 헤어, 피부, 눈 등과 밀접한 관련이 있으며 컬러 진단에서 색의 분류는 피부색의 언더 톤이라는 사고에 근본을 두었다. 또한, 피부색의 언더 톤은 다색 배색에서 전체 색조의 공통된 색깔로 느껴지는 배합이라고 말하였다.

헤어 컬러 선택 시 고객이 선호하는 색과 어울리는 색이 일치하지 않는 경우 어떤 색으로 연출할 것인지에 대해 생각해 볼 필요가 있다. 선호 색이 고객의 내적, 주관적 관점에서 선택하는 색이라면 어울리는 색은 외적, 객관적 관점에서의 선택이라고 할 수 있다. 따라서 고객이 사회생활을 하고 타인에게 긍정적 이미지로 주목받아야 할 필요가 있다면 선호 색보다는 어울리는 색으로 연출할 수 있도록 해야 할 것이다.

개개인에 어울리는 색은 사람마다 생김새가 각각 다르듯 개개인의 베이스 컬러(Base Color)인 피부색, 머리카락, 눈동자 색에 따라 결정되며 자신이 가지고 있는 베이스 컬러에 어울리는 색은 퍼스널 컬러(Personal Color)라고 한다. 헤어컬러 뿐만 아니라 의상, 메이크업, 액세서리 등을 선택할 때 퍼스널컬러에 부합되는 컬러를 선택하게 되면 얼굴형과 피부색이 보완되고 얼굴의 결점을 커버하여 자신의 개성을 최대한 살릴 수 있을 뿐 아니라 보다 긍정적 이미지로 자신을 표현할 수 있다.

퍼스널 컬러는 노란기운(Yellow Base)을 띠는 색인 웜 톤(Warm Tone), 푸른 기운(Blue Base)을 띠는 색인 쿨 톤(Cool Tone)으로 구분된다. 웜 톤을 다시 봄, 가을로, 쿨 톤은 여름, 겨울로 나누어 4계절 컬러로 구분할 수 있다.

3. 컬러진단(color creation)

(1) 컬러진단의 개념

컬러진단은 인체의 고유색상인 피부색, 눈동자 색, 머리카락 색을 파악해 피부색과 조화를 이루는 색을 찾아주는 과정이다. 특히, 봄, 여름, 가을, 겨울의 사계절 색을 퍼스널 컬러에 적용하여 개인에게 어울리는 계절 색과 어울리지 않는 색을 찾을 수 있다.

(2) 컬러진단의 목적

컬러진단을 통하여 자신에게 어울리는 퍼스널 컬러를 인식함으로써 긍정적인 외모 개선이 되어 자신감을 느끼게 되고, 이로 인하여 적극적인 대인관계가 성립되며 타인과 차별화된 자아를 발견함으로써 심리적 만족감을 얻을 수 있다.

컬러 이미지 연출로 외적인 아름다움뿐만 아니라 내면의 정신세계도 치료의 효과를 얻을 수 있다. 또한 내면적인 면과 외면적인 만족감으로 사회적인 자아를 구축하여 질 높은 라이프스타일을 만들어 갈 수 있다.

(3) 컬러진단 방법

1) 컬러진단 전의 조건

① 조명은 천연 광 (시간대는 오전 10시에서 오후 3시가 적당)
② 전신거울, 머리색을 감추기 위한 헤어밴드, 무릎까지 덮을 흰 케이프
③ 진단을 받을 사람은 적어도 15일 전에는 얼굴색에 영향을 줄 수 있는 음식물 사용을 금함(vitamin A, 카로틴 등의 성분이 들어간 음식물)
④ 선탠(suntan)을 금함

2) 진단과정

1단계 : 피부색, 눈동자 색, 머리카락 색 분석
2단계 : warm tone과 cool tone의 비교 분석
3단계 : warm tone과 cool tone이 결정되면, soft tone과 hard tone 비교
4단계 : 4계절 중 최종 퍼스널 컬러 선정
5단계 : 진단 결과에 대한 패션, 메이크업, 헤어컬러 이미지 조언

(4) 따뜻한 톤(Warm tone) & 차가운 톤(Cool tone)

개인에게 어울리는 색을 찾는 방법은 여러 가지가 있지만 가장 먼저 따뜻한 색이 어울리는 웜 타입(warm type)과 차가운 색이 어울리는 쿨 타입(cool type)으로 나눈다.

① **웜 타입의 따뜻한 색** : 기본적으로 노란색감을 가지고 있으며, 온화하면서도 동적이 고 감성적인 느낌을 준다.

② **쿨 타입의 차가운 색** : 파랑과 무채색 계열의 색상으로 지적이고 부드럽고 정적이며 이성적인 느낌을 준다.

빛의 반사와 흡수에 의하여 영향을 받는 warm tone 과 cool tone의 개념을 다시 빛의 양에 따라 서 명암, 농담의 soft, hard tone의 개념으로 다시 나눈다.

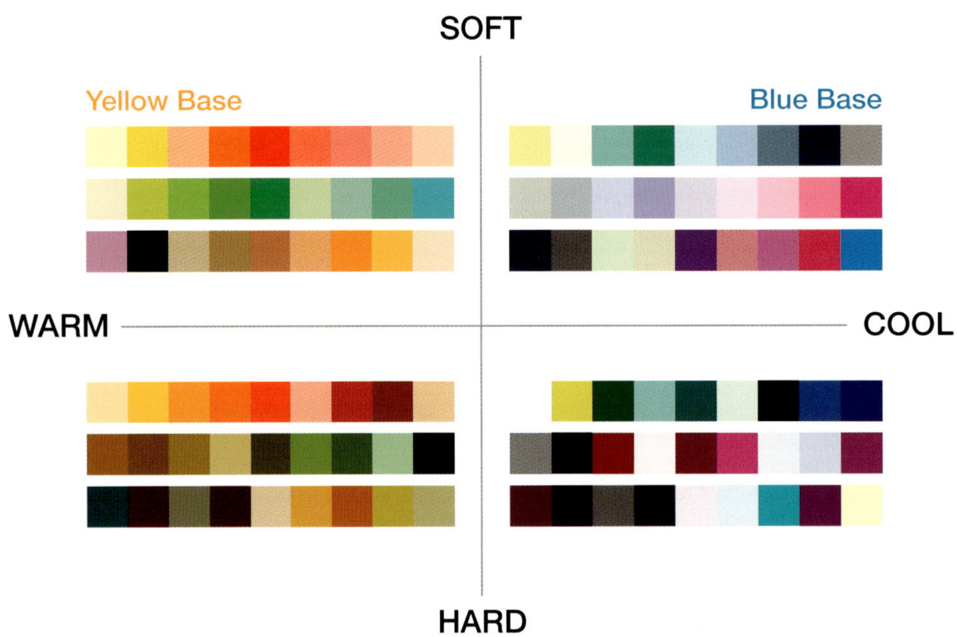

(5) 사계절 컬러

웜 타입과 쿨 타입은 옐로 베이스와 블루베이스로 나눌 수 있으며, 밝고 어두움에 따라 4가지 타입으로 나눈다. 부드럽고 밝은 컬러들은 소프트(라이트)로 구분하고, 깊고 강한 느낌의 컬러들은 하드(다크)로 구분 짓는다.

옐로 베이스의 소프트한 컬러들은 봄(spring) 그룹, 다크한 컬러들은 가을(autumn) 그룹으로 분류한다. 또한 블루베이스의 소프트한 컬러들은 여름(summer) 그룹으로, 블루 베이스의 하드한 컬러들은 겨울(winter) 그룹으로 구분한다.

표 2-3 사계절 유형에 어울리는 사람

계절 유형	어울리는 사람
봄(spring)유형	따뜻하고 부드러운(밝은) 컬러가 어울리는 사람
여름(summer)유형	따뜻하고 진한(어두운) 컬러가 어울리는 사람
가을(autumn)유형	차갑고 부드러운(밝은) 컬러가 어울리는 사람
겨울(winter)유형	따뜻하고 진한(어두운) 컬러가 어울리는 사람

표 2-4 인체 색에 따른 사계절 분류[20)21)22)]

	봄(spring)	여름(summer)	가을(autumn)	겨울(winter)
특징	인상이 밝은 느낌	부드러운 눈동자의 여성스러운 이미지	도회적이며 세련된 이미지	샤프한 인상 비비드한 컬러가 잘 어울리는 선명한 느낌
피부색	노르스름한 피부색 베이지 빛이 감도는 색 붉은 빛이 감도는 색	희고 푸른 빛, 피치컬러, 약간의 핑크빛	골드베이지, 붉은빛의 갈색, 다크 베이지,	푸른빛의 흰 피부, 블루베이지, 푸른빛의 검은 피부
머리색	밝은 갈색	회색기미의 갈색, 브라운	짙은 황갈색 계열	다크 브라운, 블랙, 블랙브라운, 푸른빛이 감도는 엷은 갈색
눈동자	밝은 갈색	회색기미의 갈색, 브라운	윤기 없는 짙은 갈색	다크 브라운, 블랙, 실버 그레이

	봄(spring)	여름(summer)	가을(autumn)	겨울(winter)
best color	gold scarlet purple yellow green color pink	soft white, light blue gray, gray navy, lavender	yellow, goldbase의 white, oyster white	black & white tone, fuchsia, burgundy

(6) 개인에게 어울리는 색의 기준

1) 어울리는 색에 대하여 얼굴에 나타나는 반응

① 피부색이 화사함

② 건강하게 보임

③ 다크서클 부분이나 색소 침착 부분이 옅게 보임

④ 얼굴이 부드럽고 젊게 보임

⑤ 붉은빛이 적게 나타남

⑥ 야위어 보이지 않음

2) 어울리지 않는 색에 대하여 얼굴에 나타나는 반응

① 피부색이 칙칙하게 보임

② 얼굴색이 통일되어 보이지 않아 부분적으로 누렇게 떠 보임

③ 눈 밑의 다크 서클 부분이나 색소 침착 부분이 짙게 보임

④ 얼굴의 인상이 강하게 보임

⑤ 평소 피부색이 붉었던 사람은 더욱 붉게 보임

⑥ 푸른빛이 돌아 보임

4. 피부 톤에 따른 헤어컬러[23)24)]

피부 톤을 고려하여 컬러를 선택하면 얼굴의 형태와 피부색에 영향을 주어 얼굴의 단점을 보완하고 장점을 부각할 수 있다. 피부 톤을 고려하지 않고 염색을 하면 이미지에 영향을 주므로 색채에 대한 전문 지식을 갖추는 것이 필요하다. 유행컬러를 선택하는 것도 좋지만 자신의 피부 톤과 잘 맞는지 꼼꼼히 살펴야 한다.

표 2-5 피부에 어울리는 컬러

얼굴 피부 톤	어울리는 컬러	피해야 할 컬러
하얀 피부 톤	• 브라운, 밝은 레드 브라운, 오렌지 브라운, 애쉬 브라운, 애쉬카키등 밝은 톤의 브라운 컬러 • 하얗고 차가운 느낌의 피부라면 블루블랙이나 퍼플컬러 • 따뜻한 느낌이라면 부드러운 갈색톤이 잘 어울린다.	• 옐로우 톤, 매트 한 톤은 창백함을 부각시키거나 자칫 칙칙해 보일 수 있다. • 차가운 컬러(블루계열)는 피부를 창백하게 보이게 하므로 피해야 함 • 핑크빛의 하얀 피부는 붉은 계열의 색상은 피해야 한다.
노란 피부 톤	• 얼굴에 붉은빛이 돌지 않는 노란 피부는 붉은빛을 살려주는 레드 브라운, 오렌지 계열, 보라색 계열 등 붉은 톤이 믹스된 컬러가 어울린다. • 초코브라운과 버건디 컬러는 얼굴에 생기가 있어 보이고 어려보이는 효과를 주므로 동양인에게 잘 어울린다. • 피부가 희고 노란기가 도는 피부는 와인 계열이나 붉은 기가 도는 브라운, 블랙으로 피부색을 밝고 건강하게 만들어준다.	• 차가워 보이는 색상인 카키색이나 진한 갈색, 검정색 등은 얼굴을 칙칙하게 보이게 할 수 있다.
붉은 피부 톤	• 레드와 보색계열인 그린컬러나 약간 톤 다운된 카키 또는 카키 브라운 등과 같이 매트 한 염색이 어울린다. • 그린계열의 톤 다운된 컬러는 붉은 피부의 단점을 보완하여 부드러운 인상을 주고, 피부의 붉은 기를 중화해주는 역할을 한다.	피부색이 붉은 기가 있으므로 와인컬러나 붉은 계열의 컬러는 피한다.
검은 피부 톤	• 너무 밝지 않은 브라운 계열과 와인계열이 잘 어울린다. • 건강하고 섹시한 느낌을 원한다면 오렌지 톤의 컬러 • 또렷한 인상을 주고 싶다면 골드 브라운이나 밀크브라운 컬러가 잘 어울린다.	• 초코브라운, 블랙컬러는 어두운 피부톤을 더욱 칙칙하게 만든다. • 너무 밝은 컬러는 피부 톤과 대조되어 보이므로 얼굴이 더 까맣게 보일 수 있으므로 피하는 게 좋다.

5. 눈동자 색에 따른 헤어 컬러

눈동자색은 피부 톤과 다르게 거의 변함이 없으므로 눈동자색이 헤어컬러를 결정짓는데 더 좋은 기준이 된다. 일반적으로 헤어 컬러는 눈동자 색과 비슷하거나 위아래로 2레벨 정도의 명도 차이가 있는 게 가장 이상적이다. 머리색이 눈동자 색에 비해 너무 어두우면 눈빛이 강해 보이고 반대로 너무 밝으면 눈이 작아 보이거나 흐릿해 보인다.

표 2-6 눈동자 색에 어울리는 컬러

눈동자 색	특징	추천 컬러
따뜻하고 어두운 색의 눈동자	밝은 갈색으로 반짝이는 눈	눈동자와 비슷한 톤의 브라운계열 따뜻한 갈색, 골드, 구리빛의 하이라이트, 캐러멜 컬러
따뜻하고 밝은 색의 눈동자	브라운 컬러가 혼합된 비취색 눈동자	밝고 따뜻한 블론드 계열, 캐러멜색, 버터색의 하이라이트
차갑고 어두운 색의 눈동자	딥 블루(Deep Blue), 다크 브라운(Dark Brown), 어두운 초록(Dark Green) 쥐색(Grary)의 눈동자	눈동자 색과 매치되는 컬러를 선택하되 크림색으로 하이라이트를 준 헤어, 레드계열컬러
차갑고 밝은 색의 눈동자	하늘색(Sky), 라벤더(Lavender), 블루그린(Blue Green)과 같은 창백한 블루 톤 눈동자	밝은색 계열, 오렌지색, 바닐라 및 딸기색 톤의 컬러와 크림색하이라이트

6. 색상의 일치성(반사 빛 교환)[25)]

색의 일치성이란 고객이 원하는 색상을 완벽한 색상으로 표현하기 위한 색 감각으로 현재의 색상과 원하는 색상과의 관계를 나타낸다. 색조를 바꾸고자 할 때는 현재 모발이 가지고 있는 색조와 염색하고자 하는 색조가 일치해야만 원하는 색상을 정확하게 얻을 수 있다.

이것은 현재 밑바탕 색의 이해와 아주 밀접한 관계로 작업 전에 베이스톤(base tone) 만들기를 해야 한다. 밝은 색상의 밑바탕 색은 모든 색상을 받아들이지만, 어두운 색상의 밑바탕 색은 다른 색을 잘 받아들이지 않아 시술상의 오차가 많이 생기기도 한다. 그래서 어두운 색으로의 염색은 쉽지만 밝고 선명한 색으로의 염색은 어렵다.

표 2-7 색조 컬러 체인지의 일치성

	색조의 컬러 체인지	일치성
색조의 규칙	금빛 〈 구릿빛 〈 자즛빛 〈 붉은빛	○
	잿빛 〈 보랏빛	○
	적 빛 〈 자즛빛 〈 구릿빛〈 금빛	×
	보랏빛 〈 잿빛	×
	일치성이 없는 색조는 색 교정(클렌징)한 후 원하는 색상으로 염색한다.	

7. 따뜻한 계열에 의한 모발 염색

색조(reflect)	명도(level)
따뜻한 계열의 색상 (금빛, 구릿빛, 붉은빛)	원하는 컬러 레벨보다 1~2레벨 밝게 바탕색을 만든다.

(1) 금빛

탈색 레벨 8~9일 때 좋은 결과를 얻을 수 있다. 탈색 레벨 8~9에 사용한 노랑 또는 황갈색 계열의 염료들은 노랑 빛이 도는 주황빛이나 밝은 노란빛으로 된다.

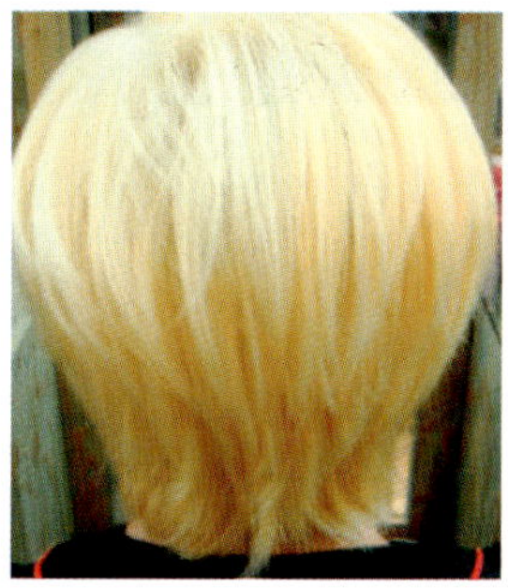

(2) 구릿빛

탈색 레벨의 6~7일 때 좋은 결과를 얻을 수 있으며, 주황빛이 도는 빨강 계열 염료인 구릿빛은 탈색레벨 6~7에 적용하면 오렌지 계열로 변화하면서 밝은 주황빛과 노란빛이 된다.

(3) 붉은빛

탈색 레벨 5~6일 때 좋은 결과를 얻을 수 있으며, 빨강 계열에 속해 있는 붉은빛은 탈색 레벨 5~6에서 붉은빛이 도는 주황색 계열로 변화하면서 밝은 구릿빛의 결과를 나타낸다.

8. 차가운 계열에 의한 모발 염색

색조(reflect)	명도(level)
차가운 계열의 색상 (회색빛, 보랏빛, 푸른빛)	원하는 컬러 레벨과 일치하는 탈색 레벨의 바탕색을 만든다.

(1) 잿빛 계열(회색 계)

잿빛 계열을 얻기 위해서는 잿빛의 뉘앙스보다 1~2레벨 더 탈색한 모발에 적용하여 탈색 11레벨 정도의 백금색이 되도록 만든 다음 회색 염색을 한다.

- 잿빛을 얻기 위한 언더 컬러 : 9~10레벨로 탈색된 모발에 노랑을 중화하기 위해 푸른빛 또는 잿빛에 약간의 붉은 염모제를 첨가한다.

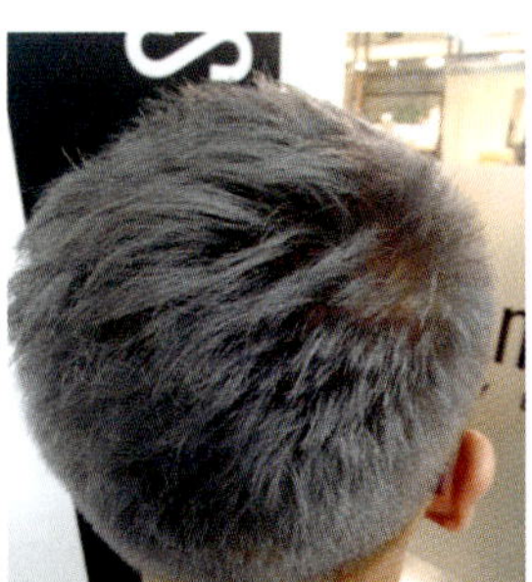

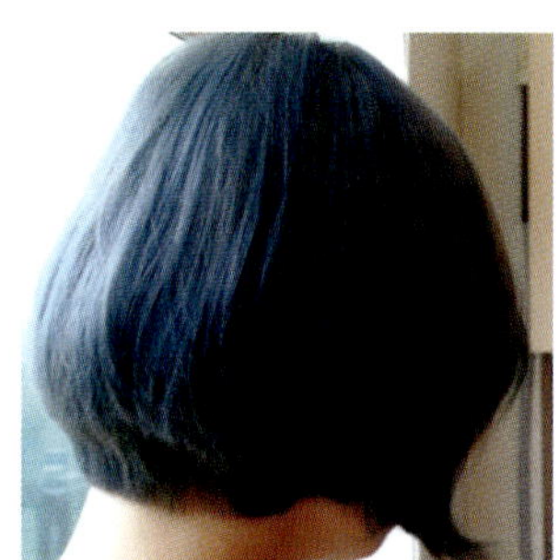

9. 컬러의 효과

(1) 밝은 컬러의 효과

① 볼륨 강화 : 가벼워 보이는 느낌을 준다.
② 페이스라인 : 좁은 이마를 넓어 보이도록 한다.
진한 눈동자의 색상을 강조한다.
③ 두상의 탑 부분 : 키가 커 보이게 하고, 머리숱이 적어 보인다. (가벼움, 경쾌함)

(2) 어두운 컬러의 효과

① 볼륨 약화 : 머리숱이 많아 무거워 보인다.
② 페이스 라인 : 넓은 이마를 좁아 보이도록 만든다.
밝은 눈동자의 색상을 강조한다.
③ 두상의 탑 부분 : 키가 작아 보이게 한다.

3. 염색실기 이론

1. 염색 시술 전 기본사항

1. 상담
2. 패치테스트
3. 스트랜드 테스트
4. 모발진단
5. 모발염색 디자인 결정
6. 고객카드 작성

(1) 상담(Counseling)

컬러를 시술하기 전 고객과의 대화는 고객이 원하는 색상, 취향, 직업, 성격, 생활 습관, 이미지 등을 파악할 수 있으며 이전의 컬러링 경험 등을 청취함으로써 모발 진단에 도움을 주어 효율적인 작업 진행 및 결과를 얻는데 결정적인 역할을 하므로 충분한 상담이 이루어져야 한다.

1) 목적

① 고객의 취향 및 원하는 컬러를 파악
② 컬러링 경험과 현재 모발의 컬러링 상태를 파악
③ 피부 색조, 연령, 생활습관을 파악하여 컬러 및 디자인 결정
④ 두피 건강상태, 알레르기 경험 유무를 확인하고 처치 후 시술함
⑤ 권장 색을 미리 설명하고 이해를 도와 결과색상에 만족할 수 있도록 함

2) 방법

① 상담 장소는 자연조명이 밝은 곳에서 원하는 색상 파악이 가능하도록 함
② 컬러의 이해를 도우려고 컬러차트, 컬러 책, 잡지, 거울 등이 준비된 곳에서 상담
③ 자연조명이 밝지 않을 경우 백열등이 고객 앞에 놓이고 디자이너 뒤에 형광등이 있도록 빛을 조절하면 모발색상을 알아보기가 쉬움

(2) 패치 테스트(Patch test, skin test)[26)]

염색 전에 알레르기 반응을 조사하기 위한 것으로 패치테스트, 피부테스트, 알레르기 테스트라고도 한다. 이는 염모제에 함유되어 있는 특수 성분 등이 피부에 미치는 자극성을 알아보기 위한 테스트이다. 알레르기 테스트는 24~48시간 전에 해야 하며 귀 뒤쪽이나 팔 안쪽에 테스트를 진행한다.

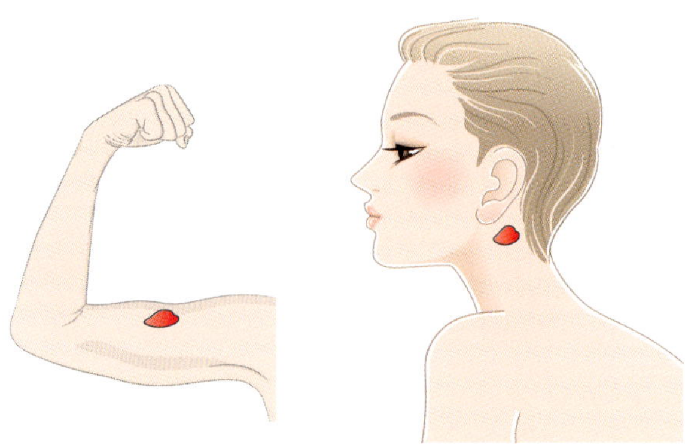

염모제 사용 전 주의사항

① 다음 상황에 해당할 때에는 사용을 금한다.

- 피부 테스트에서 빨갛게 부어오르거나 수포가 날 경우
- 종기나 상처, 피부병이 있는 경우
- 임신 중이거나 임신 가능성이 있는 경우
- 출산 후, 병중, 병후의 회복기 등 신체에 이상이 있는 경우
- 눈썹, 속눈썹

② 일반적인 주의사항

- 피부 보호 장비(장갑, 어깨 보, 귀마개, 콜드크림 등)를 착용함
- 금속성 용기나 빗, 핀셋 등은 부식의 위험이 있으므로 사용하지 않음
- 염색 전 샴푸를 사용해 머리를 감으면 두피가 손상되거나 따가울 수 있으므로 머리를 감지 않고 염색하는 것이 좋음
- 염모제가 눈에 닿으면 자극이 클 수 있어 염색 중에는 눈에 들어가지 않도록 주의해야 하며 눈에 들어갔을 경우에는 절대로 손으로 비비지 말고 깨끗한 물로 충분히 씻어줌

(3) 스트랜드 테스트(Strand test)[27)]

스트랜드 테스트란 사람의 모발마다 같은 염색약이라 하더라도 표현되는 컬러가 다르므로 원하는 색상이 본인의 모발에 어떻게 나타나는지 아닌지와 염색 시간을 확인하기 위해 미리 점검해 보는 테스트이다. 이는 산화 시간, 염색결과, 모발이 화학물질의 영향에 어느 정도 견디는지 클레임에 따른 문제점 해결에 도움을 주는데 이러한 테스트를 모발 가닥 검사라고도 한다.

테스트 방법

① 잘 안 보이는 목덜미 안쪽 및 귀 뒤의 모발을 20~30가닥 정도 선택함
② 계획하고 있는 염색방법을 사용하여 준비된 모발에 시술함
③ 호일을 사용하여 다른 모발에 염색약이 묻지 않도록 함
④ 예정된 시간보다 5분 전 · 후로 간격을 두고 염색약을 닦아내어 확인함
⑤ 결과가 원하는 상태로 나올 경우 전체시술을 시작함

(4) 모발진단[28)]

염색 시술 전 진단은 시술 결과에 영향을 미치므로 자세히 보고(견진), 꼼꼼하게 만져보고(촉진), 성실하게 들음(문진)으로써 정보를 기록하고 철저히 분석하여 진단 능력을 배양해야 한다.

1) 다공성 검사(Porosity test)

모발의 건강 정도를 측정하는 방법으로서 염색제가 모발에 얼마나 빨리 흡수되는가를 판단하고 모발의 상태가 시술에 적합한지를 측정하려는 방법이다. 저항 모는 염색제의 흡수가 느리지만 다공성 모는 염모제가 빠르게 흡수되어 색소가 빨리 빠져나와 퇴색하기 쉽다.

검사 방법

① 약 20가닥의 건조된 모발을 엄지와 검지 사이에 쥔다.
② 모발 끝에서 모근 방향으로 엄지와 검지를 밀면서 모표피의 질감을 검사한다.
③ 다공성모발의 경우 모발이 많이 엉키고 거친 느낌이 있다.

2) 탄력성 검사(Elasticity test)

모발이 염색색소를 내수할 능력을 측정하는 것으로서 궁극적으로는 모피질의 건강 정도를 측정하는 것이다.

검사 방법

① 모발 한 가닥을 손가락 사이로 감아 길이대로 잡고 늘려본다.
② 정상적인 건조 상태에서 모발은 약 20%의 탄력성을 보인다.
③ 탄력성이 저조하고 모발이 쉽게 끊어지면 손상된 모발로 간주한다.

(5) 모발 염색 디자인 결정

상담을 통해 고객의 이미지, 취향, 요구사항, 모발상태 등을 분석한 후 시술 가능한 컬러디자인을 선택하고 고객의 동의를 얻어 시술을 진행한다. 디자이너는 고객의 요구, 모발상태, 디자이너의 독창성, 유행 등을 고려하여 디자인을 고안하는 것이 중요하며 잡지, 일러스트, 사진 화보 등의 자료를 보여줌으로써 고객의 이해를 돕는다.

(6) 고객카드 작성

고객 모발진단카드를 작성하는 것은 고객 신상과 모질 등에 대해 파악한 후 기록을 보유하면 꼭 컬러링 작업뿐만 아니라 다른 미용 시술 시에도 참고할 수 있다.

이러한 기록들은 시술 결과가 보다 성공적일 수 있도록 해주며 문제 발생 시에는 이를 반영하여 다음 시술에서의 실패율을 줄여 준다.

모 발 진 단 서

날짜 :	모델명:	시술자명:

시술 전 모발 상태

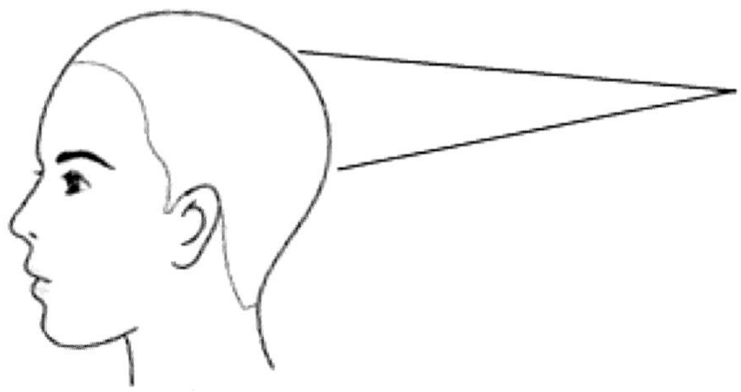

모질	☐ 발수성	☐ 보통모	☐ 흡수모
모량	☐ 많음	☐ 보통	☐ 적음
신생부	레벨 ( )		
	전체 길이 (cm)		
	백모량 ☐ 유(%), 분포상태( ) ☐ 무		
기염부	레벨 ( )		
	전체 길이 (cm)		
모발상태	☐ 건강모	☐ 손상모	☐ 극 손상모
	☐ 발수성모	☐ 흡수성모	
화학적 시술	☐ 유(☐펌, ☐염색), (개월 전)		
	☐ 무		
기타	☐ 임신, 탈모, 출산, 생리 등 특이 체질		

약액 선정 및 시술 과정

고객희망컬러 :
사전처리 :
도포순서 :
방치시간 :
사후처리 :

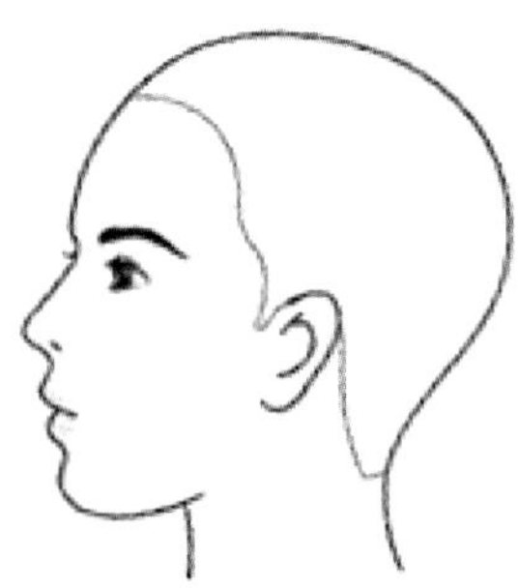

2. 염색 시술 계획[29)]

성공적인 모발 염색 시술을 하기 위해 컬러리스트는 정해진 절차에 따라 일을 해야 하며 체계적인 시술이야말로 최대의 효율과 만족스러운 결과를 가져온다.

시술 계획은 염색 시술에 필요한 재료와 도구를 포함하여 사용할 제품에 대한 정확한 지식을 갖추는 것이다. 그리고 각 고객의 염색 시술에 대한 계속되는 기록을 남기도록 한다.

1) 상담을 통한 고객 알기

① 고객의 라이프스타일을 파악한다.
② 고객의 얼굴 형태와 피부색, 눈동자 색을 체크한다.
③ 고객의 현재의 스타일과 헤어컬러를 체크한다.
④ 고객의 모발 상태(손상도의 정도)를 체크한다.
⑤ 고객이 원하는 헤어스타일의 이미지를 알아본다.
⑥ 고객이 원하는 밝기의 정도를 파악한다.
⑦ 충분한 상담 후 조언하기
⑧ 고객의 정보를 통해 다양한 컬러에 대해 조언을 하여 의논한다.
⑨ 고객이 시술에 들어가기 전에 스킨 테스트를 하였는지를 알아보고 조언한다.
⑩ 각각의 진행 상황을 충분히 설명해 준다.
⑪ 시술 전, 후의 차이를 잘 설명해 준다.

2) 고객의 모발 진단

① 자연모 레벨
② 신생모의 길이
③ 백모의 비율
④ 길이와 블리치 레벨과 반사 빛
⑤ 길이 끝의 블리치 레벨과 반사 빛
⑥ 모발의 손상 정도(데미지 레벨) : 모발에는 기존 염색에 의한 흔적이 남아 있기 때문에 정확한 모발진단이 필수적이다. 고객과의 대화를 통해 고객기록카드에 자세히 기록한다.
⑦ 고객의 희망 색과 이상적인 색상
⑧ 두피의 상태 진단 : 염모제와 탈색제의 주성분은 알칼리와 과산화수소 등 여러 화학제품이 포함되어 있으므로 두피에 상처의 이상 유무를 확인 후 시술에 들어간다.

⑨ 고객의 이미지 연출을 조화로운 이미지 또는 개성 연출의 이미지로 연출 할 것인지 결정한다.

3) 서비스 제안

고객이 원하는 결과를 얻는 데 필요한 시간과 전체적인 시술 방법을 설명한다.

고객에게 명도와 반사 빛, 이미지의 개성과 조화 등을 제안한다. 스타일의 새로운 변화에 고객이 익숙하지 않을 수도 있으므로 완전한 서비스를 위해 당신의 의견을 잘 설명하고 이해시켜야 한다. 그러면 고객은 신중하게 생각할 것이고 매우 만족스러운 결과로 살롱을 나가게 될 것이다.

표 2-8 카운셀링

문진(질문을 한다)	• 열린 질문 / 닫힌 질문을 한다. • 이전에 염색에 대해 어느 정도 만족하고 있습니까? • 변화를 원하는 부분이 있습니까?
경청(듣는다)	• 라이프 스타일과 패션에 대한 흥미를 듣는다. • 직업과 연령에 대해 듣는다. • 고객의 희망 사항에 대해 듣는다.
모질 & 모발의 상태(살펴본다)	• 모질 & 모발의 상태 및 두피의 상태에 대해 살펴본다. • 버진헤어 명도와 흰머리 비율에 대해 살펴본다. • 헤어컬러 퇴색 정도에 대해 살펴본다. • 모발의 잔류하는 색상의 정도에 대해 살펴본다.
촉진(모발, 두피를 만져본다)	• 모발을 만져 모질이나 모발의 상태를 체크한다. • 모질, 굵기, 모발의 탄력 등을 체크한다. • 두피상태를 체크한다.
바디랭귀지	• 고객의 가벼운 동작과 자기 자신의 태도에 주의한다. • 고객의 무심한 동작에 현재의 마음이 담겨있을 가능성도 있다. • 자기 자신의 태도에도 주의를 기울인다.

3. 영구 염모제 시술 과정

상담 및 모발진단 → 고객준비 → 기술선정 → 블로킹 → 약제혼합

마무리 ← 유화 샴푸 ← 컬러 테스트 ← 방치 ← 컬러도포

(1) 상담 및 모발 진단

염색에 있어 상담은 고객의 스타일과 니즈(needs)를 정확하게 파악하고 이전의 헤어컬러링 경험을 청취함으로써 모발진단에 도움을 준다. 또한, 효율적인 작업 진행 및 결과를 얻는 결정적인 역할을 하게 되므로 매우 중요한 부분이라고 할 수 있다. 고객의 희망 색을 디자이너가 이해하기 위해 사진이나 잡지, 컬러챠트 등을 제시하여 고객의 결정을 도울 수 있다.

패치테스트(Patch test, 첩포테스트)와 진단

영구 염모제 사용 시 염료제의 성분인 유도성 다이아민계 염료에 의한 알레르기 유무를 알아보는 과정이다. 패치테스트의 방법은 사용할 염모제를 산화제와 혼합하여 귀 뒤나 팔 안쪽에 48시간 전 소량의 헤어컬러를 도포하는 것이다. 이상 증상이 없다면 사용할 수 있지만 가려움이나 붉은 반점이 생긴다면 염색 시술을 하지 않는 것이 좋다.

(2) 고객준비[30)]

① 고객의 의복을 보호하기 위하여 가운으로 착의한다.
② 고객의 안전을 위하여 귀걸이와 목걸이는 제거한다.
③ 산화 영구 염모제의 시술을 할 경우 알칼리에 의해 두피에 자극을 줄 수 있으므로 샴푸를 하지 않거나 과다한 제품을 사용했을 시에는 가볍게 샴푸를 한다.
④ 산화 영구 염색제의 경우 모발을 완전히 건조한다. 수분이 많이 남아있는 경우는 탈색과 발색이 떨어져 정확한 결과의 색상을 만들기 어렵다.
⑤ 어두운 색상 또는 백모 커버 염색 시술이라면 헤어라인과 귀 주변에 피부보호용 크림을 발라 색소의 착색을 방지한다.
⑥ 염색제가 흘러내릴 수 있으므로 목둘레에 넥 티슈 등을 둘러준다.
⑦ 염색 보와 염색용 수건을 두른다.

(3) 계획 및 기술선정

인공색소의 잔재 여부와 모발의 밀도, 길이를 보고 제품을 선택하고 양을 결정한다.

1) 일치성

일치성이란 현재 기여색과 고객의 희망색의 관계를 말하는데 예를 들어 밝은 색상에서 어두운색으로 컬러체인지를 희망하거나 현재 색과 희망색의 색상과 색조가 유사하다면 한 번에 염색이 가능하지만, 색상과 색조의 일치성이 없는 경우에는 여러 차례의 시술 과정이 필요하게 된다.

- ▶ **일치성이 있는 경우** : 금색 → 주황색 → 적색 → 자주색
- ▶ **일치성이 없는 경우** : 차가운 색 → 따뜻한 색

2) 주의점

① 모발의 명도나 기존 색의 채도를 파악한 후 조제한다.

② 차가운 색조나 따뜻한 색조를 같이 혼합할 경우 색상이 탁해지므로 피하는 것이 좋다.

(4) 블로킹

시술 전 모발을 빗을 이용하여 정리 후 블로킹한다.

블로킹은 측중선(ear to ear part)과 정중선(center part)을 이용하여 4등분 한다.

섹션의 폭은 약액의 양과 도포 시간에 크게 영향을 받으므로 빠르고 정확한 섹션을 나누도록 한다.

(5) 약제혼합

모량과 모질을 고려하여 사용량을 결정하고 브랜드나 염모제의 명도에 따라 1제와 2제의 혼합 비율이 1:1에서 1:3까지 매우 다양하므로 반드시 해당 브랜드의 설명을 참고하도록 한다.

① 금속성의 기구나 도구는 사용하지 않는다.

② 2가지 이상의 색을 혼합할 경우 헤어 컬러제를 먼저 혼합한 후 과산화수소를 혼합한다.

③ 시술 직전 혼합한다.

사용제품의 비율에 따른 결과

▶ **염모제 1제의 양이 많은 경우**

- 방출 산소량의 부족으로 산화작용이 약해지고 반사빛의 약화 또는 색상의 결과가 흐리게 나타나며 원하는 결과색상보다 어둡게 된다.

▶ **산화제의 양이 많은 경우**

- 많은 산소의 방출로 염색제의 발색이 완벽하지 못하고 백모의 경우 커버가 불충분하며 반사빛의 색상이 약화되어 쉽게 퇴색되고 원하는 결과 보다 밝게 된다.

(6) 컬러도포

목적에 맞게 신속, 정확하게 도포한다.

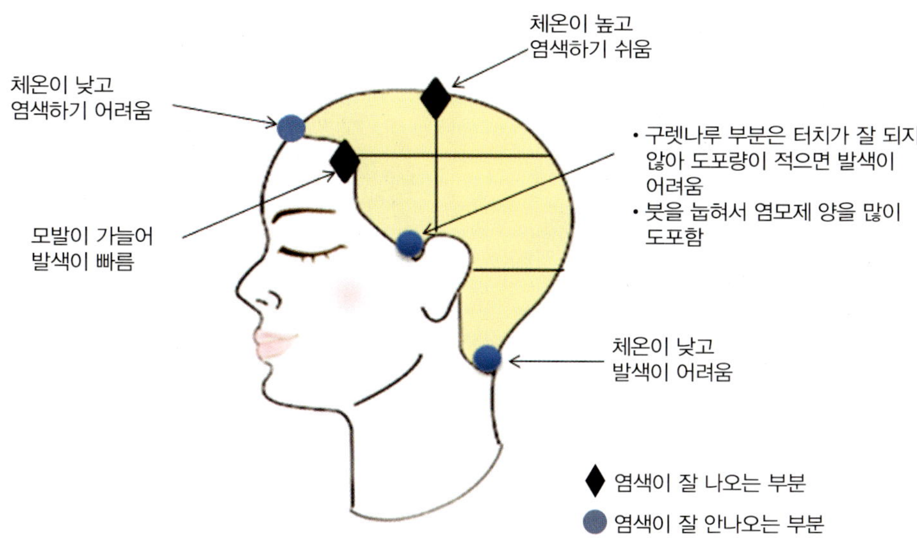

그림 2-1 염모제 도포 시 유의할 부분

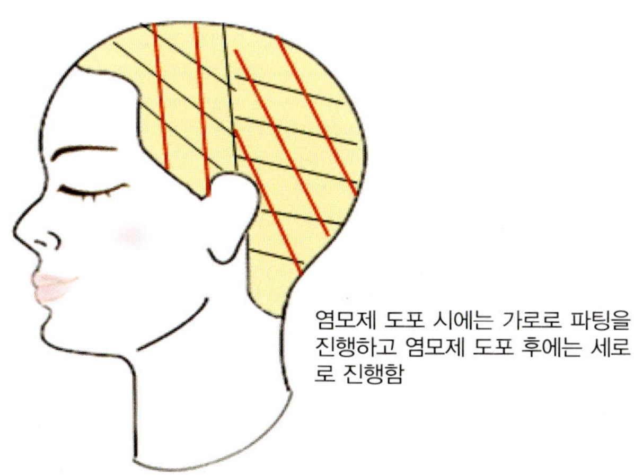

그림 2-2 염모제 도포와 크로스 체크

(7) 염모제 도포량을 조절하는 브러시 각도

브러시의 각도를 세우면 도포량이 적어지고, 각도를 낮출수록 도포량이 많아진다.

90°

45°

그림 2-3 브러시 각도로 도포량 조절

(8) 파팅각도에 따른 도포

파팅의 각도를 직각에 가깝게 들면 스트랜드에만 염모제가 도포되지만, 파팅의 각도를 낮출수록 베이스까지 도포가 된다.

그림 2-4 파팅의 각도에 따른 염모제 도포

(9) 뿌리 도포 방법

① 뿌리 원터치 도포일 경우

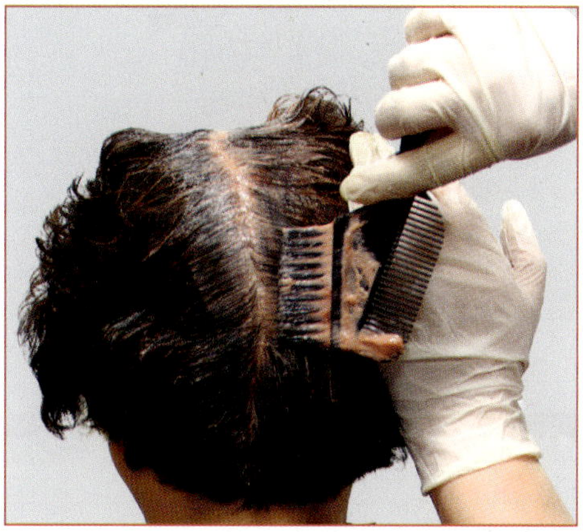
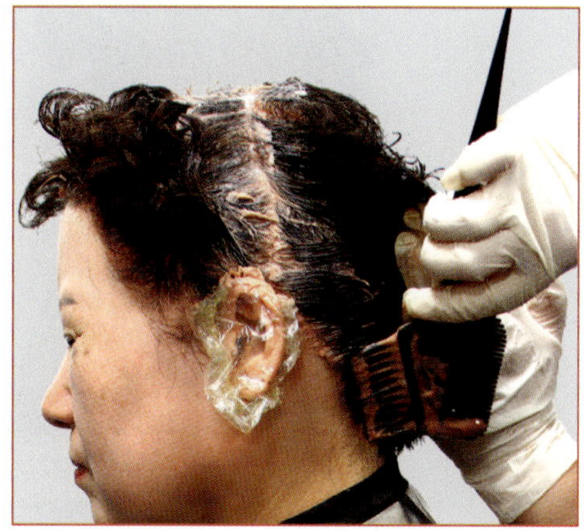
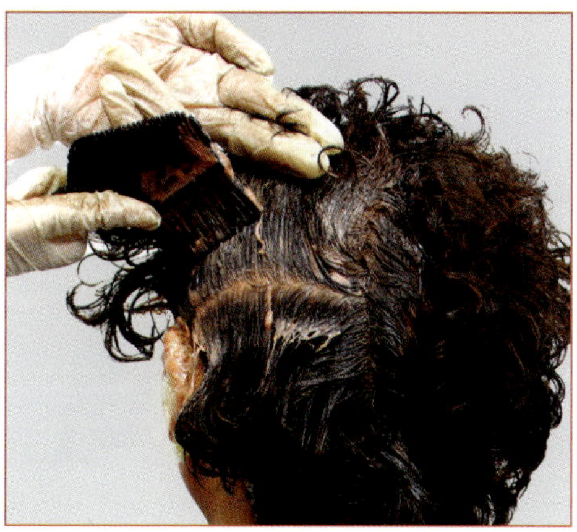
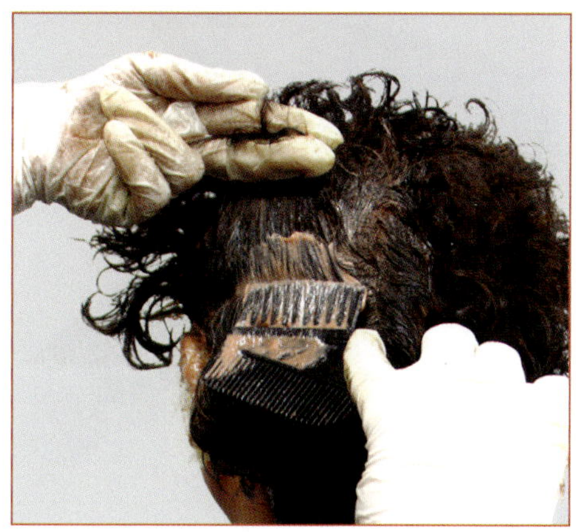

② 뿌리 투터치 도포일 경우

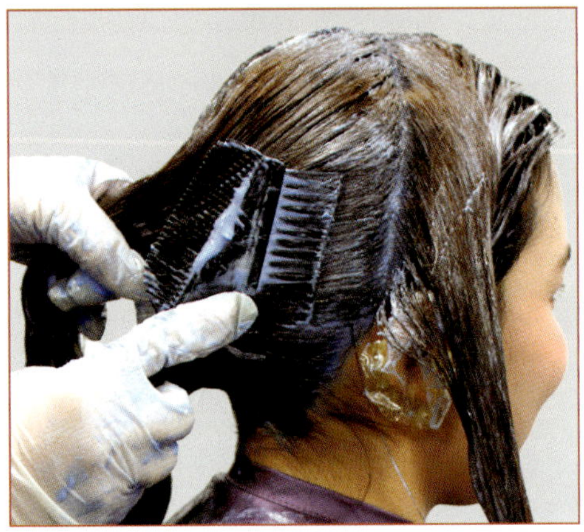
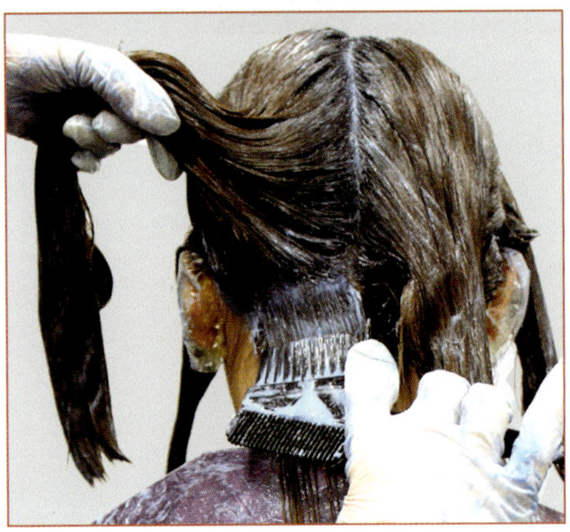
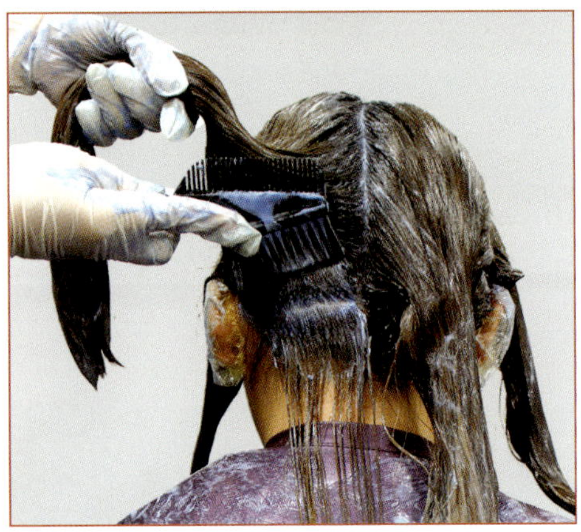

(10) 섹션의 폭

섹션의 폭은 약액의 양과 도포시간에 크게 영향을 받으므로 정확한 섹션을 나누도록 한다.

- 뿌리 근처의 섹션의 폭은 1cm씩
- 중간 모양의 섹션의 폭은 2~3cm씩

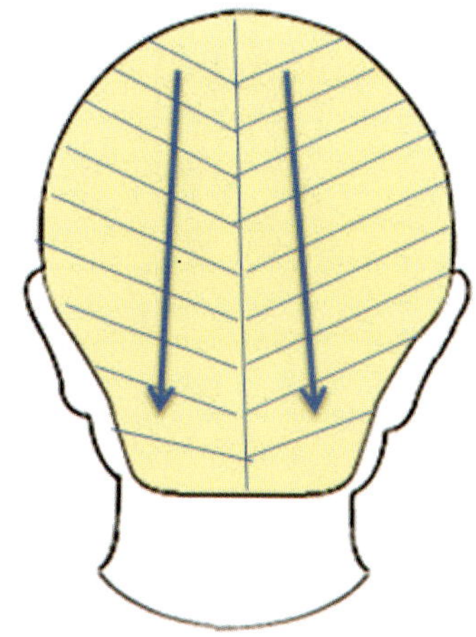

(11) 방치시간[31)]

염색제의 제조사마다 차이는 있으나 보편적으로 자연방치 30~40분 정도의 방치시간을 갖는다. 방치시간은 결과 색상에 매우 큰 영향을 미친다. 방치시간이 부족하면 탈색과 발색이 떨어져 정확한 결과의 색상뿐만 아니라 유지력도 떨어지게 된다. 만일 방치시간이 길어진다면 색은 탁해지고 어두워지는 결과 색상을 얻게 된다.

또한 실내의 온도가 어떠한가에 따라 결과 색상에 영향을 미치므로 미용실 실내 온도를 적정하게 맞추어야 한다.

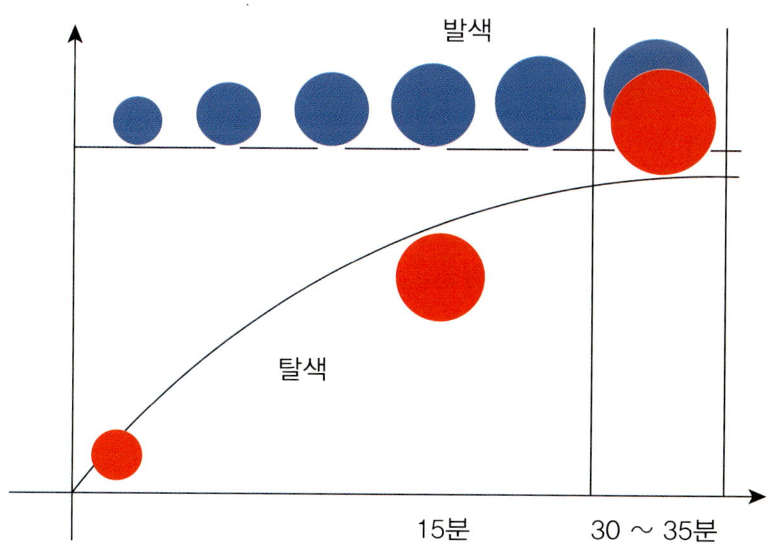

그림 2-5 염색제 사용후 색상변화와 방치시간

(12) 컬러테스트

스트랜드 테스트를 통해 결과를 확인한다. 흰머리 염색의 경우 흰머리가 많은 부분, 처음 도포한 부분과 마지막으로 도포한 부분을 체크한다.

(13) 유화(에멀션)와 샴푸

유화와 샴푸 과정은 모발의 잔류 알칼리를 제거해주고 컬러의 색소를 고착시키며, 트리트먼트를 이용하여 모발 내 간충물질을 채워주는 고정과 복원 과정을 포함한다. 두피에 강한 자극을 주지 않도록 조심스럽게 진행한다.

(14) 마무리

고객과 상담결과에 따른 발색이 충분히 이루어졌는지 확인하고 전체적인 마무리를 한 후 다음 시술에 참고할 사항까지 체크하여 기록한다.

4. 반영구 염모제 시술 과정

(1) 상담 및 모발진단

모발진단을 통해 시술의 적합성을 점검한 후 고객의 희망 색과 헤어디자이너로서의 추천색상을 의견 교환하여 일치점을 찾는다.

(2) 고객준비

① 고객의 액세서리를 제거한 다음 가운을 착용한다.

② 약산성 샴푸를 이용하여 프레샴푸를 하고 모발 손상도를 보아 필요에 따라 끝부분에 트리트먼트를 도포한 다음 드라이를 이용하여 반건조시킨다. 이때 모발의 pH발란스를 맞춰줄 수 있는 pH컨트롤러를 도포하여 준다.

③ 염색제가 묻을 수 있으므로 귀에 이어 캡을 씌우고 목둘레에 넥 티슈를 둘러 준다.
④ 염색 케이프를 어깨에 두른다.

(3) 블로킹

약액 도포 전 모발을 빗어 정리한 후 도포가 쉽도록 정중선, 측중선으로 4등분 블로킹한다.

(4) 컬러도포

① 두피에서 1 ~1.5cm 띄워 후두부 → 측두부 → 전두부 순으로 도포한다. 반영구 염모제는 피부에 약액이 묻을 시 제거가 어려우므로 두피에 묻지 않도록 주의하여야한다.
② 도포가 끝나면 느슨하게 비닐 캡 또는 랩을 씌워준다.

(5) 방치시간

브랜드에 따라 권장 방치시간이 다소 차이가 있을 수 있으나 대개 15~20분간 열처리를 한 후 10~15분 동안 자연방치를 한다.

(6) 샴푸

염색전용 샴푸와 컨디셔너로 마무리하여 모표피를 닫고 착색에 도움을 주도록 한다. 물 온도는 저온일수록 실리콘 피막을 벗겨내지 않아 모발손상을 방지해준다.

(7) 마무리

과도한 열을 피하고 되도록 찬바람으로 건조해 모발의 윤기와 색상 지속력을 높이도록 한다.

5. 탈색 시술 과정[32)33)]

(1) 처음 탈색 시술 시

탈색은 약제의 작용이 빠르게 형성되므로 최대한 빨리 시술을 하여야 한다. 탈색 시 두피와 모발의 피지는 알칼리성 성분으로 두피와 모발을 보호하기 때문에 헤어스타일링 제품을 많이 사용한 경우를 제외하고는 샴푸를 하지 않는다.

브리치 파우더 + 6% 산화제
1 : 1

① 탈색제를 a(모발 중간과 끝부분)에 도포한다.
② 모발을 두피로부터 1~1.5cm 정도 남기고 모발의 중간과 끝부분에 탈색제를 도포하며, 섹션의 간격은 얼룩을 방지하기 위해 1cm 정도로 뜬다.
③ 1차 도포된 부분이 원하는 탈색레벨의 1/2 정도 밝게 되었을 때 2차 도포를 실시한다.
④ 두피로부터 1~1.5cm 정도 남겨둔 부분 b와 이미 도포된 길이 a끝부분을 한꺼번에 도포하여 경계 부분을 없앤다.
⑤ 도포할 때 탈색제가 모발에 충분히 도포될 수 있도록 스트랜드의 위아래를 모두 발라주고 두상 전체의 색상이 얼룩지지 않도록 가능한 빠른 시간에 끝낸다.

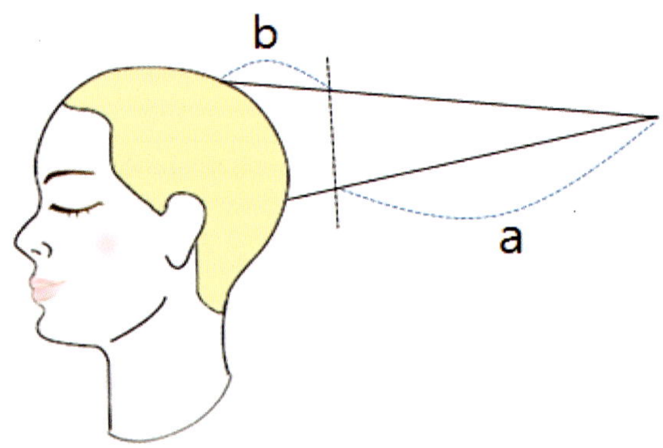

(2) 재 탈색 시술 시

새로 자라난 모발과 기존에 탈색된 모발의 색상을 일치시키기 위해 신생모 부위에 탈색하는 것을 말한다. 모발의 신생부와 기염부의 명도를 체크하여 모발이 절단되거나 얼룩이 생기지 않도록 기염부의 명도와 같은 밝기로 신생부를 탈색시킨다.

브리치 파우더 + 6% 산화제
1 : 1

① 신생부 a에 도포하여 강한 모발부터 실시한다. 섹션의 간격은 1cm 정도씩 나누어 안전하고 정확하게 시술한다.

② 고른 탈색을 위해 빠르고 깨끗하게 도포한다.

③ 도포가 끝나면 헤어라인을 빠짐없이 도포하고 세로 섹션을 뜨면서 도포되지 않은 부분을 재 도포한다.

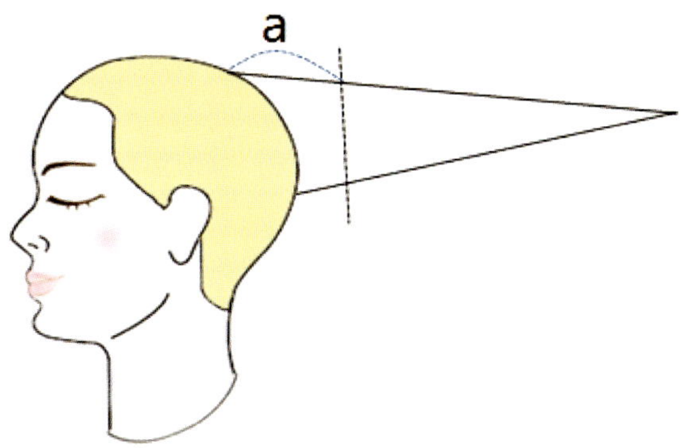

(3) 크리닉 브리치(Clinic Bleach)

탈색제에는 모발 보호제 성분이 들어 있지 않으므로 모발손상을 가져올 수 있다. 크리닉 브리치는 단백질 앰플(LPP/PPT)이나 트리트먼트를 혼합하여 사용하므로 모발 손상을 줄일 수 있다.

브리치 파우더 + 6% 산화제 + 단백질 앰플
1 : 2 : 1

① 모발을 4등분 한다.

② 브리치 파우더 + 6% 산화제 + 단백질 앰플을 1:2:1의 비율로 혼합한다.

③ 건조된 모발에 크리닉 브리치제를 골고루 도포한다.

④ 원하는 브리치 레벨 색상이 나올 때까지 방치한다.

⑤ 약산성 샴푸로 깨끗하게 샴푸해 주고 후처리 제품으로 마무리 해준다.

(4) 클린징(Cleansing)

고객이 현재의 색조를 지우고 원하는 색조를 입히는 방법이다.

브리치 파우더 + 6% 산화제 + 샴푸 + 미온수
1 : 1 : 1 : 1

① 모발을 4등분한다.

② 브리치 파우더 + 6% 산화제 + 샴푸 + 미온수를 1:1:1:1의 비율로 혼합한다.

③ 색조가 제거될 때까지 부드럽게 만져준다.
④ 깨끗하게 헹구고 냉풍으로 완전히 말려준다.
⑤ 고객이 원하는 컬러와 산화제를 혼합한다.
⑥ 20~35분 정도 자연방치 한다.
⑦ 원하는 색상이 나오면 약산성 샴푸로 깨끗하게 헹구어 주고, 약산성 린스를 사용하여 PH를 정화시킨다.
⑧ 마무리 스타일을 완성한 다음 고객카드를 작성한다.

6. 신생모 염색의 시술[34)]

(1) 시술시 유의사항

① 염색을 처음 하는 모발이므로 시간을 충분히 두고 체크해야 한다.
② 원하는 색상의 명도가 현재 손님이 가지고 있는 명도에 비교해 3레벨 이상 차이가 나고, 산화제의 강도를 20 Vol으로 사용할 경우에는 미리 바탕색을 원하는 명도까지 밝게 올린 후 원하는 색상을 도포하는 2중 처리 과정을 거쳐야 한다.
③ 처음 염색은 짧은 모발과 긴 모발로 나누어 시술하며, 건강한 긴 모발은 모발 끝으로 갈수록 두피의 열이 거의 전달되지 못하고 염색이 잘 되지 않으므로 끝모발 → 중간모발 → 뿌리 부분의 모발 순으로 도포한다.

(2) 처음 염색의 전처리 테크닉–프리 소프트닝(pre–softening) 기법

단단해져 있는 신생모 상태나 백모의 큐티클을 팽창시켜 염모제의 염료 착색을 효율적으로 하기 위한 방법으로 애벌염색이라고도 한다.

- 염색을 처음 하는 발수성 모발에 과산화수소를 도포하고 모표피에 적당한 다공성을 주어 염료의 착색을 효율적으로 하는 방법으로 프리소프트닝 시술이 끝난 후 헹구지 않고 바로 원하는 색상을 도포한다. (6% 산화제를 도포하고 열처리한다.)

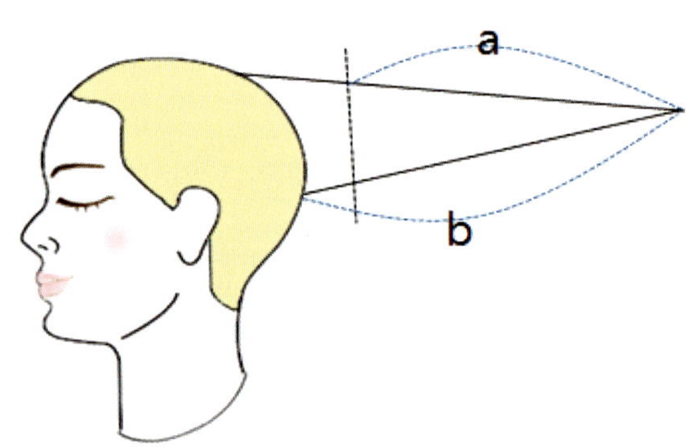

(3) 시술 순서

① 도포 후 15~20분간 방치한 후

② 도포 후 25~30분간 방치한다. (총 45분방치)

(피부에 염모제가 묻지 않도록 주의하고 묻었을 경우 즉시 닦는다.)

① 모발진단 : 모발의 명도와 손상도를 체크한다.

↓

② 색상의 선택 : 고객이 원하는 색상을 상담 후 결정한다.

↓

③ 4등분 블로킹 : 모발을 4등분으로 나누고 클립으로 고정 시킨다.

↓

④ 염모제의 혼합 : 원하는 색상과 산화제를 제조업체의 권장비율로 정확하게 혼합한다.

↓

⑤ 도포 : 두피에서 1~1.5cm 띄고 모발 길이와 끝에 도포한다.

↓

⑥ 방치시간 : 도포 후 15분~20분간 방치한다.

↓

⑦ 도포 : 신생모에서 기염부(모발 길이와 끝) 전체를 도포한다.

↓

⑧ 방치시간 : 도포 후 25분~30분간 자연방치 한다.(총 40분~45분)

↓

⑨ 스트랜드 테스트 : 원하는 색상을 체크한다.

↓

⑩ 샴푸 : 염색 전용 샴푸를 사용한다.

7. 재염색 테크닉

모발을 염색하고 시간이 지남에 따라 보통 한 달에 1~1.5cm 정도의 신생모가 자라 나온다. 이때 원터치로 신생부만 염색하는 것이 바람직하지만 모발이 너무 퇴색되었을 경우 신생부 염모제를 도포하고 난 후 방치시간을 둔 다음 기염부에 남은 약액을 소량의 미온수와 함께 혼합하여 도포한다.

(1) 기염부의 퇴색 정도에 따른 도포

1) 시술시 유의사항

① 염모제를 신생부에 도포하고 기염 부위는 퇴색 정도에 따라 방치시간을 달리 한다.

② 원하는 색과 현재 기염부의 색상이 일치성이 있을 때 (쉬운 염색) 시술할 수 있다.

③ 어려운 염색일 경우
→ 색 교정(클렌징, 딥 클렌징, 브리치) 실시

④ 원하는 명도보다 현재 기염부의 명도가 너무 밝거나 모발손상이 심한 경우
→ 색 교정(컬러타이, 프리 피그먼테이션) 실시

2) 시술 순서

① 기염부의 퇴색이 적은 경우

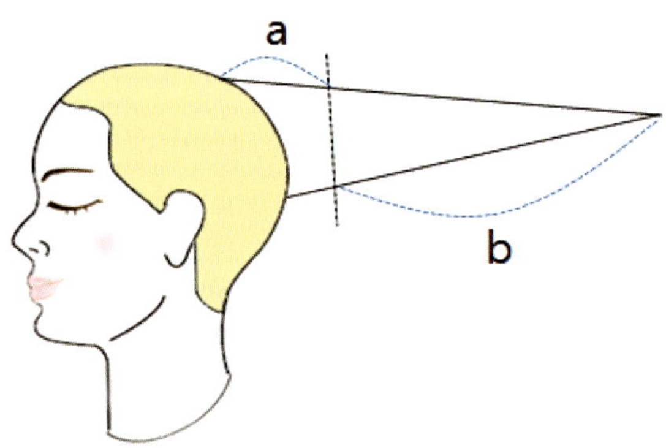

① 신생부 도포 : a(신생부)에 원하는 색상 + 산화제 6% 도포

↓

② 방치시간 : 20분~25분

↓

③ 기염부 도포 : b(기염부)에 원하는 색상 + 산화제 6% + 미온수 소량도포

↓

④ 방치시간 : 5분~10분 (총 30~35분)

↓

⑤ 유화, 샴푸 : 염색 전용 샴푸, 드라이

② 기염부 퇴색이 보통인 경우

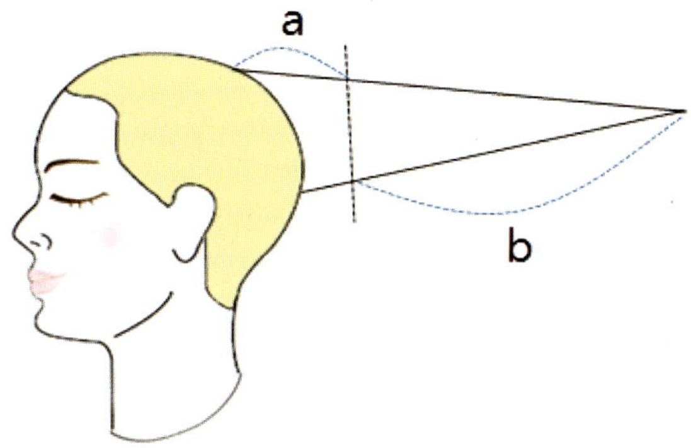

① 신생부 도포 : a(신생부)에 원하는 색상 + 산화제 6% 도포

② 방치시간 : 15분~20분

③ 기염부 도포 : b(기염부)에 원하는 색상 + 산화제 6% + 미온수 도포

④ 방치시간 : 20분~15분 (총 35분)

⑤ 유화, 샴푸 : 염색 전용 샴푸, 드라이

③ 기염부 퇴색이 많은 경우

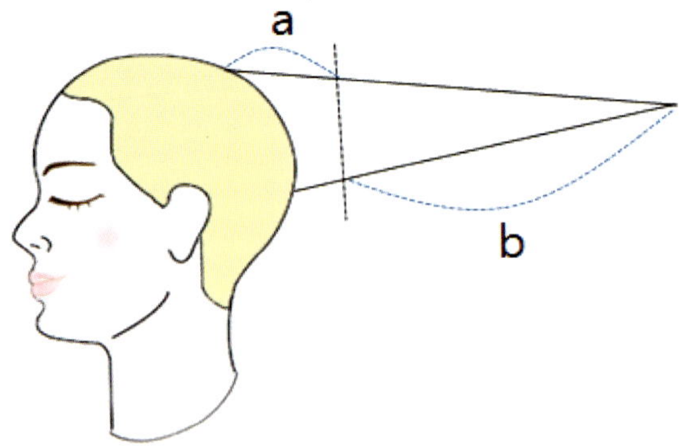

① 신생부 도포 : a(신생부)에 원하는 색상 + 산화제 6% 도포

② 기염부 도포 : 곧바로 b(기염부)에 원하는 색상 + 산화제 6% + 미온수혼합 도포

③ 방치시간 : 30분~35분

④ 유화, 샴푸 : 퇴색 된 정도에 따라 방치시간 조절

8. 컬러 타이(Color tie) 기법[35)]

이 기법은 고객의 모발이 밝은 모발이면서 원하는 색상이 어두울 경우 시술하는 것으로 색상의 지속력 및 모발의 윤기를 준다. 이것은 밑바탕 색상(현재의 모발 색상)과 원하는 색상과 3레벨 정도 차이가 날 때 이용한다.

(1) 시술 순서

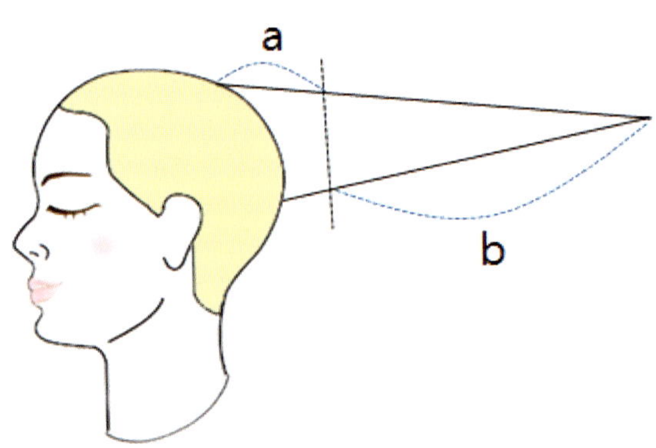

① 모발진단 : 모발의 명도와 기염부의 퇴색도를 체크한다.

↓

② 색상의 선택 : 원하는 색상을 상담 후 결정. 기염부가 원하는 색상과 3레벨 정도 차이가 나타날 경우 컬러 타이기법을 시술한다.

↓

③ 4등분 블로킹 : 모발을 4등분으로 나누고 컬러 타이 기법에 대해 사용할 부분을 체크한다.

↓

④ 타이 색상 도포 : 신생모 a에 도포한다. 곧바로 기염부 b에 남은 약액에 컬러 타이 색상과 미온수를 혼합하여 도포한다.

↓

⑤ 방치시간 : 30~35분 방치한다.

↓

⑥ 샴푸 : 컬러전용 샴푸 사용

(2) 색상 선정방법

타이(tie)란 모발의 심한 다공성을 채워 균일한 바탕을 만드는 데 사용하는 인공염료를 서로 연결하는 것으로써 원하는 색상과 가장 유사한 레벨과 따뜻한 반사 빛을 선택한다.

9. 프리피그먼테이션(pre-pigmentation) 기법

밑바탕 색상 (기존의 모발 색상)과 원하는 색상과의 차이가 4레벨 이상 차이가 날 때 이용한다. 모발의 손상이 심하고 손님이 원하는 색보다 밝은 명도를 가지고 있을 때 부족한 바탕색에 색소를 넣어주어 염색의 결과를 균일하게 하는 방법이다.

(1) 시술 순서

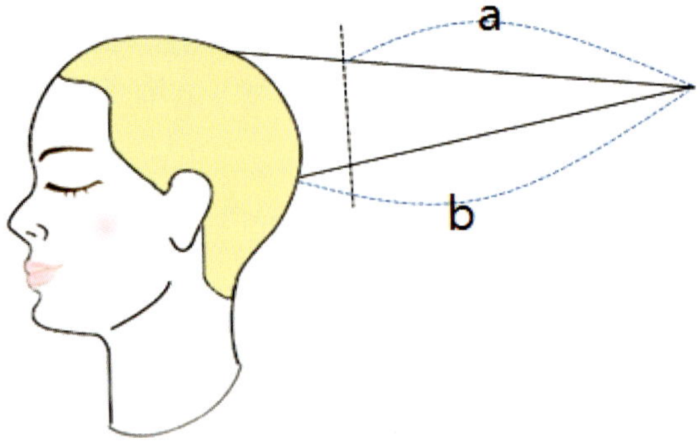

① 모발진단 : 모발의 명도와 기염부의 퇴색도를 체크한다.

② 색상의 선택 : 고객이 원하는 색상을 상담 후 결정한다. 원하는 색상이 현재의 모발색 보다 손상이 심하고 밝다면 프리피크먼테이션을 시술한다.

③ 4등분 블로킹 : 모발을 4등분으로 나누고 컬러 프리피그먼테이션 기법을 사용할 부분을 체크한다.

④ 컬러 타이 색상도포 : 타이색상에 미온수를 혼합하여 a(퇴색이 심하고 손상이 심한 부분)에 도포한다.
도포 시 염료를 얇게 펴 바르고 너무 많은 양이 발리지 않도록 가는 빗으로 빗어 준다.(별도의 방치시간이 필요 없으며 헹구어 내지 않는다)

⑤ 원하는 색 도포 : 원하는 색 3/4 + 베이스컬러 1/4 혼합하여 b에 도포한다.

베이스 컬러의 선택
- 원하는 색이 따뜻한 계열일 경우에는 같은 레벨의 금빛 반사 빛을 선택
- 원하는 색이 차가운 계열일 경우에는 같은 레벨의 반사 빛이 없는 기본색 선택

⑥ 방치시간 : 30분~35분 방치한다.

⑦ 샴푸 : 컬러 전용 샴푸 사용

표 2-9 모발 염색시술의 테크닉

현재의 모발	원하는 색상	시술 테크닉
신생부: 어두운 갈색(3) 기염부: 구릿빛 어두운 황갈색(6.3)	붉은빛 어두운 갈색 (3.6)	신생 모에 붉은빛 어두운 갈색 도포 후 남은 약액에 타이색상(3.6)에 미온수(15ml)를 혼합 도포
신생부: 아주 어두운 갈색(2) 기염부: 엷은 회색(10.01)	금빛 밝은 갈색 (5.3)	타이색상(5.3)에 미온수 15ml를 혼합하여 기염부에 먼저 도포한 후 원하는 색상(1+2제) 원터치 도포한다.

10. 흰머리 염색 테크닉

실버산업의 발달로 노년기에 접어들어도 젊고 건강한 이미지를 위해 노력과 투자를 하게 되는데, 간혹 젊은 층에서도 흰머리가 일찍부터 자라나 사회생활에 더 나은 이미지를 보여주기 위한 수단으로 염색을 하는 경우가 있다. 흰머리의 염색 내용을 통해 더욱 멋스럽고 다양한 염색방법을 알아보도록 한다.

(1) 흰머리의 발생 요인

① 노화
② 유전
③ 병적요인
④ 심한 스트레스
⑤ 불규칙한 식생활 등

(2) 산화 염모제를 이용한 흰머리 염색의 방법

1) 작용시간

① 자연방치 40분
② 발수성 모발의 경우 열처리 10분 후 자연방치 20~30분

2) 주의사항

① 흰머리가 많은 부분부터 도포한다.
② 약제를 모발에 얹는다는 느낌으로 브러시 각도를 눕혀서 도포한다.
③ 모발이 굵거나 흰머리가 많은 경우 방치시간을 길게 조절한다.

3) 레벨 스케일 사용[36)]

- 레벨 스케일을 사용하여 흰머리의 퍼센트를 확인한다.

기본 염색

흰머리 비율이 높을 때, 흰머리를 100% 커버하고자 할 때 하는 방법으로 무채색(Neutral) 계열로 염색한다.(5/0, 3/0)

패션 염색

커버와 반사 빛을 동시에 연출하는 방법으로 무채색 계열과 패션 계열을 혼합하여 염색한다. 단 흰머리 양이 70%가 넘어가면 반사 빛이 잘 보이지 않으므로 주의한다.(무채색 5/0 + 패션계열)

표 2-10 패션 염색시술 기술

자연 모발이 5레벨이고 40% 흰머리를
희망레벨 6레벨의 옐로우색으로 염색하고자 할 때[37)]

혼합공식

- 명도 5와 명도 8을 더해 2로 나누면 6.5로 6레벨의 명도를 구현할 수 있다.
- 명도 5와 명도 10을 더해 2로 나누면 7.5로 7레벨의 명도를 구현할 수 있다.

흰머리 패션염색
① 흰머리 60% 고객이 7레벨의 오렌지 반사 빛을 원한다면? – 무채색 60%와 오렌지 패션컬러를 7레벨이 되도록 혼합 무채색(60%) + 10레벨의 오렌지 컬러 (40%) ② 흰머리 40% 고객이 6레벨의 브라운을 원한다면? – 무채색 40%와 브라운 패션컬러를 6레벨이 나오도록 혼합 무채색(40%) + 8레벨의 브라운 컬러(60%)

흰머리 커버와 퇴색된 기염부를 연결하고자 할 때
흰머리 40% 고객이 6레벨의 브라운을 원한다면? 5/0(40%) + 8/7(60%) = 6/07 –> 6/7 (W사 제품의 경우) ① 퇴색이 적은 경우 – 신생부 : 6/7 도포 (35분 방치 후 물 스프레이) – 기염부 : 큰 빗으로 빗어서 연결 후 5~10분 방치 ② 퇴색이 많은 경우 – 신생부 : 6/7 도포(20분 방치) – 기염부 : 6/7 또는 8/7 도포 후 20분 방치 (기염부의 검은 기여색소로 인해 어두워질 수 있으므로 8/7을 이용해도 좋다)

11. 헤어컬러 디자인(호일워크 테크닉)

(1) 위빙(Weaving)

일정한 간격으로 시침질하듯이 얇게 떠서 부분적으로 밝게 하거나 어둡게 하는 방법을 말한다.

① 파팅 : 사이드(side) – 후 대각 / 백(back) – 수평
② 파팅 간격 : 중간 두께위빙
③ 테크닉 : 위빙기법, 두피에서 떨어져서 도포
④ 처방 : 파우더 브리치 또는 영구 염모제

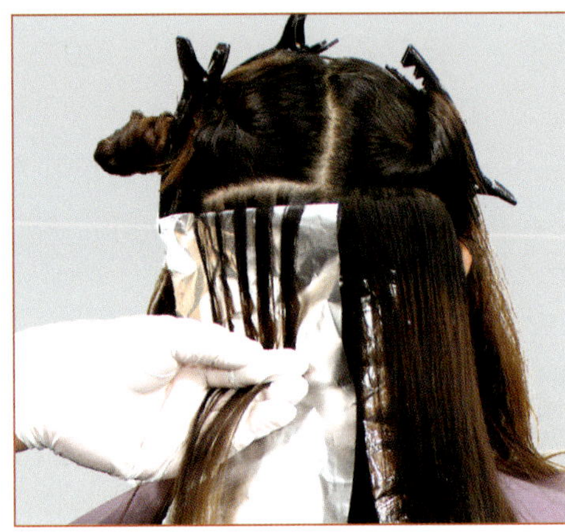
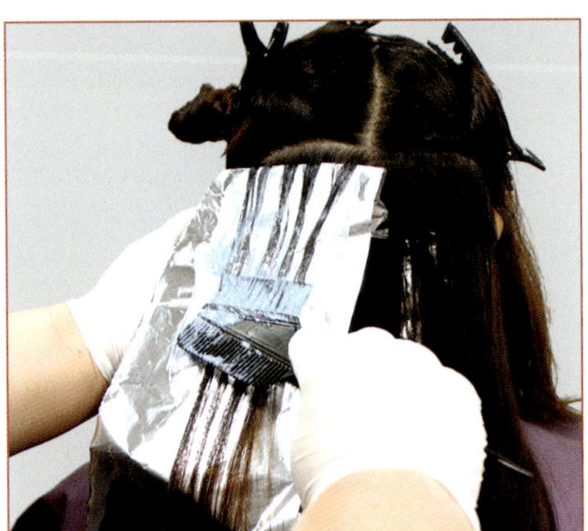

(2) 슬라이싱

일정한 간격으로 섹션을 얇게 떠서 부분적으로 밝게 하거나 어둡게 하는 방법을 말한다.

① 파팅 : 사이드(side) − 후 대각 / 백(back) − 수평

② 파팅 간격 : 가는 슬라이싱 (1 : 2)

③ 테크닉 : 슬라이싱 기법, 두피에서 떨어져서 도포

④ 처방 : 파우더 브리치 또는 영구 염모제

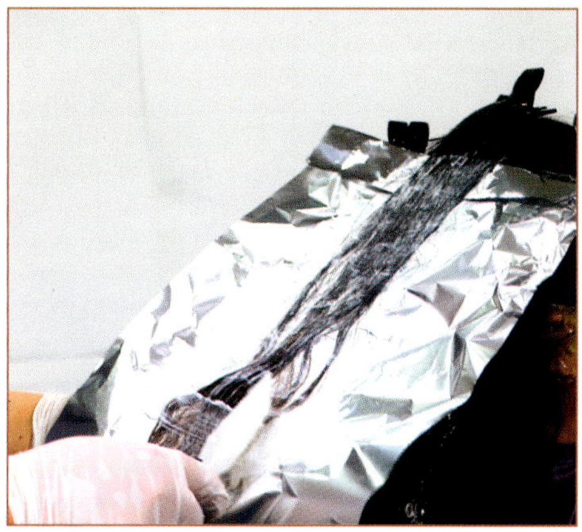

그 밖의 응용기법[38)]

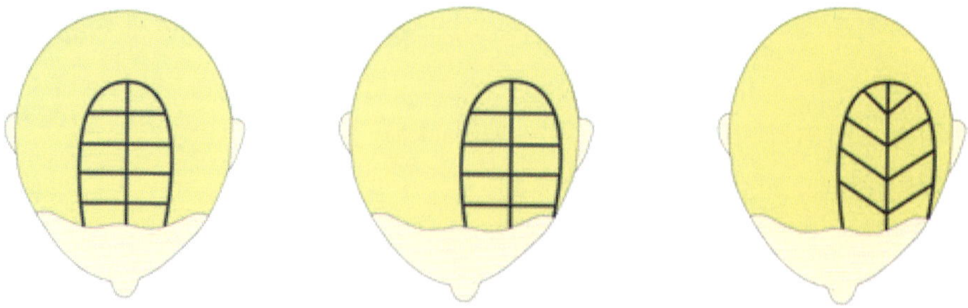

(3) 크러싱 테크닉(Crushing Technique)

모발을 백콤 처리 후 들어간 머리에는 약을 도포하지 않고 들어가지 않은 머리에 약을 도포하는 방법으로 층진 짧은 머리에 효과적인 시술 방법.

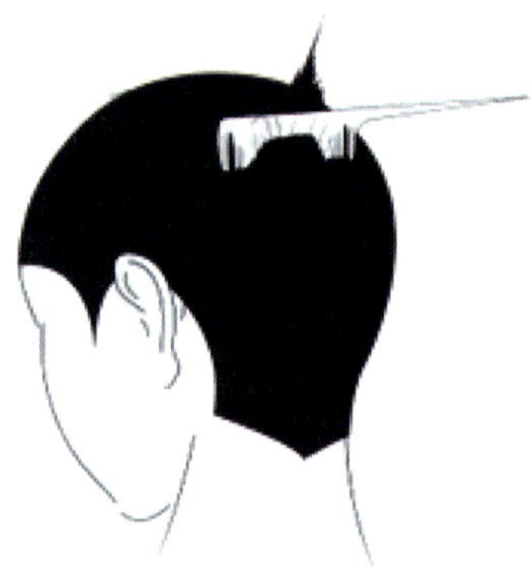

(4) 엔드 라이트(Endlighting Technique)

호일에 염모제(탈색제)를 바른 후 이를 모발에 문질러서 염색하는 기법으로 남자 짧은 머리에 적합하며 모발 끝에만 하이라이트를 주고자 할 때나 투톤으로 염색하기 위한 사전 작업으로 적당하다.

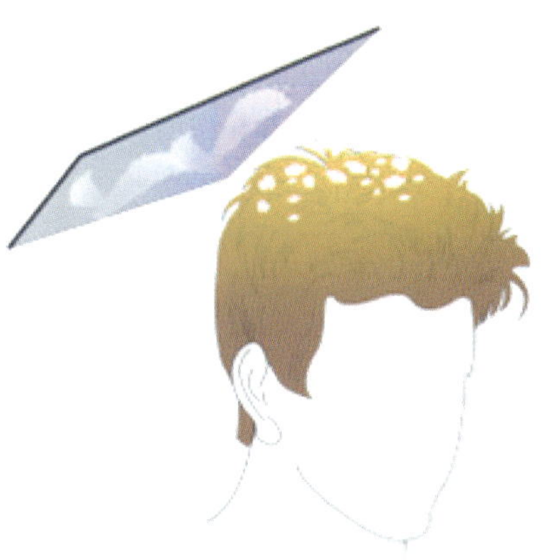

(5) 존 테크닉(Zone Qradation)

층진 머리에 적합하며 차츰차츰 밝게 또는 어둡게 명도와 색상을 단계적으로 차이를 두어 다른 부분과의 조화를 두는 방법으로 3가지 이상의 명도나 색상이 혼합되어 어우러지게 한다. (네이프에서 어둡게 하여 탑으로 밝게 진행함)

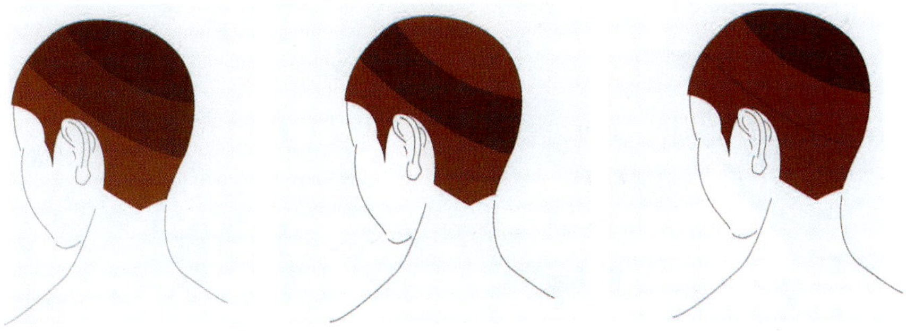

(6) 그라데이션(Gradation Technique)

모발 색상에 단계를 주는 컬러링 기법으로 모근부분–중간부분–끝부분, 혹은 페이스 라인–탑부분–백부분 등으로 몇 가지 응용기법들이 있다.

자연스럽게 보이는 그라데이션 컬러는 모근쪽은 어둡게 모발 끝은 갈수록 밝아지게 하는 것이다.

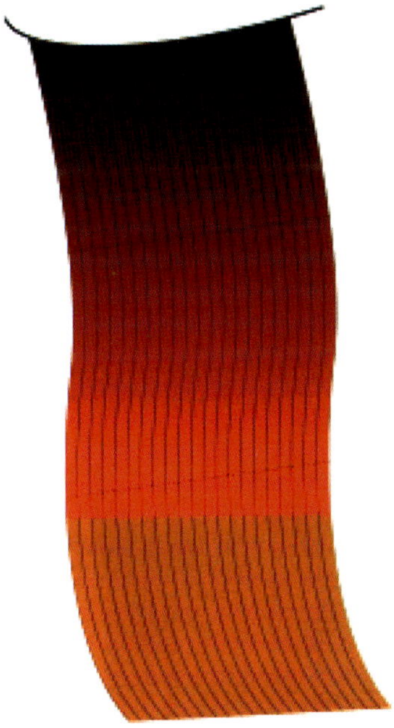

Review

단원평가

1. 한색과 난색에 대해 서술하시오.

2. 컬러디자인의 법칙에 대해 서술하시오.

3. 주황색상의 이미지에 대해 서술하시오.

4. 톤의 이미지 중 vivid(선명한) 컬러와 Light(밝은) 컬러의 이미지에 대해 서술하시오.

5. 모발의 멜라닌 색소 중에서 검은 머리는 (   ), (   ), (   )의 혼합된 컬러이다.

6. 퍼스널 컬러란?

Review

단원평가

7. 퍼스널 컬러를 진단하는 목적은 무엇인지 서술하시오.

8. 붉은 피부톤에 어울리는 컬러와 피해야 할 컬러에 대해 쓰시오.

9. 밝은 컬러와 어두운 컬러의 효과에 대해 서술하시오.

10. 염색 시술 전 기본사항에 대해 서술하시오.

11. 두 가지 염모제 혼합공식 중 명도 5레벨과 명도 8레벨을 혼합하였을 때 나올 수 있는 명도의 레벨은?

12. 영구 염모제 시술 과정에 대해 서술하시오.

Chapter 3

NCS 응용 헤어컬러링 실기

1. 디자인 헤어컬러
2. 크리에이티브 헤어컬러

Chapter 3 NCS 응용 헤어컬러링 실기

2nd week

퍼스널컬러 톤표 만들기

학습내용(단원명)	수업 목표
퍼스널 컬러 톤 표 만들기	• 톤의 개념과 퍼스널컬러의 이해를 돕기 위해 헤어스와치를 이용하여 톤표를 수행할 수 있다. • 색의 삼원색인 빨강, 노랑, 파랑의 톤표를 수행할 수 있다.

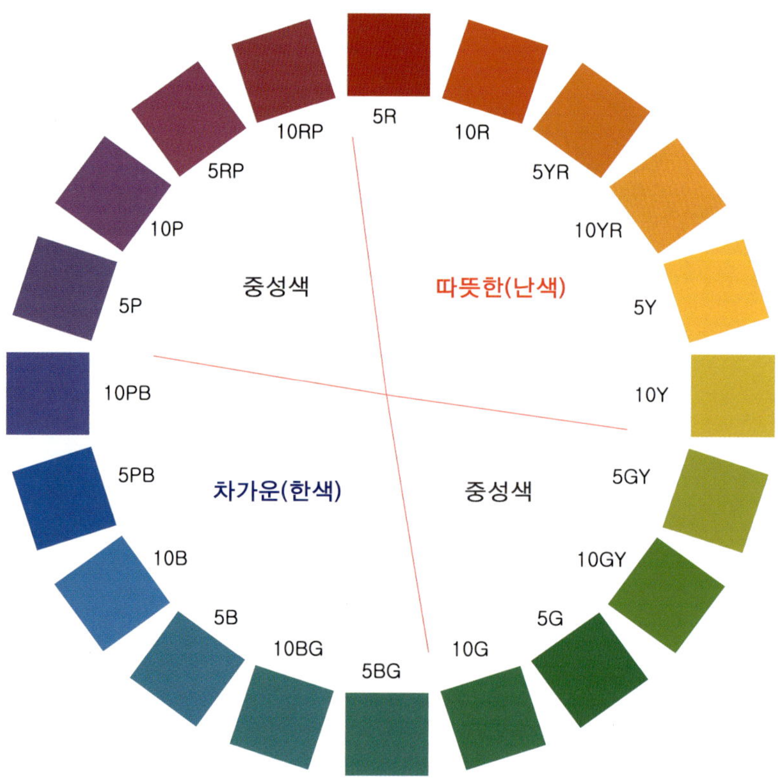

톤 표 만들기 (RED)

	저해도	중해도	고해도
고명도	RED + WHITE = 1:30	RED + WHITE = 1:10	
중명도	RED + GRAY = 1:5	RED + GRAY = 1:3	RED(VIVID)
저명도	RED + BLACK = 1:5	RED + BLACK = 1:3	

톤 표 만들기 (BLUE)

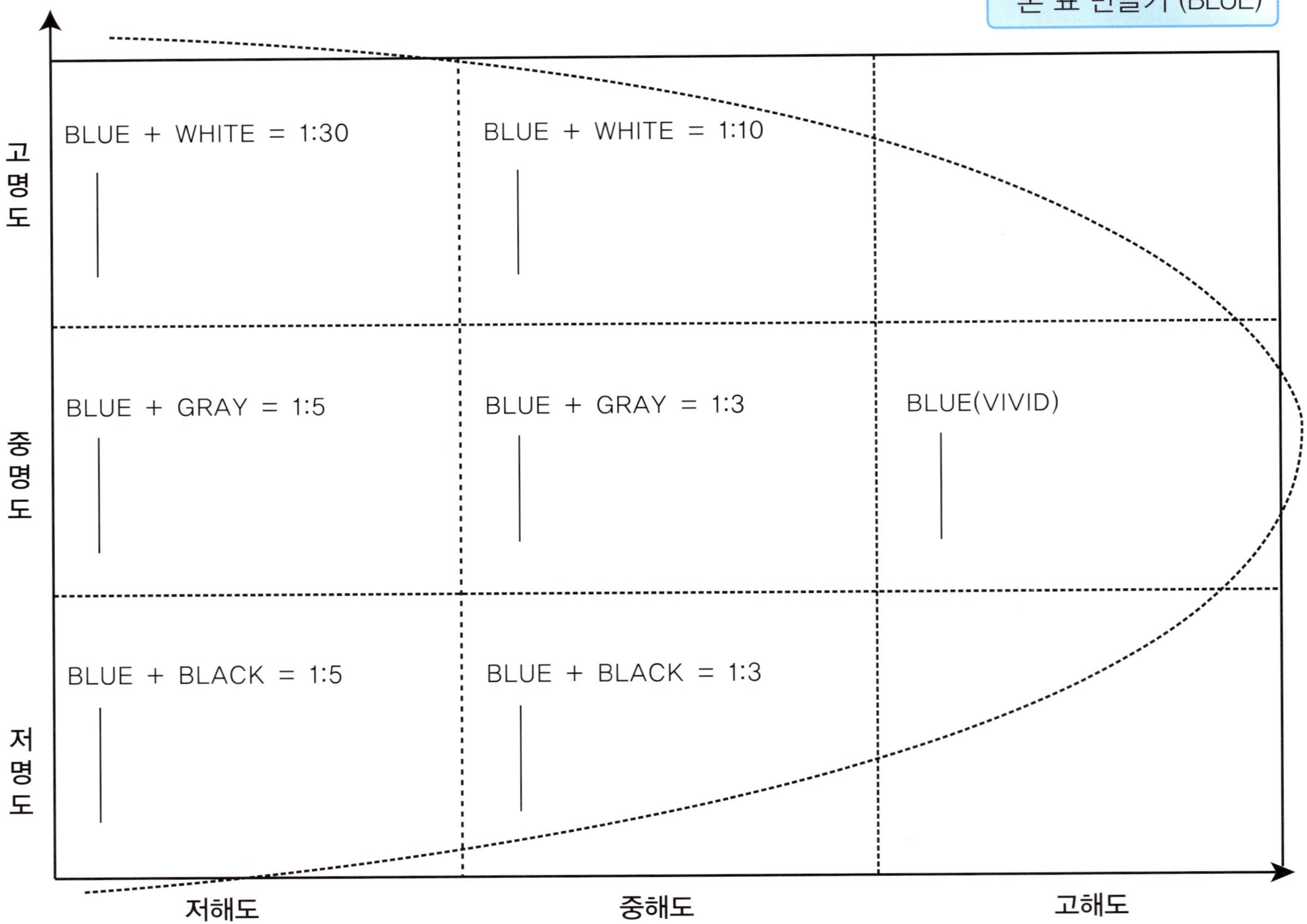

고명도
중명도
저명도
BLUE + WHITE = 1:30
BLUE + WHITE = 1:10
BLUE + GRAY = 1:5
BLUE + GRAY = 1:3
BLUE(VIVID)
BLUE + BLACK = 1:5
BLUE + BLACK = 1:3
저해도
중해도
고해도

톤 표 만들기 (YELLO)

	저해도	중해도	고해도
고명도	YELLO + WHITE = 1:30	YELLO + WHITE = 1:10	
중명도	YELLO + GRAY = 1:5	YELLO + GRAY = 1:3	YELLO(VIVID)
저명도	YELLO + BLACK = 1:5	YELLO + BLACK = 1:3	

분류번호 : 1201010117_16v3
능력단위 명칭 : 헤어서비스 준비
능력단위 정의 : 헤어서비스 준비란 미용업소에서 고객에게 헤어커트, 헤어펌, 헤어컬러, 드라이 등의 서비스 제공에 필요한 재료, 도구, 기구 등을 준비하는 능력이다.

능 력 단 위 요 소	수 행 준 거
1201010117_16v3.3 헤어컬러 준비하기	3.1 피부보호를 위해 얼굴, 목, 귀 등에 보호제품을 도포할 수 있다. 3.2 고객의 옷에 염모제가 묻지 않도록 어깨보, 가운 등을 착용해 줄 수 있다. 3.3 헤어컬러 서비스 전 알레르기 반응 확인을 위해 패치 테스트(Patch Test)를 할 수 있다. 3.4 헤어컬러 서비스 전 희망색상을 확인하기 위해 스트랜드 테스트(Strand Test)를 할 수 있다. 3.5 모발 상태에 따른 전처리제를 처리할 수 있다.
	【지 식】 • 모발과학에 관한 지식 • 패치테스트와 스트랜드테스트에 관한 지식 • 전처리 제품과 피부보호제의 역할과 사용법에 관한 지식
	【기 술】 패치테스트 테크닉 스트랜드테스트 테크닉 전처리 기술
	【태 도】 고객의 안전을 살피는 주의깊은 태도 모발의 상태를 정확하게 판단하려는 의지 고객 챠트의 작업지시 사항을 준수하려는 자세

<table>
<tr><td>분류번호 : 1201010119_17v4</td></tr>
<tr><td>능력단위 명칭 : 특수목적 샴푸</td></tr>
<tr><td>능력단위 정의 : 특수목적 샴푸란 헤어컬러, 헤어펌 등의 미용서비스 후 두피 · 모발에 남아 있는 화학성분을 세정하는 능력이다.</td></tr>
</table>

<table>
<tr><th>능 력 단 위 요 소</th><th>수 행 준 거</th></tr>
<tr><td rowspan="4">1201010119_17v4.1
특수목적 샴푸하기</td><td>1.1 헤어컬러, 헤어펌 등 미용서비스에 사용한 화학제품의 종류를 정확하게 파악하고 샴푸제를 선택할 수 있다.
1.2 염모제를 제거할 경우 사용한 약제와 테크닉의 특성을 고려하여 샴푸 순서와 방법을 결정할 수 있다.
1.3 모발과 두피로부터 화학제품이 충분하게 제거될 수 있도록 샴푸할 수 있다.</td></tr>
<tr><td>【지 식】
• 샴푸의 성분과 작용원리에 관한 이해
• 화학제품을 사용한 미용서비스에 적합한 샴푸지식
• 2톤 이상의 헤어컬러 시 명도 및 채도에 따른 샴푸 순서에 관한 지식
• 에멀젼에 관한 지식</td></tr>
<tr><td>【기 술】
• 화학제품을 사용한 미용서비스별 샴푸제 선택 능력
• 화학제품을 충분히 제거하는 샴푸 능력
• 두피지압 및 매니플레이션 기술
• 수온과 수압 조절 능력
• 고객 응대 능력</td></tr>
<tr><td>【태 도】
• 화학 성분의 잔여물을 깨끗하게 제거하려는 자세
• 샴푸 시 염모제나 펌제 등이 의복과 피부에 닿지 않도록 주의하는 자세
• 고객의 얼굴이나 옷에 물이 흐르지 않도록 주의하는 태도
• 샴푸과정에서 불편한 사항을 수시로 점검하는 자세</td></tr>
<tr><td rowspan="2">1201010119_17v4.2
특수목적 트리트먼트하기</td><td>2.1 헤어트리트먼트제를 모발에 도포한 후 두피지압과 매니플레이션을 할 수 있다.
2.2 헤어트리트먼트제가 페이스라인, 귀, 두피 등에 남지 않도록 충분하게 헹굴 수 있다.
2.3 타월로 모발의 물기를 제거한 후 두상을 타월로 감쌀 수 있다.
2.4 샴푸대 및 주변을 깨끗하게 정리한 후 고객을 서비스 공간으로 안내할 수 있다.</td></tr>
<tr><td>【지 식】
• 두피지압과 매니플레이션의 효과에 관한 지식
• 적정한 수온과 수압에 관한 지식
• 미용서비스 목적에 적합한 트리트먼트에 관한 지식</td></tr>
</table>

(계속)

능력단위요소	수행준거
1201010119_17v4.2 특수목적 트리트먼트하기	【기술】 • 두피 매니플레이션 • 샴푸 및 트리트먼트 기술 • 수온과 수압을 조절하는 능력 • 타월드라이와 타월밴드하는 능력
	【태도】 • 고객의 얼굴이나 옷에 물이 흐르지 않도록 주의하는 태도 • 미용서비스 과정에서 불편한 사항을 수시로 점검하는 자세

분류번호 : 1201010137_17v4
능력단위 명칭 : 디자인 헤어컬러
능력단위 정의 : 디자인 헤어컬러란 고객의 요구에 따라 헤어컬러 디자인을 설계하고 그에 따른 염 · 탈색제를 선정하고 배합한 후 다양한 도포기법을 사용하여 헤어컬러를 완성하는 능력이다.

능 력 단 위 요 소	수 행 준 거
1201010137_17v4.1 디자인 헤어컬러하기	1.1 고객의 희망색상에 대한 발색가능정도를 확인하기 위해 스트렌드 테스트를 할 수 있다. 1.2 고객의 요구와 모발 상태에 따라 염 · 탈색제를 선정하여 배합할 수 있다. 1.3 디자인에 따른 도포방법 및 사용도구를 결정할 수 있다. 1.4 호일워크, 발레아주, 존컬러 등 도포방법에 따라 모발에 염모제를 도포할 수 있다. 1.5 원하는 컬러를 얻기 위해 가온기 사용여부를 결정할 수 있다.
	【지 식】 • 염 · 탈색제의 성분, 종류, 작용원리 • 스트렌드 테스트(Strand test) 방법 • 희망색과 모발상태에 따른 염 · 탈색제 배합방법 • 존컬러, 호일워크 등 도포방법 • 가온기 사용법과 염모제 처리시간에 관한 지식
	【기 술】 • 헤어컬러레벨과 반사 빛을 조절하는 기술 • 염 · 탈색제가 두피나 피부에 묻지 않게 도포하는 기술 • 염 · 탈색 도구와 가온기 사용 기술 • 염 · 탈색으로 인한 두피와 피부 트러블을 진정시키는 기술 • 슬라이스 및 위빙에 관한 호일워크 기술
	【태 도】 • 고객의 요구를 정확하게 판단하고 만족을 위해 노력하는 태도 • 디자인의 완성도를 높이려는 태도 • 고객의 불편을 확인하고 대처하는 자세 • 주변을 정돈하고 도구를 청결하게 정리하는 자세 • 두피를 자극하지 않고 모발 손상을 최소화하려는 태도 • 제품의 정량사용으로 자원낭비와 환경오염을 최소화하려는 노력
1201010137_17v4.2 디자인 헤어컬러 마무리하기	2.1 헤어컬러 마무리 샴푸 시 에멀전 여부를 결정 할 수 있다. 2.2 사용한 염모제와 염색방법의 특성을 고려하여 샴푸순서와 방법을 결정할 수 있다. 2.3 모발보호와 헤어컬러의 지속성을 위해 후처리를 할 수 있다. 2.4 헤어스타일링 제품과 도구를 사용하여 마무리할 수 있다.

(계속)

능력단위요소	수행준거
1201010137_17v4.2 디자인 헤어컬러 마무리하기	【지식】 • 에멀전에 대한 지식 • 색상유지를 위한 후처리 지식 • 스타일링 제품과 도구에 관한 지식
	【기술】 • 샴푸 전 에멀전 능력 • 염모제 제거 순서에 따른 마무리샴푸 능력 • 색상지속력을 높이는 후처리 능력 • 헤어스타일링 도구 사용기술 • 헤어스타일 연출기술과 헤어스타일링 제품 사용능력
	【태도】 • 고객만족을 위해 노력하는 태도 • 홈케어 방법을 정확하게 안내하는 자세

Chapter 3 NCS 응용 헤어컬러링 실기

3rd week

리터치 도포기법 (원터치 : 새치커버)

학습내용(단원명)	수업 목표
리터치 도포기법 (원터치 : 새치커버)	• 고객의 희망색상에 대한 발색가능정도를 확인하고 컬러를 선정 할 수 있다. • 원터치 기법인 새치커버를 수행할 수 있다.

1. 응용 헤어컬러 준비하기

1) 재료

① 핀셋

② 샴푸 · 린스

③ 산화제

④ 염모제

⑤ 염색볼

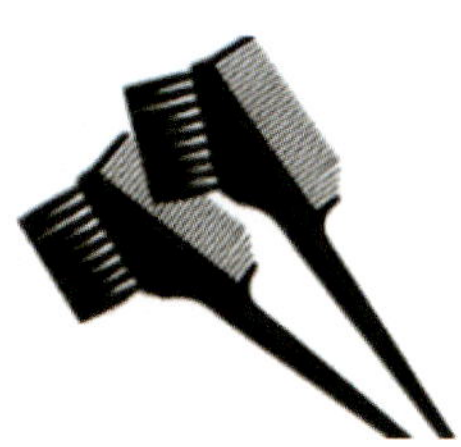

⑥ 염색솔

⑦ 염색짜개

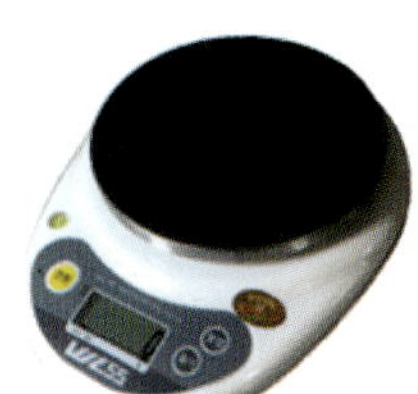

⑧ 염색저울

⑨ 염색보

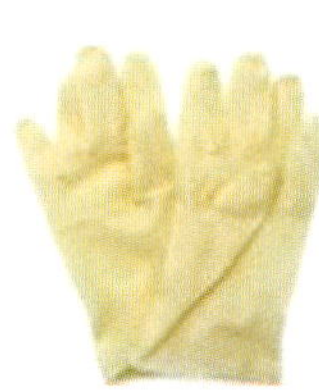

⑩ 장갑

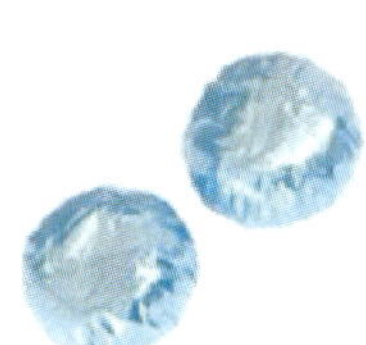

⑪ 이어 캡

2) 블로킹 및 도해도

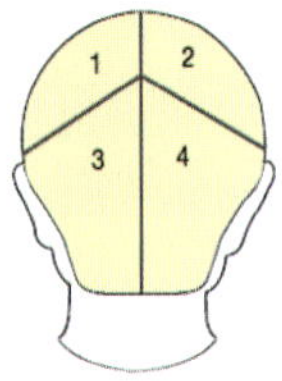 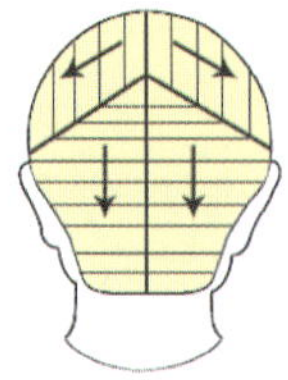	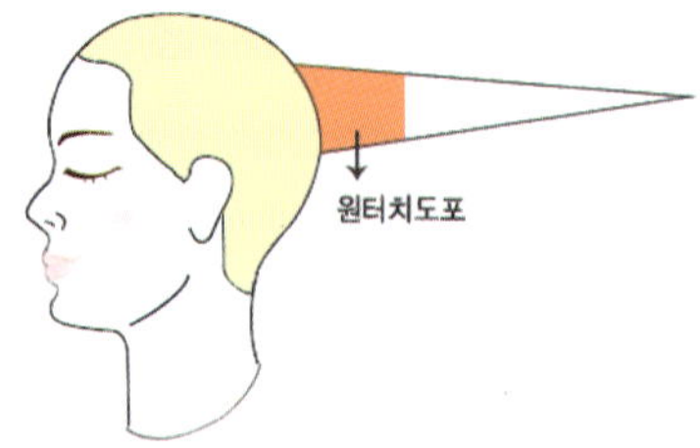
블로킹 및 섹션	도해도

3) 모델분석 및 시술방법

모델 분석	모질 □ 발수성 ■ 보통모 □ 흡수모 모량 □ 많음 ■ 보통 □ 적음 신생모 레벨 (백모), 길이 (2 cm) 기염모 레벨 (6), 길이 (8~10 cm) 백모량 ■ 유(90 %) 분포상태(전체적으로) / □ 무 모발상태 □ 건강모 ■ 손상모 □ 극 손상모 화학적 시술 ■ 유(■펌, ■염색), (2 개월 전) / □ 무 기타 □ 임신, 탈모, 출산, 생리 등 특이 체질 패치테스트 이상 □ 유 / ■ 무
시술방법 및 약제선정	고객 희망 컬러 : 3레벨 다크브라운 시술 염모제 : 모발 끝부분 PPT 전처리 시술 사전처리 : 모발 끝부분 PPT 전처리 시술 도포순서 : 사이드(side) –〉 백(back) 방치시간 : 35분 사후처리 : LPP 후처리 시술
※ 흰머리가 많은 부분부터 먼저 도포함	

4) 시술 전 후

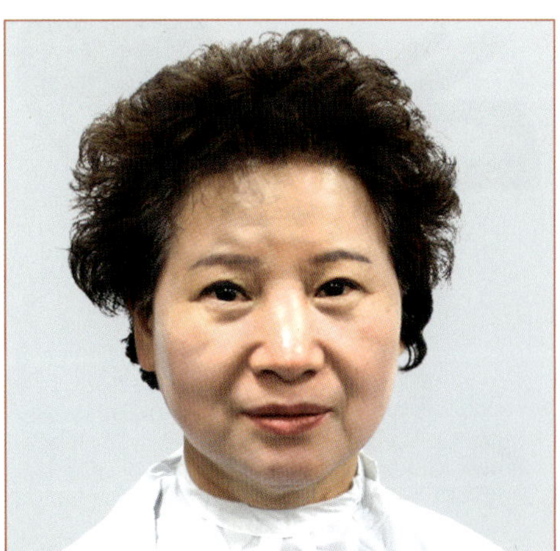

시술 전

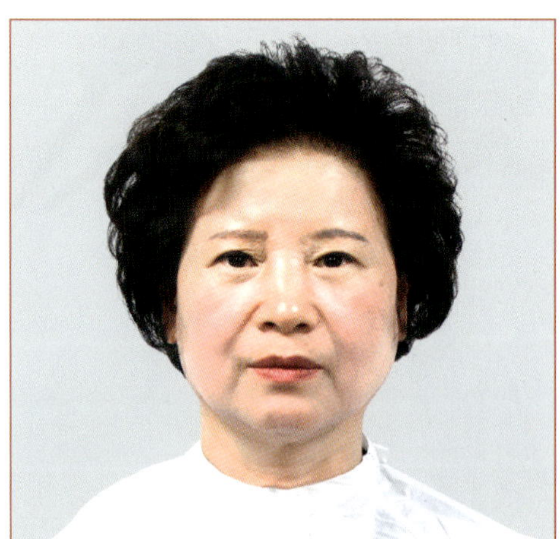

시술 후

2. 응용 헤어컬러 시술하기

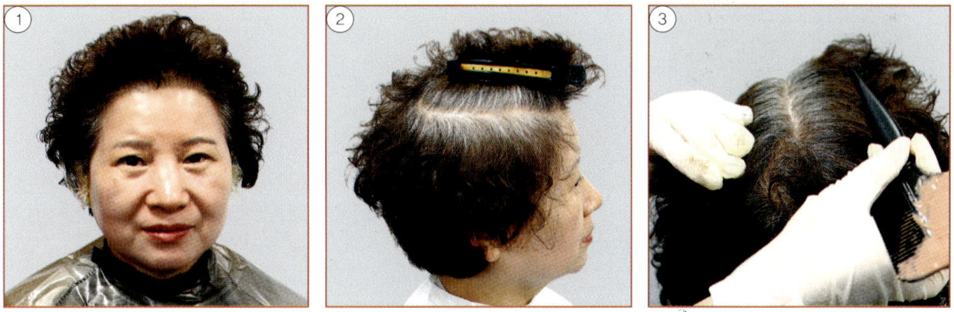

①~③ 백모량은 90%정도이며 전체적으로 분포되어 있음 (시술전)

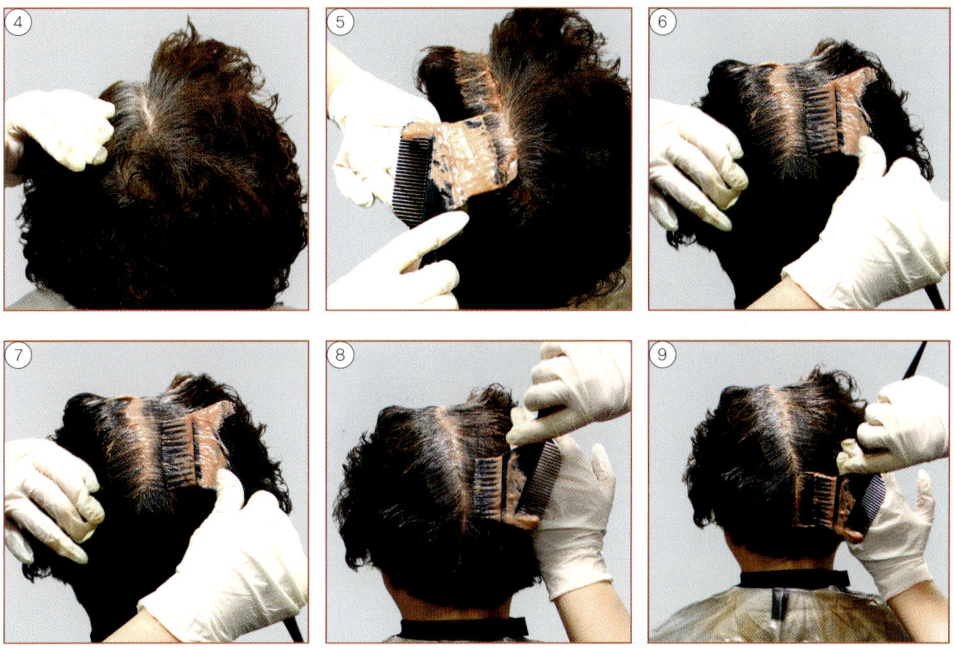

④~⑨ 센터 라인(center line) 앞쪽부터 정중선을 따라 좌우 흰머리 있는 곳을 도포함

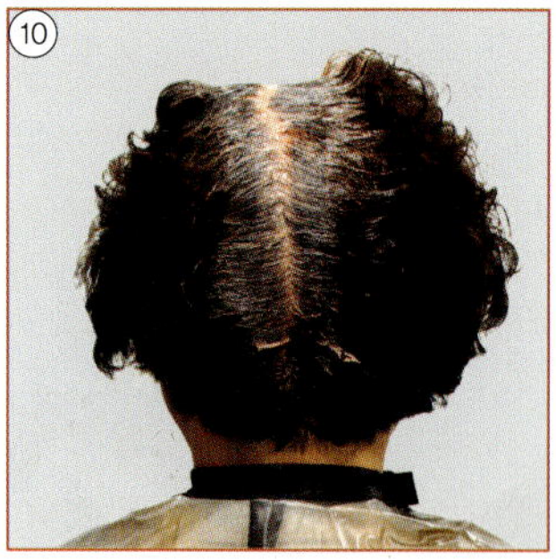

⑩ 센터 라인(center line) 도포가 끝난 상태

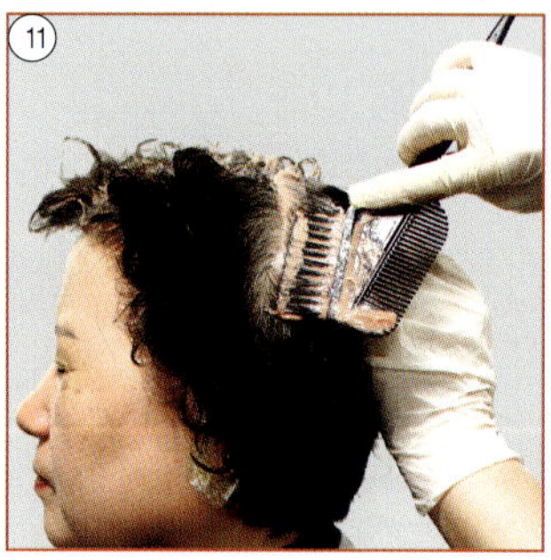

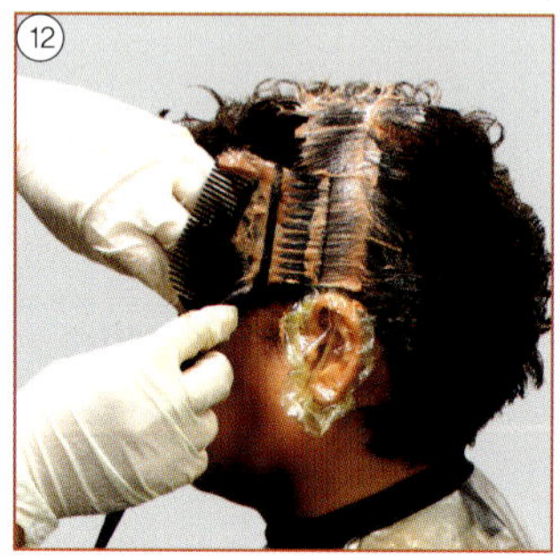

⑪~⑫ 이어 투 이어 라인(ear to ear line)을 따라 흰머리 부분을 도포함

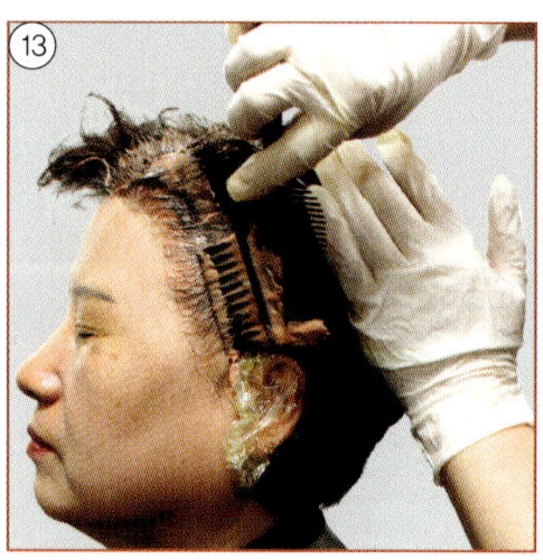

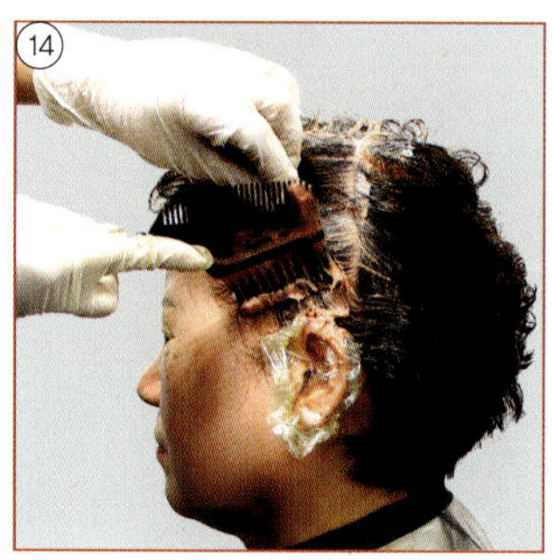

⑬~⑭ 페이스라인(face line)을 따라 흰머리 부분을 도포함

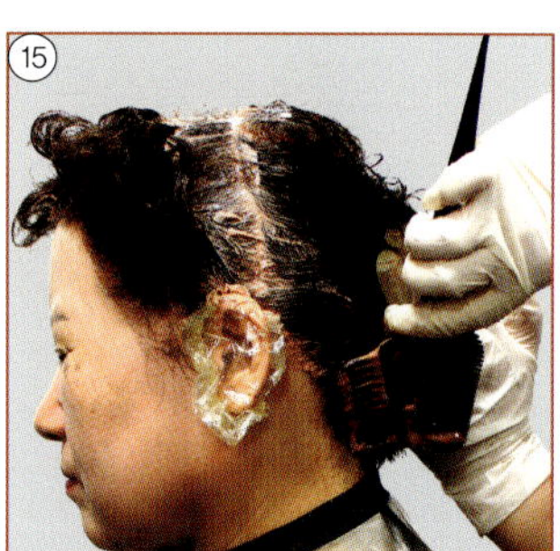

⑮ 이어 백 라인(ear back line)을 따라 도포함

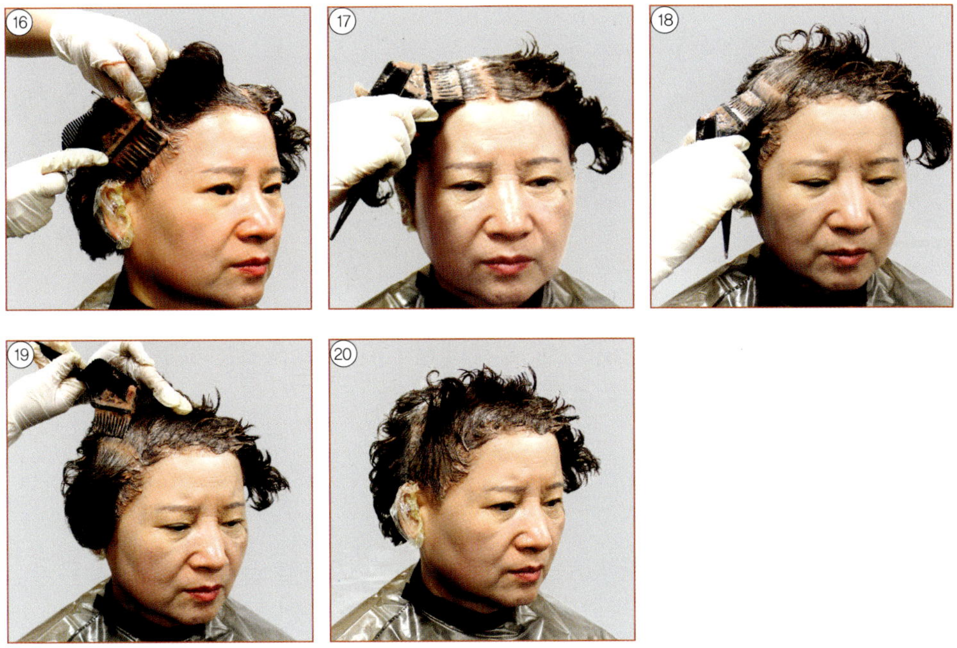

⑯~⑳ 반대 쪽도 동일하게 진행한 후 사이드(side) 부분을 1.5cm정도 섹션을 나눠가며 도포함

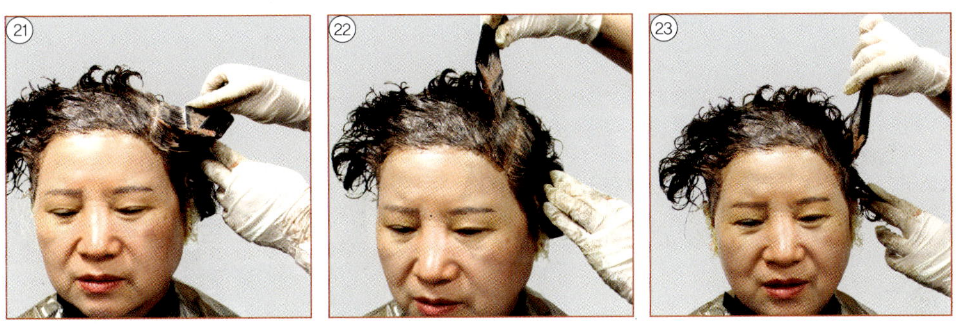

㉑~㉓ 왼쪽도 동일하게 진행함

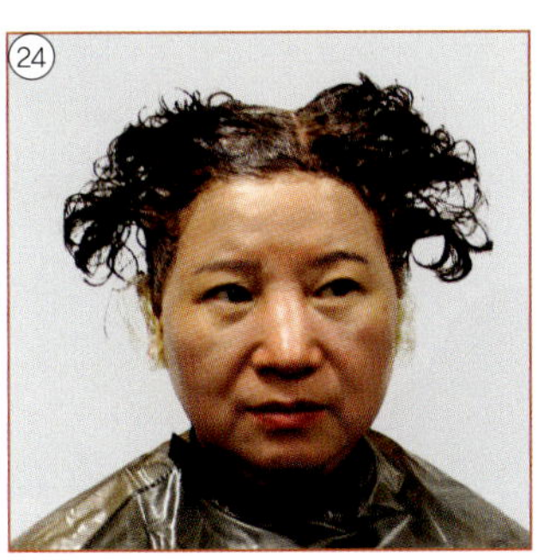

㉔ 앞쪽 사이드(side) 도포가 끝난 상태

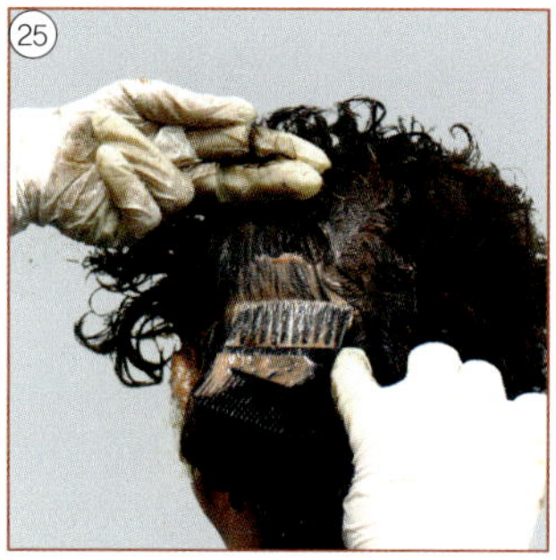
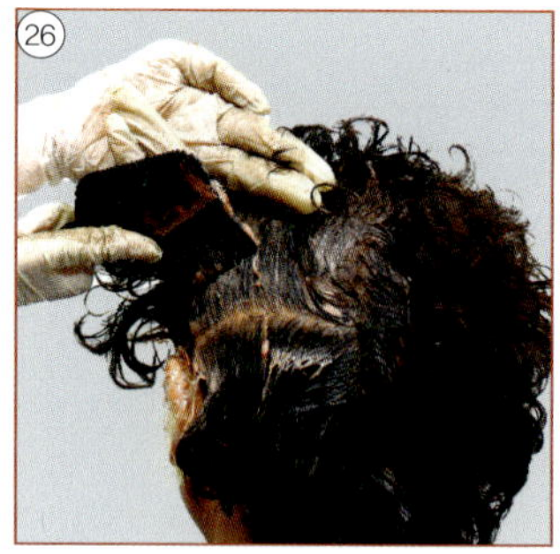
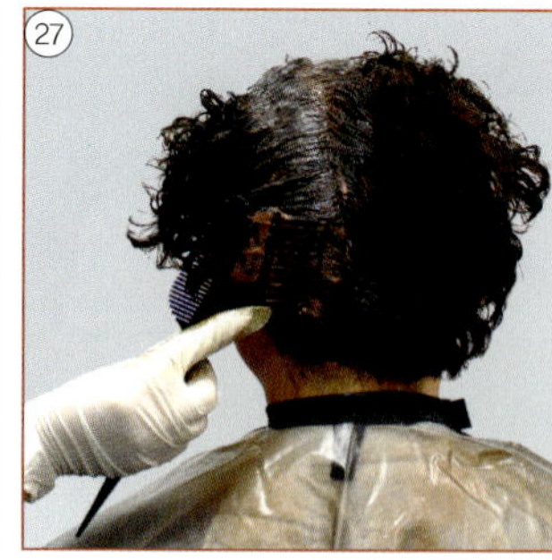

㉕~㉗ 왼쪽 백 사이드(back side) 탑 부분에서 네이프(nape)로 내려오면서 도포함
섹션을 나눈 후 위 아래 모두 도포함

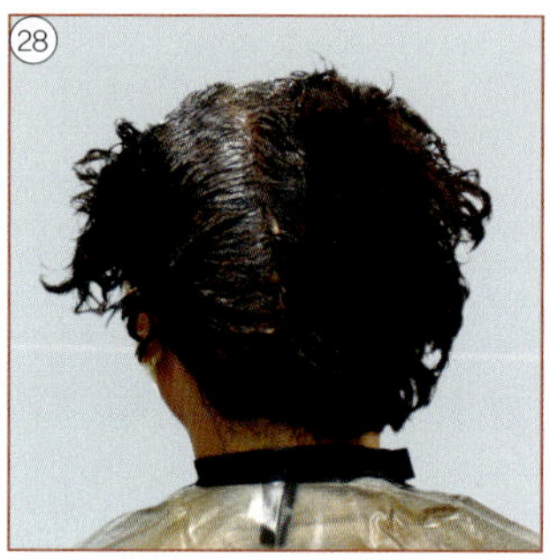

㉘ 왼쪽 백 사이드(back side) 도포가 끝난 상태

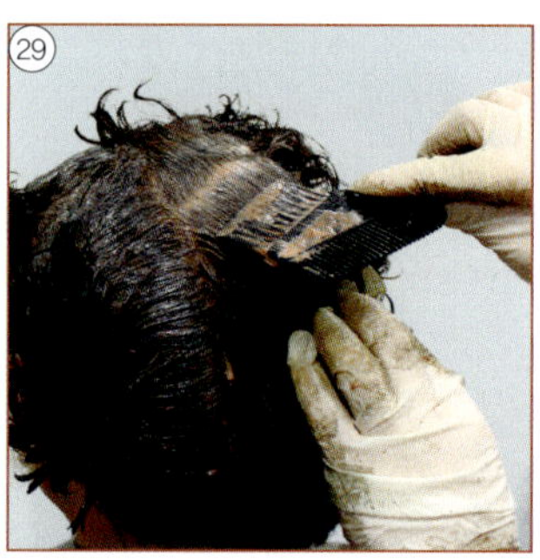
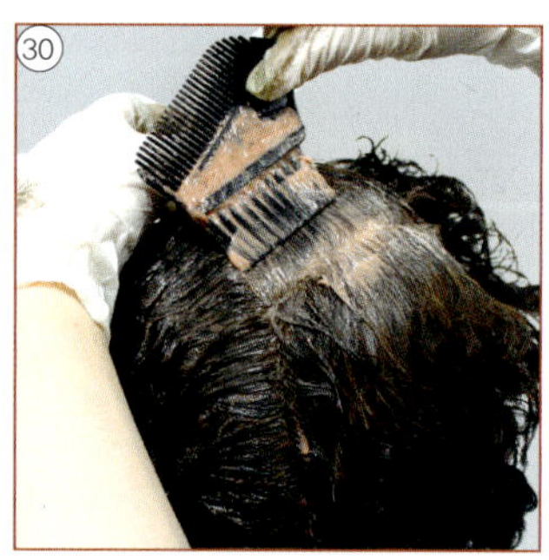
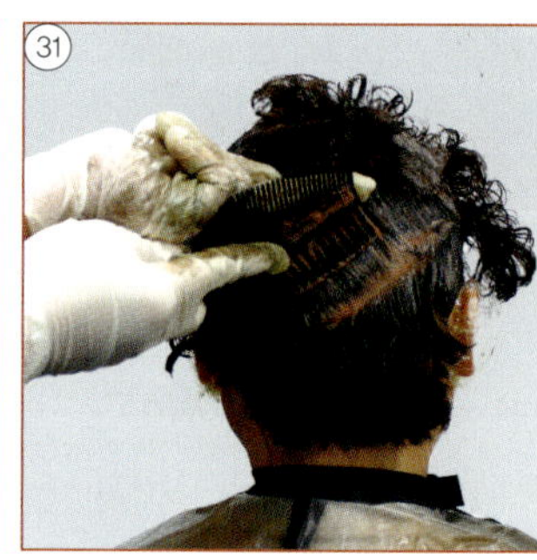
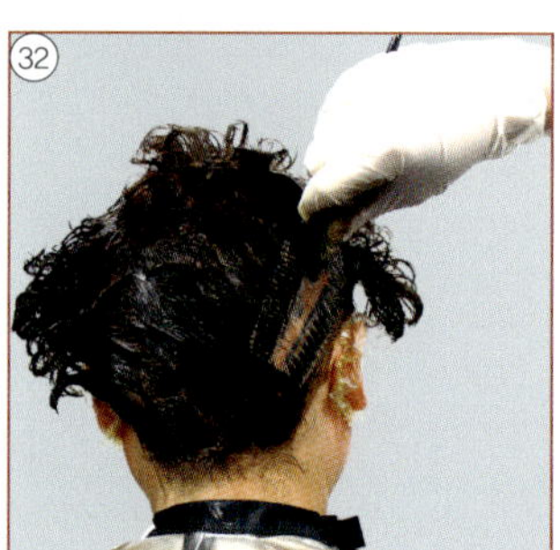
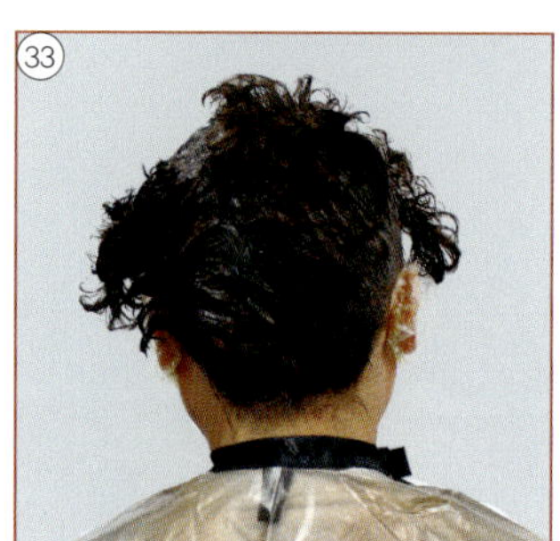

㉙~㉝ 반대쪽 백 사이드(back side)도 동일하게 진행함

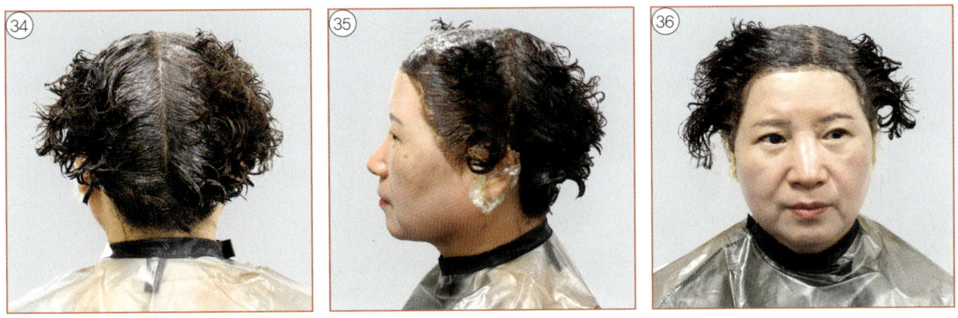

㉞~㊱ 흰머리가 있는 뿌리부분을 도포한 상태

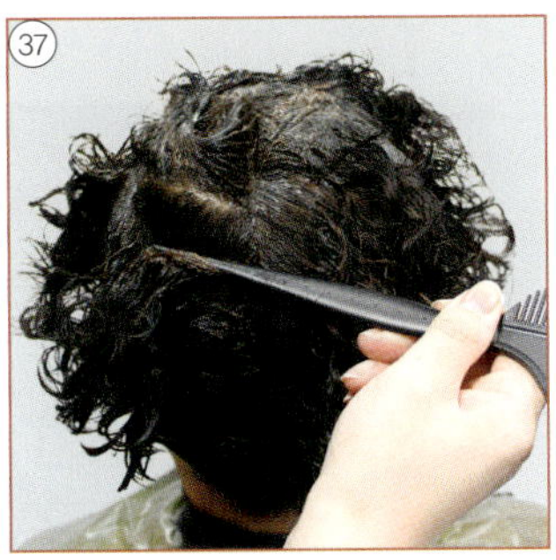

㊲ 35분 자연방치 후 컬러테스트 진행

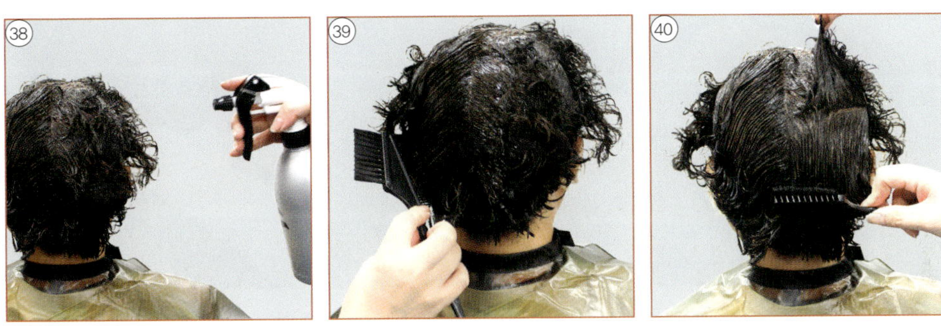

㊳~㊵ 모발 끝부분이 퇴색되었기 때문에 분무를 하고 브러시로 빗질해서 연결 시켜 줌

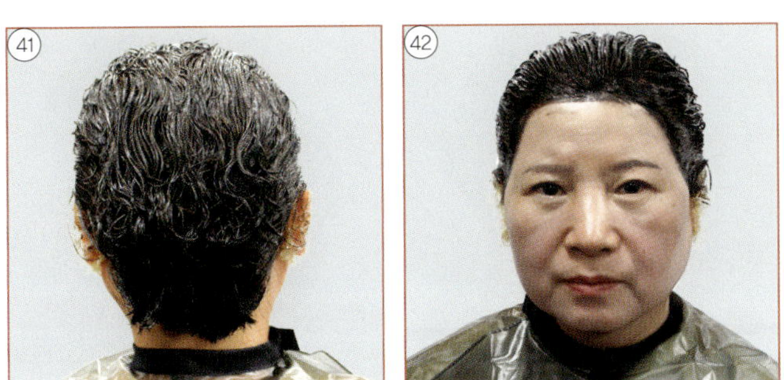

㊶~㊷ 전체 도포가 끝난 상태
5분 자연 방치 후 샴푸

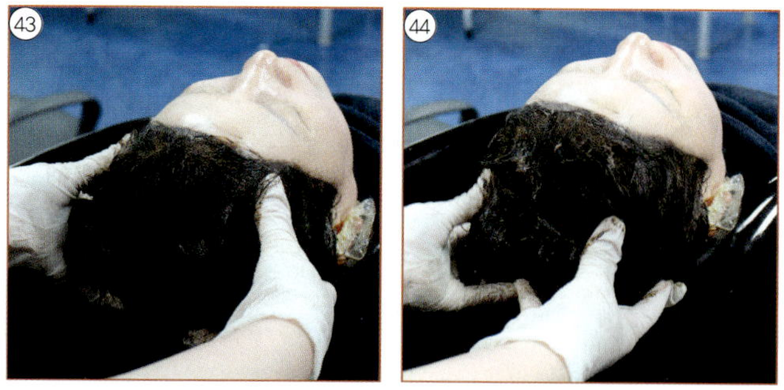

㊸~㊹ 샴푸대에 누워 에멀전 작업을 진행함
(두피에 남아있는 염모제 제거와 피부에 묻은 염모제 제거)

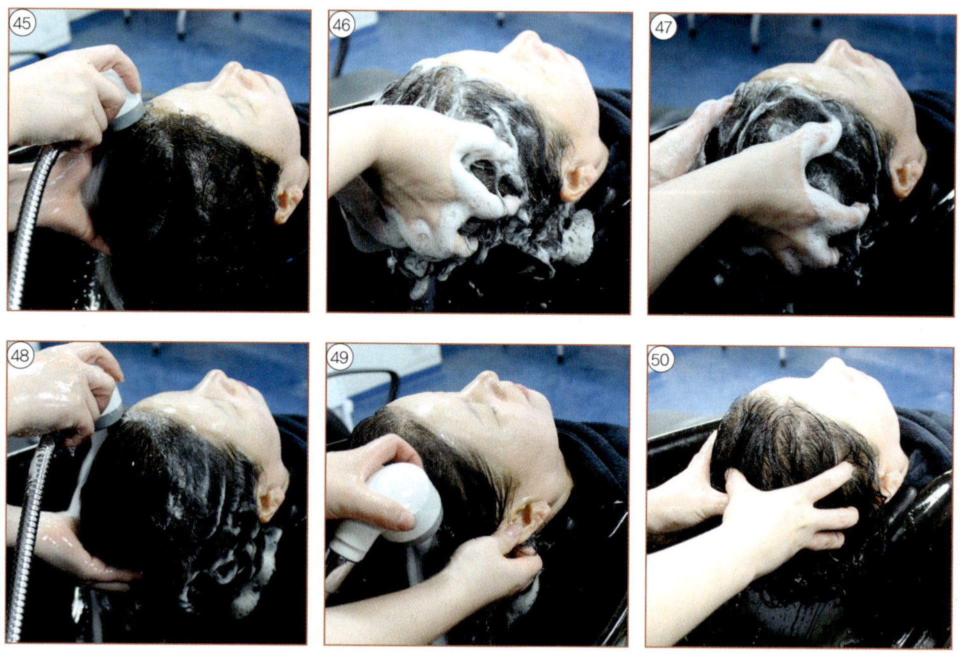

㊺~㊿ 샴푸를 깨끗이 하고 린스로 마무리

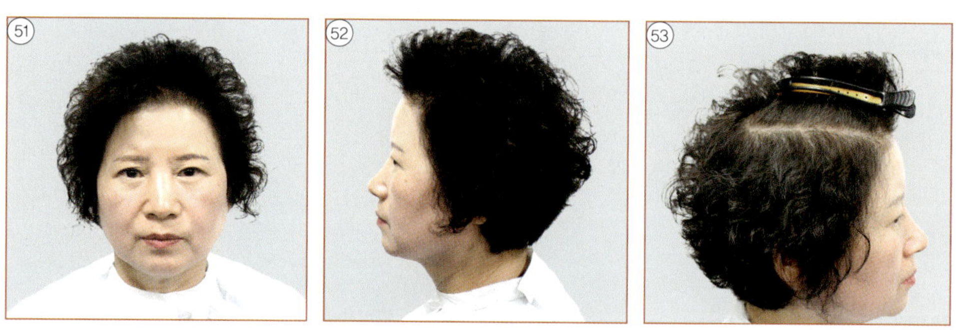

51~53 샴푸 후 염색 상태

3. 응용 헤어컬러 마무리하기

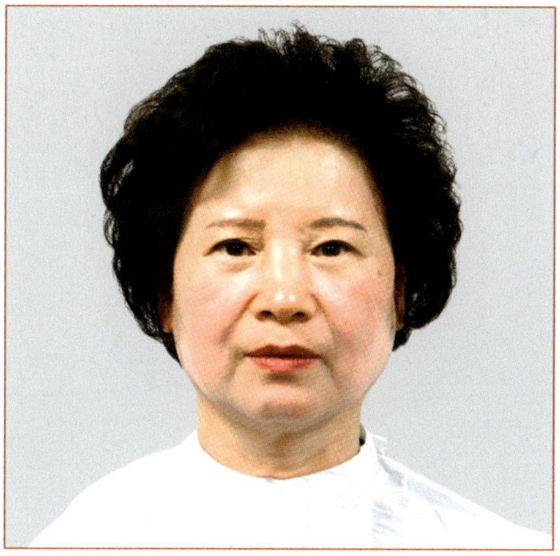

앞(front)

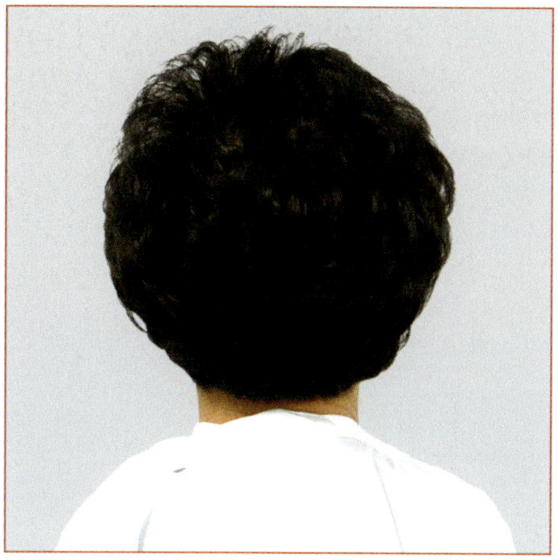

뒤(back)

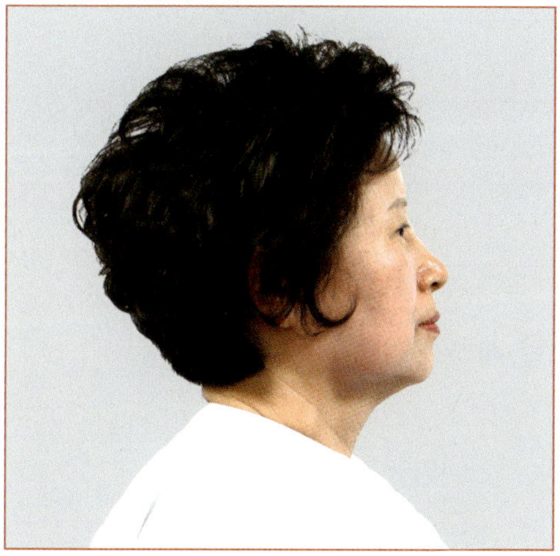

우측(right side)

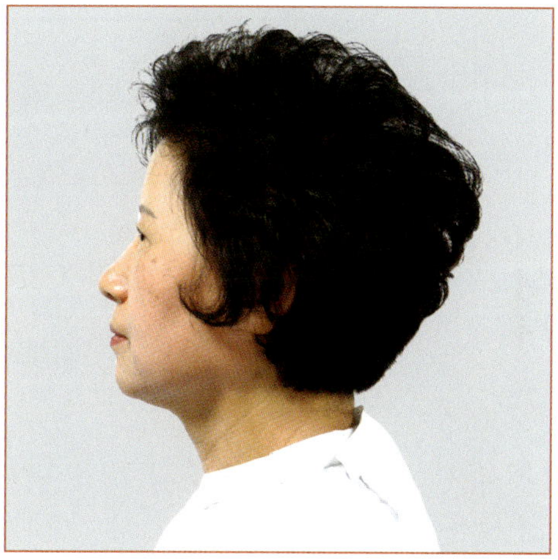

좌측(left side)

〈서식 1〉

개인정보 수집 및 사진 이용 동의서

본인은 ○○ 대학교 헤어 미용과 교재로 사용될『NCS **응용 헤어컬러링 교재**』에 사용되는 헤어시술모델과 관련하여 개인정보의 제공 및 시술사진 활용에 동의합니다.

1. 목 적 : 작품별 관련 모델 시술자료
2. 수집항목 : 본인 얼굴이미지와 시술과정 사진

20 년 월 일

■ 본인

성 명 : ____________________ (서명)

생년월일 : ____________________

주 소 : ______________________________

확인(시술자) ____________________ (서명)

개인정보보호법 제15조

개인정보 수집 · 이용에 동의 □동의 □미동의

사진활용에 동의 □동의 □미동의

■ 본인은 헤어 모델과 시술에 관련하여 어떠한 이의도 제기하지 않겠다는 내용에 동의합니다.

20 년 월 일

__________ (서명)

모발진단서

날짜 : 모델명 : 시술자명 :

시술 전 모발 상태

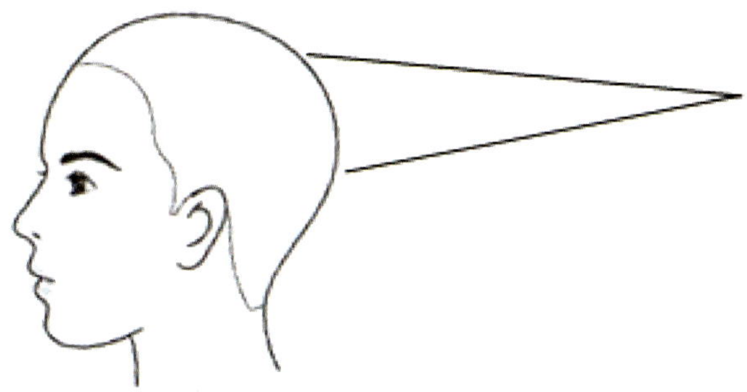

모질	□ 발수성	□ 보통모	□ 흡수모
모량	□ 많음	□ 보통	□ 적음
신생모	레벨 (	), 길이 (	cm)
기염모	레벨 (	), 길이 (	cm)
백모량	□ 유(	%) 분포상태(	) / □ 무
모발상태	□ 건강모	□ 손상모	□ 극 손상모
화학적 시술	□ 유(□펌, □염색), (		개월 전) / □ 무
기타	□ 임신, 탈모, 출산, 생리 등 특이 체질		
패치테스트	□ 유 / □ 무		
퍼스널 컬러 진단	□ 웜톤 / □ 쿨톤		

약액 선정 및 시술 과정

고객 희망 컬러 :
시술 염모제 :
사전처리 :
도포순서 :
방치시간 :
사후처리 :

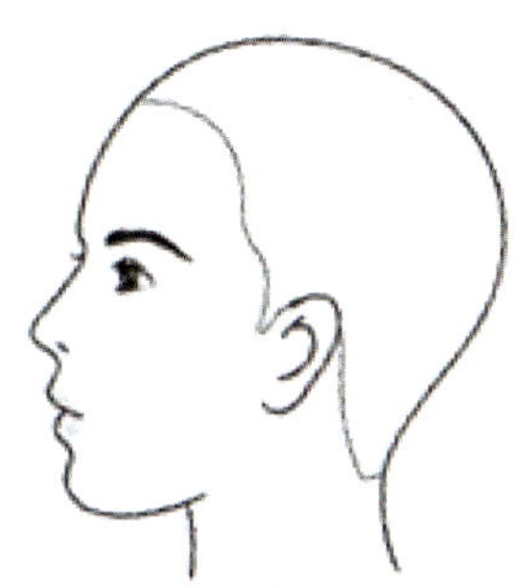

미용요금 상세 주문내역서

20 년 월 일

<table>
<tr><td>고객성명</td><td>☐ 남
☐ 여</td><td>핸드폰
(SNS)</td><td>☐ 수신
☐ 수신안함</td></tr>
<tr><td>담당자</td><td></td><td>생일</td><td></td></tr>
<tr><td>방문경로</td><td colspan="3">☐ 블로그 ☐ 까페 ☐ 간판 ☐ 재방문 ☐ 소개 ( ) ☐ 기타</td></tr>
</table>

시술내용	기본요금	추가요금	비고
컷트 ☐ 남 ☐ 여 ☐ 학생 ☐ 디자인컷 ☐ 앞머리			
펌 ☐ 앞머리 ☐ 다운펌 ☐ 기본펌 ☐ 영양펌 ☐ 열펌 ☐ 뿌리펌			
염색 ☐ 뿌리염색 ☐ 전체염색 ☐ 탈 색 ☐ 헤나/왁싱 ☐ 와칸			
크리닉 ☐ 기본 ☐ 특수			
두피 스켈링			
스켈링 컷			
드라이			
샴푸			
업스타일			
점판			

할인/서비스	(%) /
총 합계	
결제방법	☐ 현금 ☐ 카드 ☐ 회원권

고객 확인	(서명)	담당자 (원장, 부원장, 점장, 실장, 디자이너, 매니저)	(서명)

※ 공중위생관리법에 의거하여 시술하는 자는 미용사 자격증(면허증)이 반드시 있어야 함.

실습과정 사진		
사진		설명
		• • • • •
		• • • • •
		• • • • •
		• • • • •
		• • • • •

<table>
<tr><th colspan="2">실습완료 사진</th></tr>
<tr><td></td><td></td></tr>
<tr><td>앞(front)</td><td>뒤(back)</td></tr>
<tr><td></td><td></td></tr>
<tr><td>우측(right side)</td><td>좌측(left side)</td></tr>
</table>

Review

단원평가

원터치도포(새치커버)에 대한 장점과 단점, 그리고 느낀 점을 쓰시오!

장점 :

단점 :

느낀 점 :

4. 학생 자가 진단 및 교수평가

능력단위명 〈코드〉	헤어서비스 준비하기 〈1201010117_16v3〉 특수목적 샴푸 〈1201010119_17v4〉 디자인 헤어컬러 〈1201010137_17v4〉

진단영역		진 단 문 항	학생 평가					교수평가				
			매우 미흡	미흡	보통	우수	매우 우수	매우 미흡	미흡	보통	우수	매우 우수
헤어서비스 준비하기	헤어컬러 준비하기	3.1 피부보호를 위해 얼굴, 목, 귀 등에 보호제품을 도포 할 수 있다.	①	②	③	④	⑤	①	②	③	④	⑤
		3.2 고객의 옷에 염모제가 묻지 않도록 어깨보, 가운 등을 착용해 줄 수 있다.	①	②	③	④	⑤	①	②	③	④	⑤
		3.3 헤어컬러 서비스 전 알레르기 반응 확인을 위해 패치 테스트(Patch Test)를 할 수 있다.	①	②	③	④	⑤	①	②	③	④	⑤
		3.4 헤어컬러 서비스 전 희망색상을 확인하기 위해 스트랜드 테스트(Strand Test)를 할 수 있다.	①	②	③	④	⑤	①	②	③	④	⑤
		3.5 모발 상태에 따른 전처리제를 처리할 수 있다	①	②	③	④	⑤	①	②	③	④	⑤

[진단결과]

진단영역		문항 수	점수	점수 ÷ 문항 수	문항 수	점수	점수 ÷ 문항 수
헤어서비스 준비하기	헤어컬러 준비하기	5			5		
합계		5			5		

<table>
<tr><th colspan="3"></th><th colspan="5">학생 평가</th><th colspan="5">교수평가</th></tr>
<tr><th colspan="2">진단 영역</th><th>진 단 문 항</th><th>매우 미흡</th><th>미흡</th><th>보통</th><th>우수</th><th>매우 우수</th><th>매우 미흡</th><th>미흡</th><th>보통</th><th>우수</th><th>매우 우수</th></tr>
<tr><td rowspan="7">특수목적 샴푸</td><td rowspan="3">특수목적 샴푸하기</td><td>1.1 헤어컬러, 헤어펌 등 미용서비스에 사용한 화학제품의 종류를 정확하게 파악하고 샴푸제를 선택할 수 있다.</td><td>①</td><td>②</td><td>③</td><td>④</td><td>⑤</td><td>①</td><td>②</td><td>③</td><td>④</td><td>⑤</td></tr>
<tr><td>1.2 염모제를 제거할 경우 사용한 약제와 테크닉의 특성을 고려하여 샴푸 순서와 방법을 결정할 수 있다.</td><td>①</td><td>②</td><td>③</td><td>④</td><td>⑤</td><td>①</td><td>②</td><td>③</td><td>④</td><td>⑤</td></tr>
<tr><td>1.3 모발과 두피로부터 화학제품이 충분하게 제거될 수 있도록 샴푸할 수 있다.</td><td>①</td><td>②</td><td>③</td><td>④</td><td>⑤</td><td>①</td><td>②</td><td>③</td><td>④</td><td>⑤</td></tr>
<tr><td rowspan="4">특수목적 트리트먼트하기</td><td>2.1 헤어트리트먼트제를 모발에 도포한 후 두피지압과 매니플레이션을 할 수 있다.</td><td>①</td><td>②</td><td>③</td><td>④</td><td>⑤</td><td>①</td><td>②</td><td>③</td><td>④</td><td>⑤</td></tr>
<tr><td>2.2 헤어트리트먼트제가 페이스라인, 귀, 두피 등에 남지 않도록 충분하게 헹굴 수 있다.</td><td>①</td><td>②</td><td>③</td><td>④</td><td>⑤</td><td>①</td><td>②</td><td>③</td><td>④</td><td>⑤</td></tr>
<tr><td>2.3 타월로 모발의 물기를 제거한 후 두상을 타월로 감쌀 수 있다.</td><td>①</td><td>②</td><td>③</td><td>④</td><td>⑤</td><td>①</td><td>②</td><td>③</td><td>④</td><td>⑤</td></tr>
<tr><td>2.4 샴푸대 및 주변을 깨끗하게 정리한 후 고객을 서비스 공간으로 안내할 수 있다.</td><td>①</td><td>②</td><td>③</td><td>④</td><td>⑤</td><td>①</td><td>②</td><td>③</td><td>④</td><td>⑤</td></tr>
</table>

[진단결과]

<table>
<tr><th colspan="2">진단영역</th><th>문항 수</th><th>점수</th><th>점수 ÷ 문항 수</th><th>문항 수</th><th>점수</th><th>점수 ÷ 문항 수</th></tr>
<tr><td rowspan="2">특수목적 샴푸</td><td>특수목적 샴푸하기</td><td>3</td><td></td><td></td><td>3</td><td></td><td></td></tr>
<tr><td>특수목적 트리트먼트하기</td><td>4</td><td></td><td></td><td>4</td><td></td><td></td></tr>
<tr><td colspan="2">합계</td><td>7</td><td></td><td></td><td>7</td><td></td><td></td></tr>
</table>

진단영역		진 단 문 항	학생 평가					교수평가				
			매우 미흡	미흡	보통	우수	매우 우수	매우 미흡	미흡	보통	우수	매우 우수
디자인 헤어컬러	디자인 헤어컬러하기	1.1 고객의 희망색상에 대한 발색가능정도를 확인하기 위해 스트렌드 테스트를 할 수 있다.	①	②	③	④	⑤	①	②	③	④	⑤
		1.2 고객의 요구와 모발 상태에 따라 염·탈색제를 선정하여 배합할 수 있다.	①	②	③	④	⑤	①	②	③	④	⑤
		1.3 디자인에 따른 도포방법 및 사용도구를 결정할 수 있다.	①	②	③	④	⑤	①	②	③	④	⑤
		1.4 호일워크, 발레아주, 존컬러 등 도포방법에 따라 모발에 염모제를 도포할 수 있다.	①	②	③	④	⑤	①	②	③	④	⑤
		1.5 원하는 컬러를 얻기 위해 가온기 사용여부를 결정할 수 있다.	①	②	③	④	⑤	①	②	③	④	⑤
	디자인 헤어컬러 마무리하기	2.1 헤어컬러 마무리 샴푸 시 에멀전 여부를 결정할 수 있다.	①	②	③	④	⑤	①	②	③	④	⑤
		2.2 사용한 염모제와 염색방법의 특성을 고려하여 샴푸순서와 방법을 결정할 수 있다.	①	②	③	④	⑤	①	②	③	④	⑤
		2.3 모발보호와 헤어컬러의 지속성을 위해 후처리를 할 수 있다.	①	②	③	④	⑤	①	②	③	④	⑤
		2.4 헤어스타일링 제품과 도구를 사용하여 마무리할 수 있다.	①	②	③	④	⑤	①	②	③	④	⑤

[진단결과]

진단영역		문항 수	점수	점수 ÷ 문항 수	문항 수	점수	점수 ÷ 문항 수
디자인 헤어컬러	디자인 헤어컬러하기	5			5		
	디자인 헤어컬러 마무리하기	4			4		
합계		9			9		

※ 자신의 점수를 문항 수로 나눈 값이 '3점' 이하에 해당하는 영역은 업무를 성공적으로 수행하는데 요구는 능력이 부족한 것으로 교육훈련이나 개인학습을 통한 개발이 필요함.

[교수자 피드백]

Chapter 3 NCS 응용 헤어컬러링 실기

4 th week

리터치 도포기법 (원터치 : 재염색)

학습내용(단원명)	수업 목표
리터치 도포기법 (원터치 : 뿌리 재염색)	• 고객의 희망색상에 대한 발색가능정도를 확인하고 염모제를 선택할 수 있다. • 리터치 기법인 뿌리 재염색을 수행 할 수 있다.

1. 응용 헤어컬러 준비하기

1) 재료

① 핀셋

② 샴푸 · 린스

③ 산화제

④ 염모제

⑤ 염색볼

⑥ 염색솔

⑦ 염색짜개

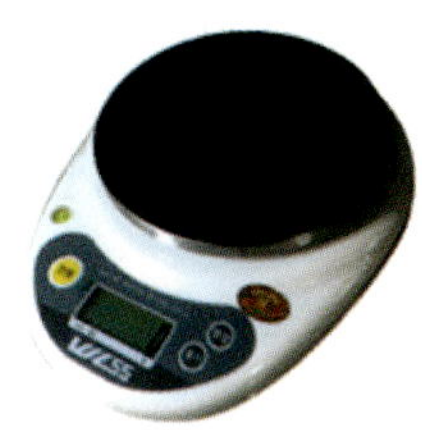

⑧ 염색저울

⑨ 염색보

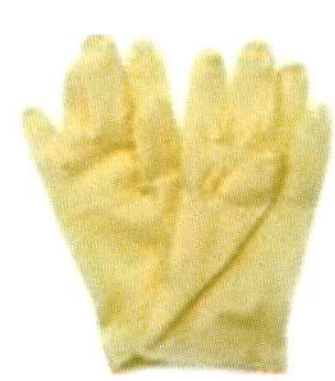

⑩ 장갑

⑪ 이어 캡

2) 블로킹 및 도해도

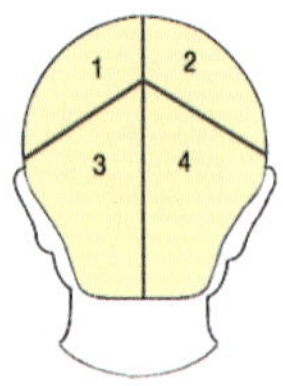	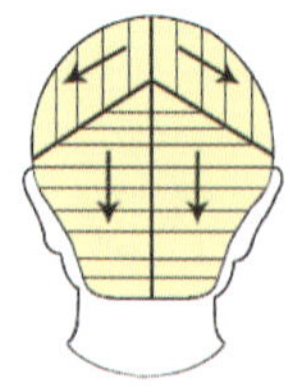	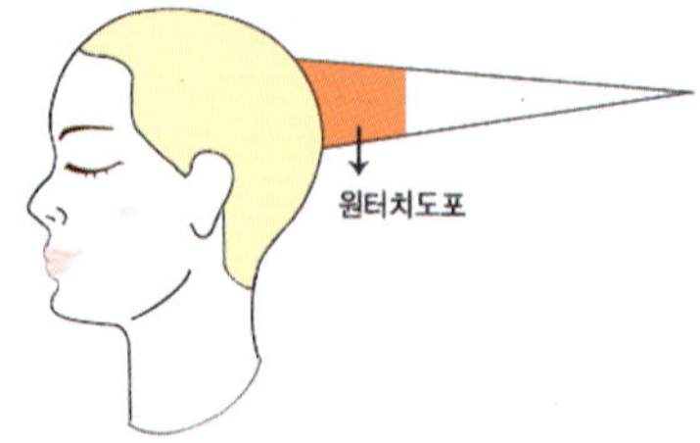
블로킹 및 섹션		도해도

3) 모델분석 및 시술방법

모델 분석	모질 ■ 발수성 □ 보통모 □ 흡수모 모량 □ 많음 ■ 보통 □ 적음 신생모 레벨 (2), 길이 (2~3 cm) 기염모 레벨 (11) 길이 (35 cm) 백모량 □ 유(%) 분포상태( ) / ■ 무 모발상태 □ 건강모 ■ 손상모 □ 극 손상모 화학적 시술 ■ 유(□펌, ■염색), (2 개월 전) / □ 무 기타 □ 임신, 탈모, 출산, 생리 등 특이 체질 패치테스트 이상 □ 유 / ■ 무
시술방법 및 약제선정	고객 희망 컬러 : 11레벨 갈색 시술 염모제 : 12레벨 사전처리 : PPT 도포순서 : 네이프(nape) → 백(back) → 골덴(golden) → 사이드(side) → 탑(top) 방치시간 : 10~15분 사후처리 : LPP

4) 시술 전, 후

시술 전

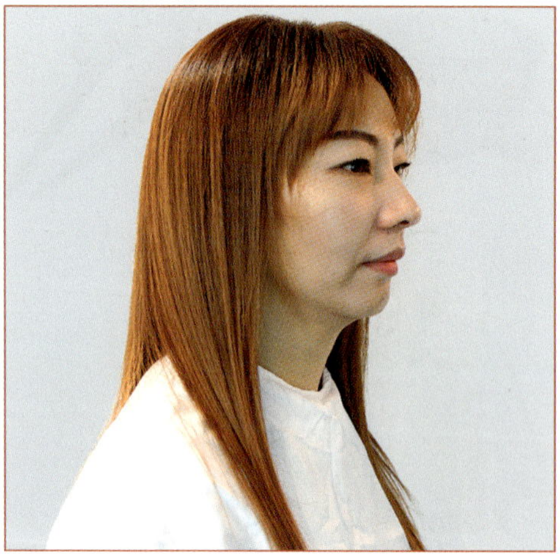

시술 후

2. 응용 헤어컬러 시술하기

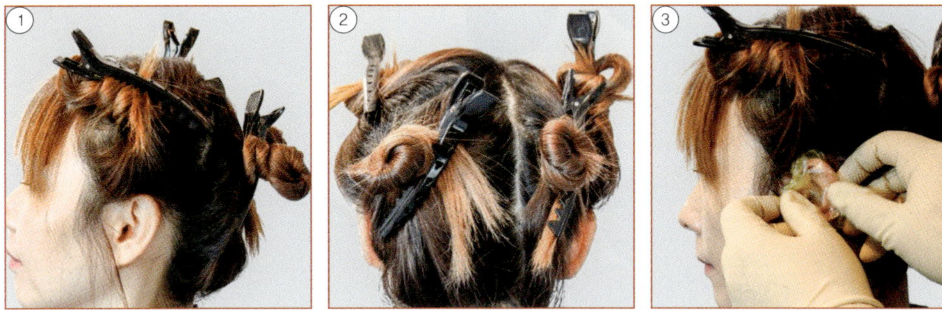

①~③ 시술 전 4등분 블로킹으로 나눈 후 이어캡을 씌움

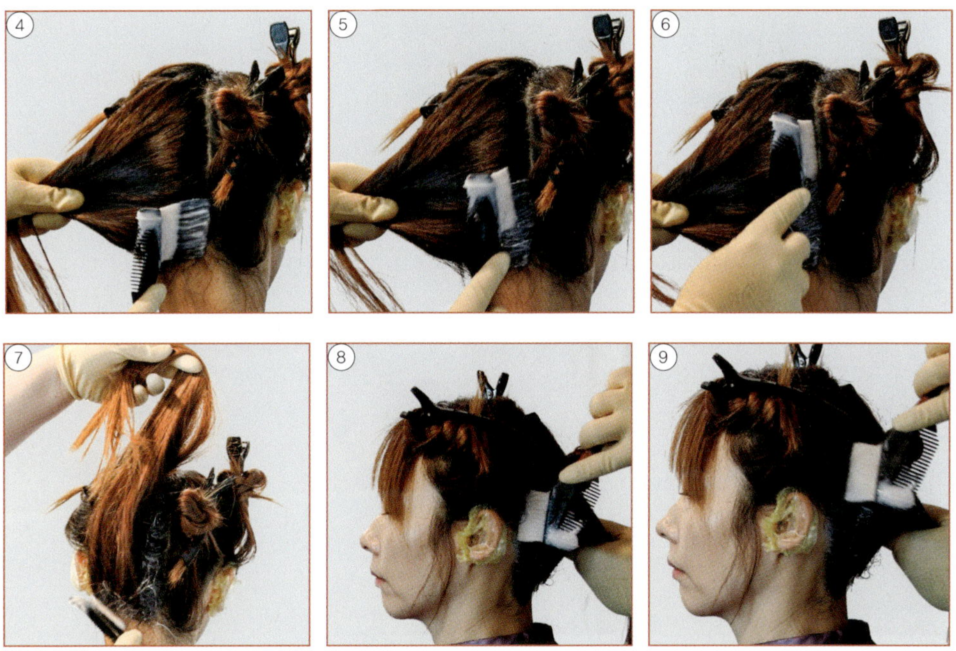

④~⑨ 왼쪽 백 사이드(back side) 둘레의 신생부 모발을 원터치로 도포함

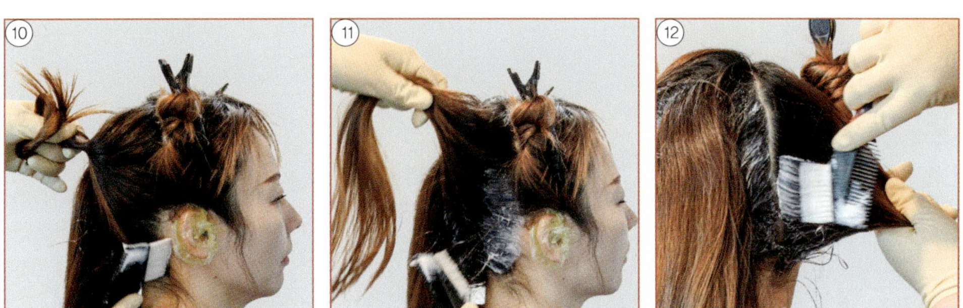

⑩~⑫ 왼쪽 백 사이드(back side) 둘레의 신생부 모발을 원터치로 도포함

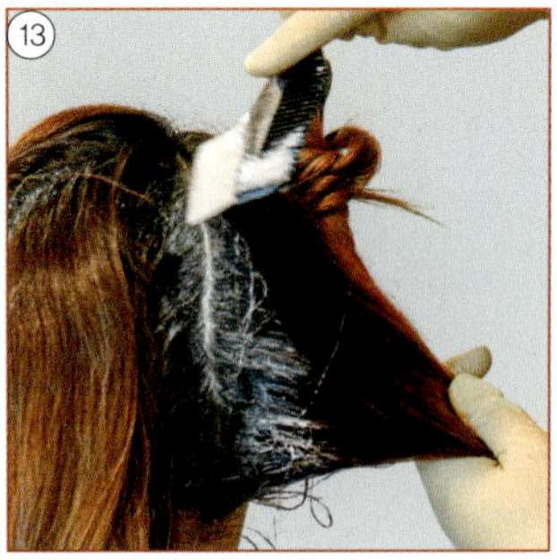

⑬

⑭~⑮ 네이프(nape) 아래쪽부터 섹션의 간격을 1.5cm내외로 나눠가면서 도포함

⑯~⑰ 섹션을 나눈 후 아래쪽과 위쪽을 도포함

⑱~㉒ 섹션을 나눈 후 아래쪽과 위쪽을 도포함

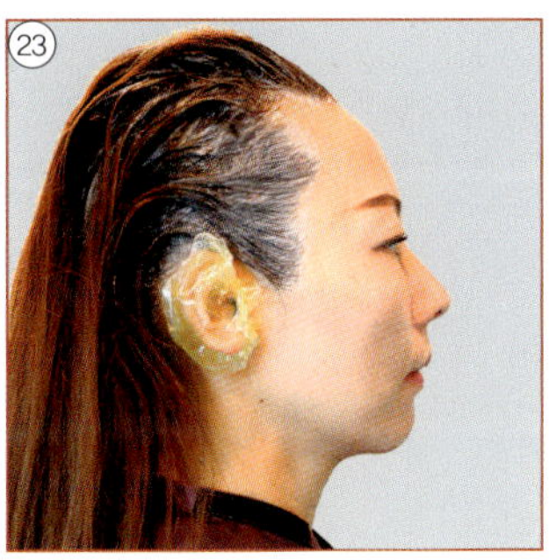

㉓ 반대쪽 사이드(side)도 동일하게 진행함

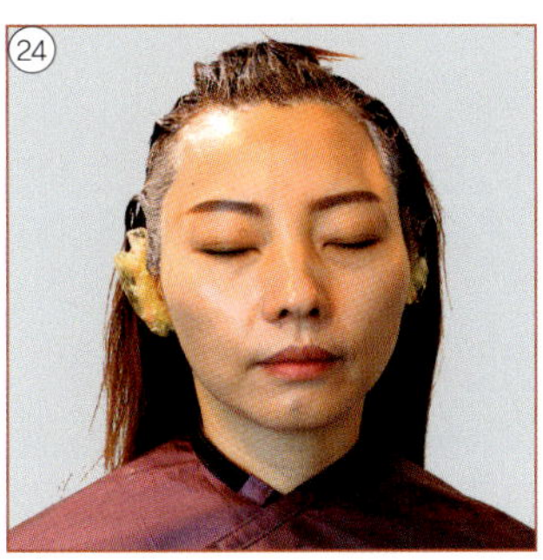

㉔ 반대쪽 사이드(side)도 동일하게 진행함

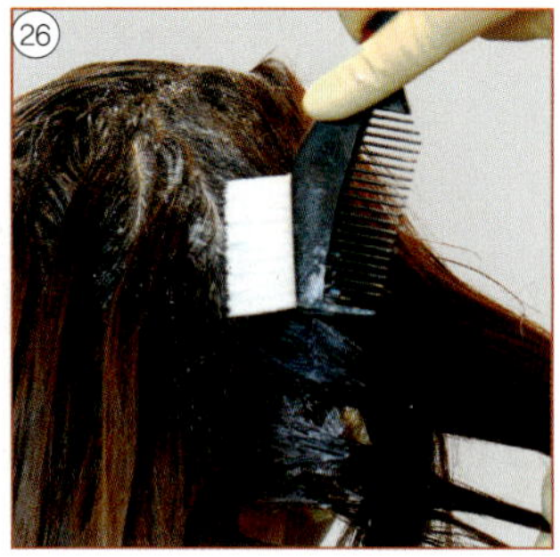

㉕~㉖ 도포가 끝나면 세로 사선 방향으로 크로스 체킹을 함

3. 응용 헤어컬러 마무리하기

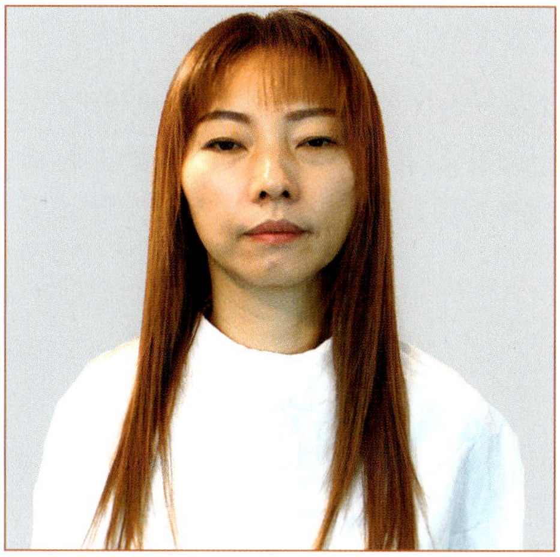

앞(front)

뒤(back)

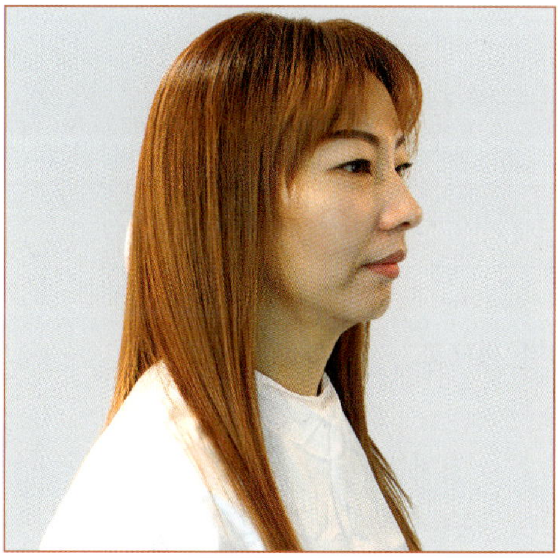

우측(right side)

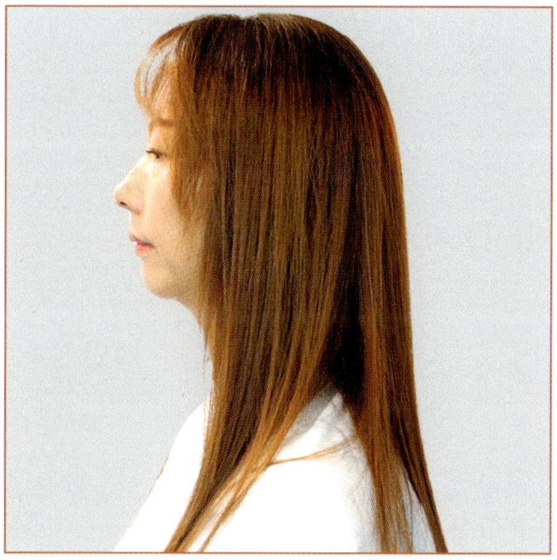

좌측(left side)

〈서식 1〉

개인정보 수집 및 사진 이용 동의서

본인은 ○○ 대학교 헤어 미용과 교재로 사용될『NCS **응용 헤어컬러링 교재**』에 사용되는 헤어시술모델과 관련하여 개인정보의 제공 및 시술사진 활용에 동의합니다.

1. 목 적 : 작품별 관련 모델 시술자료
2. 수집항목 : 본인 얼굴이미지와 시술과정 사진

20　　년　　월　　일

■ 본인

성 명 : ________________________ (서명)

생년월일 : ________________________

주 소 : ____

확인(시술자) ________________________ (서명)

개인정보보호법 제15조

개인정보 수집 · 이용에 동의　　□동의　　□미동의

사진활용에 동의　　□동의　　□미동의

■ 본인은 헤어 모델과 시술에 관련하여 어떠한 이의도 제기하지 않겠다는 내용에 동의합니다.

20　　년　　월　　일

____________ (서명)

모발진단서

날짜 :	모델명 :	시술자명 :

시술 전 모발 상태

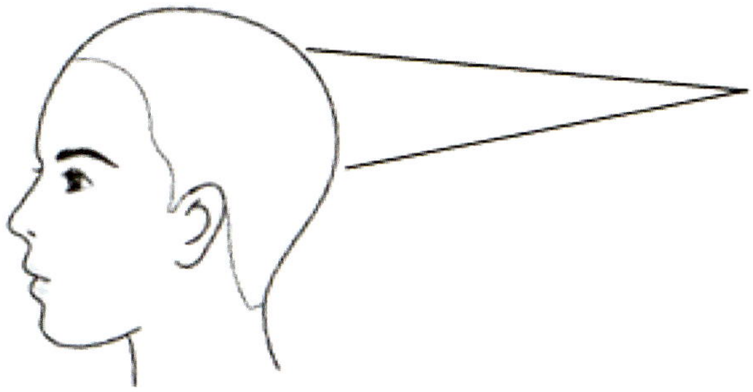

모질	□ 발수성	□ 보통모	□ 흡수모
모량	□ 많음	□ 보통	□ 적음
신생모	레벨 (	), 길이 (	cm)
기염모	레벨 (	), 길이 (	cm)
백모량	□ 유(	%) 분포상태(	) / □ 무
모발상태	□ 건강모	□ 손상모	□ 극 손상모
화학적 시술	□ 유(□펌, □염색), (		개월 전) / □ 무
기타	□ 임신, 탈모, 출산, 생리 등 특이 체질		
패치테스트	□ 유 / □ 무		
퍼스널 컬러 진단	□ 웜톤 / □ 쿨톤		

약액 선정 및 시술 과정

고객 희망 컬러 :

시술 염모제 :

사전처리 :

도포순서 :

방치시간 :

사후처리 :

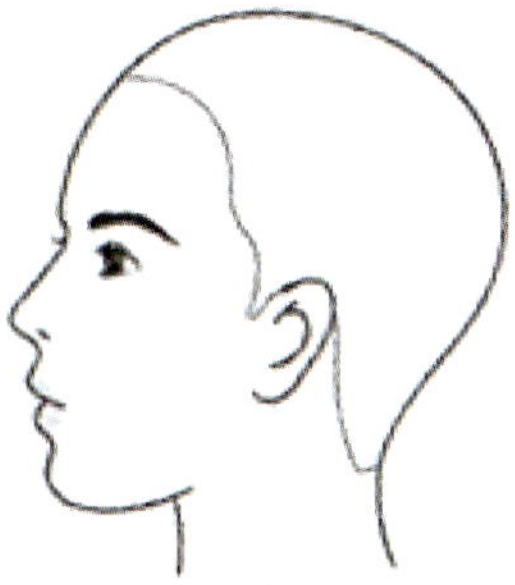

미용요금 상세 주문내역서

20　　년　　월　　일

고객성명	□ 남 □ 여	핸드폰 (SNS)	□ 수신 □ 수신안함
담당자		생일	
방문경로	□ 블로그 □ 까페 □ 간판 □ 재방문 □ 소개 (　　　) □ 기타		

시술내용	기본요금	추가요금	비고
컷트 □ 남 □ 여 □ 학생 □ 디자인컷 □ 앞머리			
펌 □ 앞머리 □ 다운펌 □ 기본펌 □ 영양펌 □ 열펌 □ 뿌리펌			
염색 □ 뿌리염색 □ 전체염색 □ 탈 색 □ 헤나/왁싱 □ 와칸			
크리닉 □ 기본 □ 특수			
두피 스켈링			
스켈링 컷			
드라이			
샴푸			
업스타일			
점판			

할인/서비스	(%) /
총 합계	
결제방법	□ 현금　□ 카드　□ 회원권

고객 확인	(서명)	담당자 (원장, 부원장, 점장, 실장, 디자이너, 매니저)	(서명)

※ 공중위생관리법에 의거하여 시술하는 자는 미용사 자격증(면허증)이 반드시 있어야 함.

실습과정 사진		
사진		설명
		• • • • •
		• • • • •
		• • • • •
		• • • • •
		• • • • •

실습완료 사진	
앞(front)	뒤(back)
우측(right side)	좌측(left side)

Review

단원평가

원터치도포(재염색)에 대한 장점과 단점, 그리고 느낀 점을 쓰시오!

장점 :

단점 :

느낀 점 :

4. 학생 자가 진단 및 교수평가

능력단위명 〈코드〉	헤어서비스 준비하기 〈1201010117_16v3〉 특수목적 샴푸 〈1201010119_17v4〉 디자인 헤어컬러 〈1201010137_17v4〉

진단영역		진 단 문 항	학생 평가					교수평가				
			매우 미흡	미흡	보통	우수	매우 우수	매우 미흡	미흡	보통	우수	매우 우수
헤어서비스 준비하기	헤어컬러 준비하기	3.1 피부보호를 위해 얼굴, 목, 귀 등에 보호제품을 도포 할 수 있다.	①	②	③	④	⑤	①	②	③	④	⑤
		3.2 고객의 옷에 염모제가 묻지 않도록 어깨보, 가운 등을 착용해 줄 수 있다.	①	②	③	④	⑤	①	②	③	④	⑤
		3.3 헤어컬러 서비스 전 알레르기 반응 확인을 위해 패치 테스트(Patch Test)를 할 수 있다.	①	②	③	④	⑤	①	②	③	④	⑤
		3.4 헤어컬러 서비스 전 희망색상을 확인하기 위해 스트랜드 테스트(Strand Test)를 할 수 있다.	①	②	③	④	⑤	①	②	③	④	⑤
		3.5 모발 상태에 따른 전처리제를 처리할 수 있다	①	②	③	④	⑤	①	②	③	④	⑤

[진단결과]

진단영역		문항 수	점수	점수 ÷ 문항 수	문항 수	점수	점수 ÷ 문항 수
헤어서비스 준비하기	헤어컬러 준비하기	5			5		
합계		5			5		

진단영역		진단문항	학생 평가					교수평가				
			매우 미흡	미흡	보통	우수	매우 우수	매우 미흡	미흡	보통	우수	매우 우수
특수목적 샴푸	특수목적 샴푸하기	1.1 헤어컬러, 헤어펌 등 미용서비스에 사용한 화학제품의 종류를 정확하게 파악하고 샴푸제를 선택할 수 있다.	①	②	③	④	⑤	①	②	③	④	⑤
		1.2 염모제를 제거할 경우 사용한 약제와 테크닉의 특성을 고려하여 샴푸 순서와 방법을 결정할 수 있다.	①	②	③	④	⑤	①	②	③	④	⑤
		1.3 모발과 두피로부터 화학제품이 충분하게 제거될 수 있도록 샴푸할 수 있다.	①	②	③	④	⑤	①	②	③	④	⑤
	특수목적 트리트먼트하기	2.1 헤어트리트먼트제를 모발에 도포한 후 두피지압과 매니플레이션을 할 수 있다.	①	②	③	④	⑤	①	②	③	④	⑤
		2.2 헤어트리트먼트제가 페이스라인, 귀, 두피 등에 남지 않도록 충분하게 헹굴 수 있다.	①	②	③	④	⑤	①	②	③	④	⑤
		2.3 타월로 모발의 물기를 제거한 후 두상을 타월로 감쌀 수 있다.	①	②	③	④	⑤	①	②	③	④	⑤
		2.4 샴푸대 및 주변을 깨끗하게 정리한 후 고객을 서비스 공간으로 안내할 수 있다.	①	②	③	④	⑤	①	②	③	④	⑤

[진단결과]

진단영역		문항 수	점수	점수 ÷ 문항 수	문항 수	점수	점수 ÷ 문항 수
특수목적 샴푸	특수목적 샴푸하기	3			3		
	특수목적 트리트먼트하기	4			4		
합계		7			7		

진단 영역		진단문항	학생 평가 매우 미흡	미흡	보통	우수	매우 우수	교수평가 매우 미흡	미흡	보통	우수	매우 우수
디자인 헤어컬러	디자인 헤어컬러하기	1.1 고객의 희망색상에 대한 발색가능정도를 확인하기 위해 스트렌드 테스트를 할 수 있다.	①	②	③	④	⑤	①	②	③	④	⑤
		1.2 고객의 요구와 모발 상태에 따라 염·탈색제를 선정하여 배합할 수 있다.	①	②	③	④	⑤	①	②	③	④	⑤
		1.3 디자인에 따른 도포방법 및 사용도구를 결정할 수 있다.	①	②	③	④	⑤	①	②	③	④	⑤
		1.4 호일워크, 발레아주, 존컬러 등 도포방법에 따라 모발에 염모제를 도포할 수 있다.	①	②	③	④	⑤	①	②	③	④	⑤
		1.5 원하는 컬러를 얻기 위해 가온기 사용여부를 결정할 수 있다.	①	②	③	④	⑤	①	②	③	④	⑤
	디자인 헤어컬러 마무리하기	2.1 헤어컬러 마무리 샴푸 시 에멀전 여부를 결정할 수 있다.	①	②	③	④	⑤	①	②	③	④	⑤
		2.2 사용한 염모제와 염색방법의 특성을 고려하여 샴푸순서와 방법을 결정할 수 있다.	①	②	③	④	⑤	①	②	③	④	⑤
		2.3 모발보호와 헤어컬러의 지속성을 위해 후처리를 할 수 있다.	①	②	③	④	⑤	①	②	③	④	⑤
		2.4 헤어스타일링 제품과 도구를 사용하여 마무리할 수 있다.	①	②	③	④	⑤	①	②	③	④	⑤

[진단결과]

진단영역		문항 수	점수	점수 ÷ 문항 수	문항 수	점수	점수 ÷ 문항 수
디자인 헤어컬러	디자인 헤어컬러하기	5			5		
	디자인 헤어컬러 마무리하기	4			4		
합계		9			9		

※ 자신의 점수를 문항 수로 나눈 값이 '3점' 이하에 해당하는 영역은 업무를 성공적으로 수행하는데 요구는 능력이 부족한 것으로 교육훈련이나 개인학습을 통한 개발이 필요함.

[교수자 피드백]

Chapter 3 NCS 응용 헤어컬러링 실기

5 th week

리터치 도포기법 (투터치)

학습내용(단원명)	수업 목표
리터치 도포기법 (투터치)	• 고객의 희망색상에 대한 발색가능정도를 확인하고 염모제를 선택 할 수 있다. • 투터치 기법으로 재염색을 수행 할 수 있다.

1. 응용 헤어컬러 준비하기

1) 재료

① 핀셋

② 샴푸 · 린스

③ 산화제

④ 염모제

⑤ 염색볼

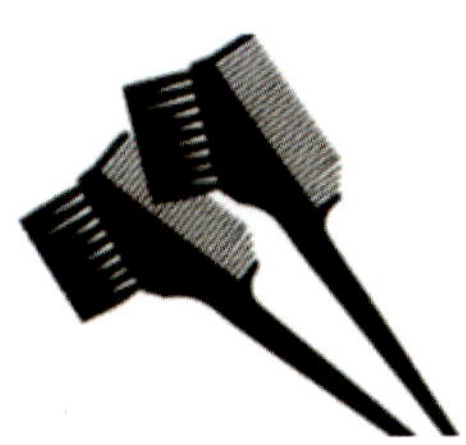

⑥ 염색솔

⑦ 염색짜개

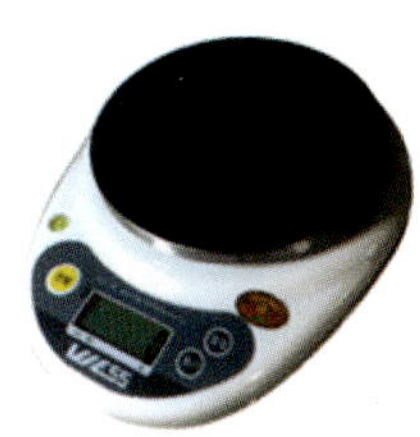

⑧ 염색저울

⑨ 염색보

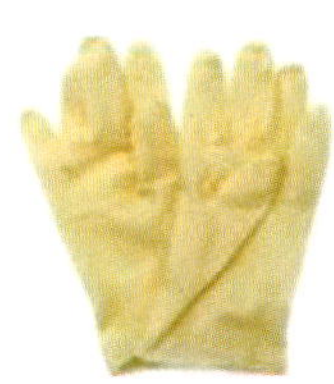

⑩ 장갑

⑪ 이어 캡

2) 블로킹 및 도해도

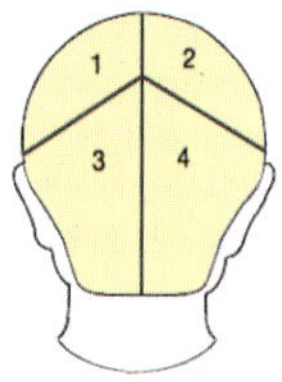 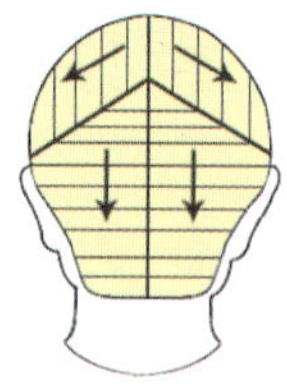	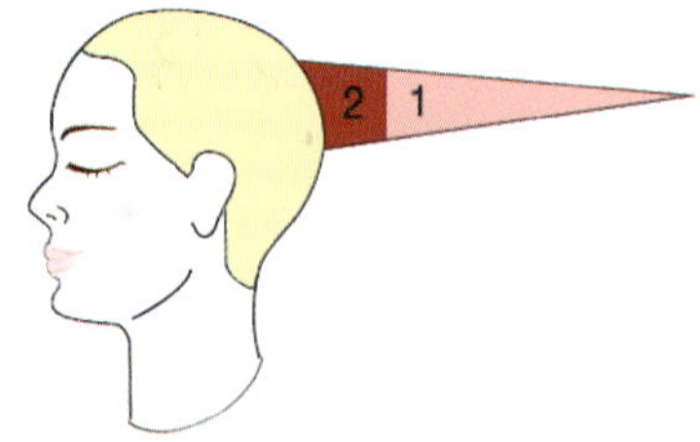
블로킹 및 섹션	도해도

3) 모델분석 및 시술방법

모델 분석	모질 ■ 발수성 □ 보통모 □ 흡수모 모량 □ 많음 ■ 보통 □ 적음 신생모 레벨 (2~3), 길이 (10~12 cm) 기염모 레벨 (10), 길이 (6~7 cm) 백모량 □ 유(%) 분포상태( ) / ■ 무 모발상태 □ 건강모 ■ 손상모 □ 극 손상모 화학적 시술 ■ 유(■펌, ■염색), (2 개월 전) / □ 무 기타 □ 임신, 탈모, 출산, 생리 등 특이 체질 패치테스트 이상 □ 유 / ■ 무
시술방법 및 약제선정	고객 희망 컬러 : 자연 갈색 시술 염모제 : 11 레벨 사전처리 : PPT 도포순서 : 1차 도포(신생모)/ 2차도포(뿌리 도포) 방치시간 : 1차도포 후 20분/ 2차도포 후 10~15분 사후처리 : LPP

4) 시술 전, 후

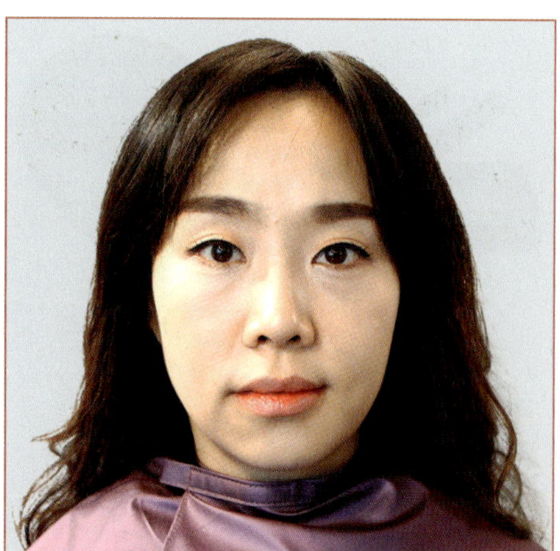

시술 전

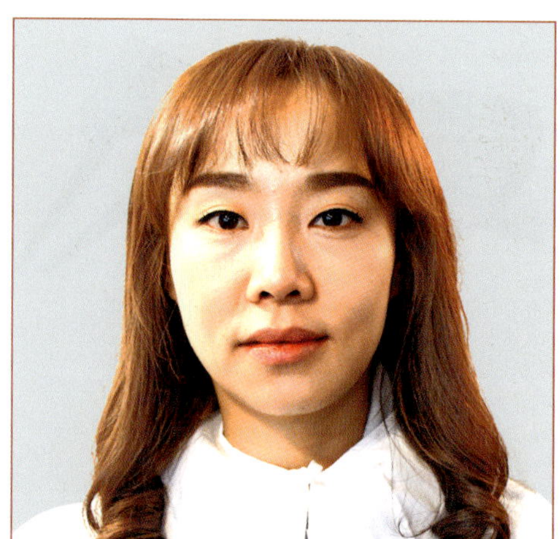

시술 후

2. 응용 헤어컬러 시술하기

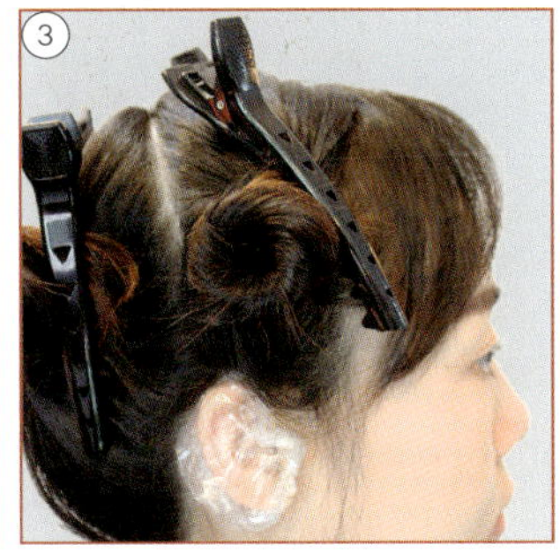

①~③ 시술 전 4등분 블로킹으로 나눈 후 이어캡을 씌움

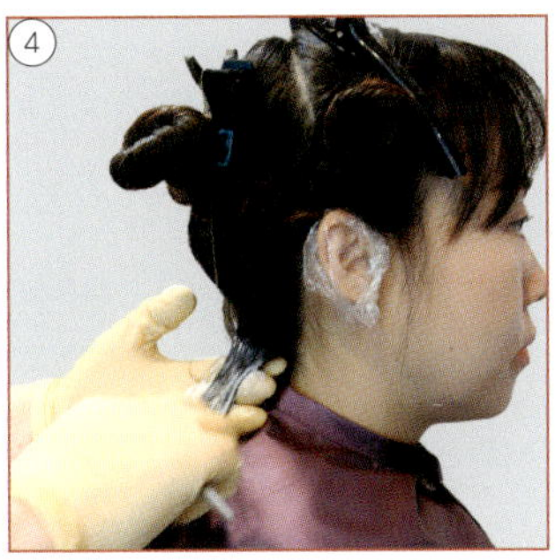
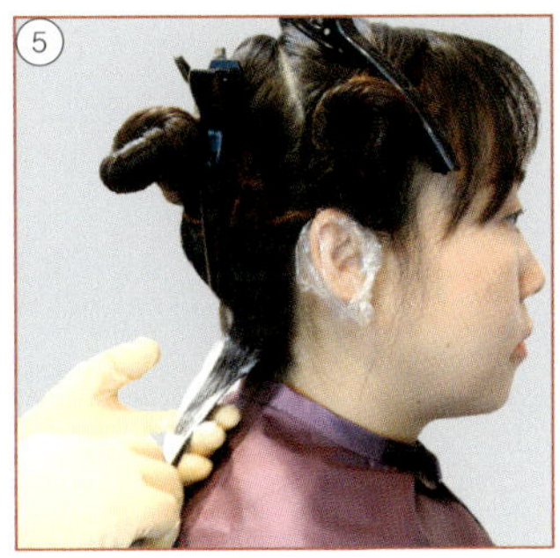
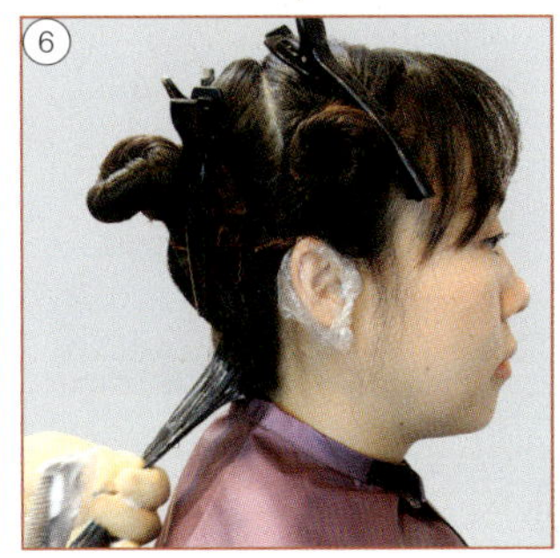

④~⑥ 네이프(nape) 2cm내외 섹션으로 진행
모근 1.5cm 남겨둔 후 나머지 신생모 도포

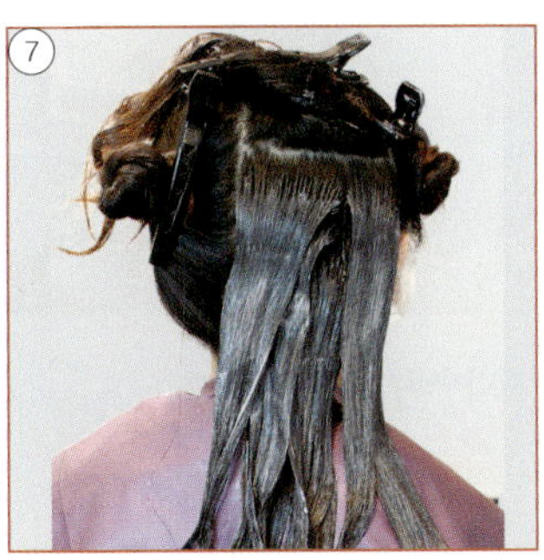
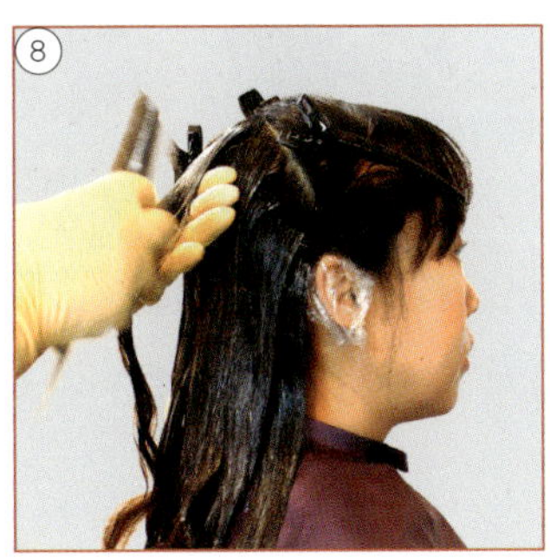

⑦~⑧ 네이프(nape) → 백(back) → 골덴(golden) → 탑(top)의 순서로 도포를 진행함

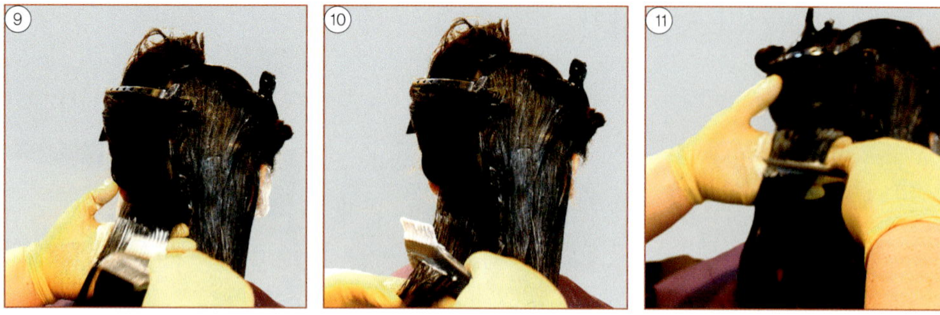

⑨~⑪ 반대쪽도 동일하게 도포를 진행

⑫ 백부분의 1차도포가 진행 된 상태

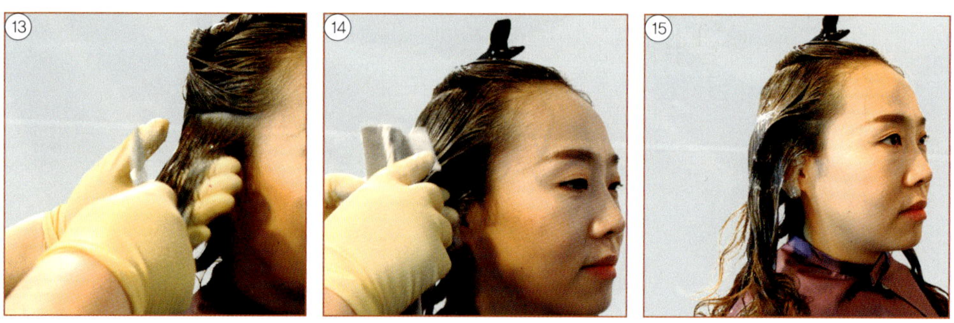

⑬~⑮ 사이드(side)도 동일하게 도포를 진행함(20~25분 자연방치)

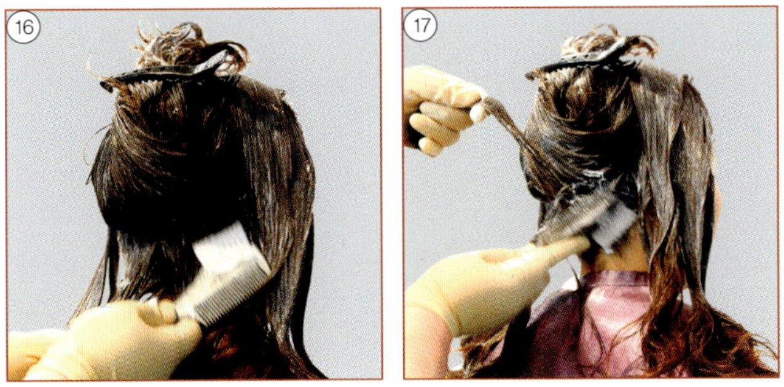

⑯~⑰ 2차 도포 진행
나머지 뿌리부분의 신생모 도포 진행함

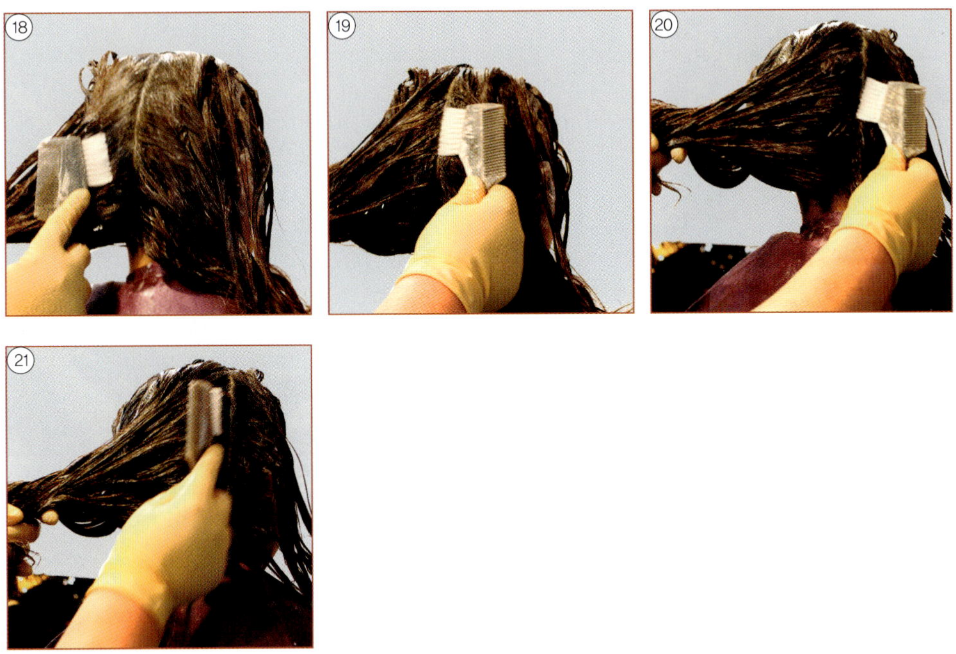

⑱~㉑ 도포가 끝나면 세로 사선방향으로 크로스 체킹을 진행함
(10~15분 자연방치)

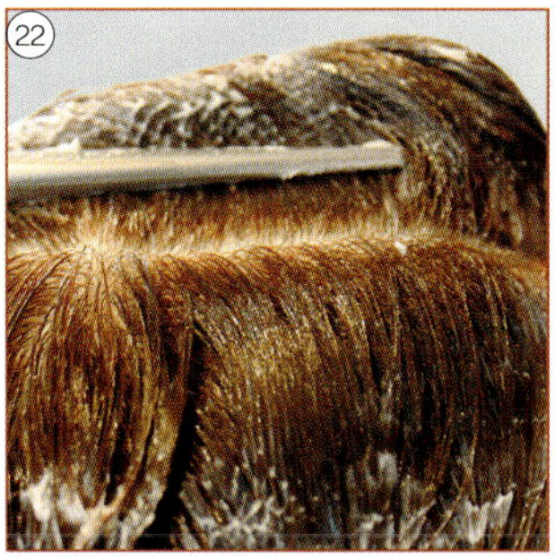

㉒ 컬러 테스트

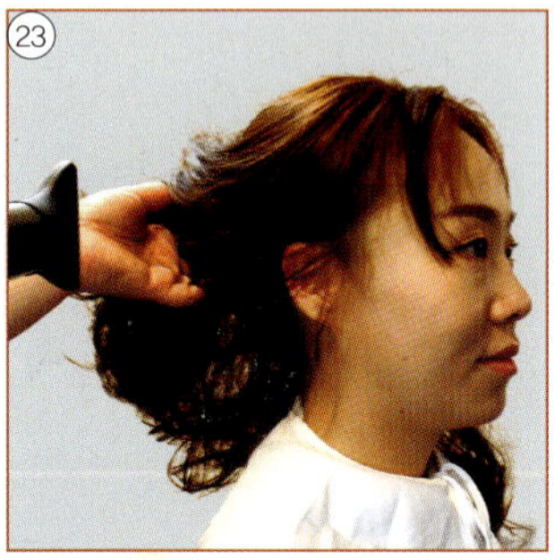

㉓ 샴푸 후 건조

3. 응용 헤어컬러 마무리하기

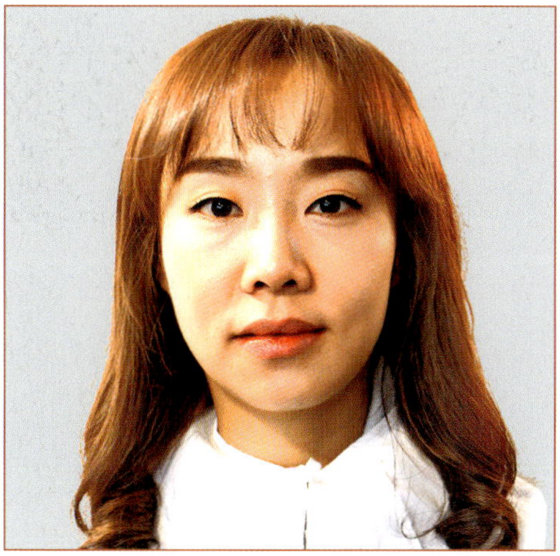

앞(front)

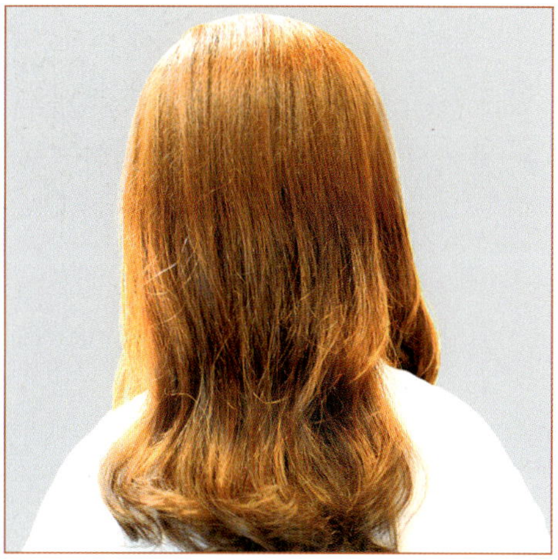

뒤(back)

우측(right side)

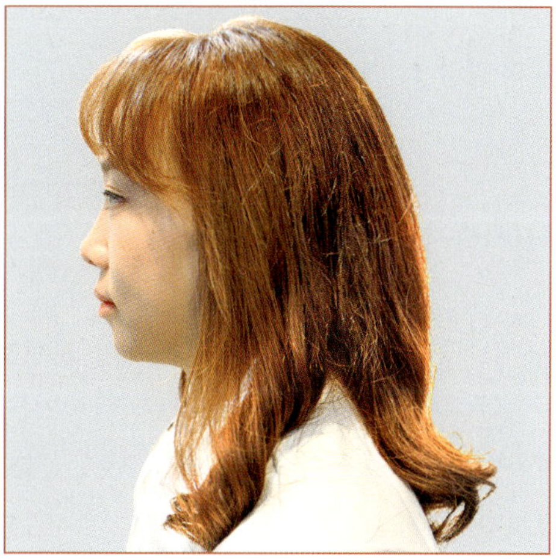

좌측(left side)

〈서식 1〉

개인정보 수집 및 사진 이용 동의서

본인은 ○○ 대학교 헤어 미용과 교재로 사용될 『NCS **응용 헤어컬러링 교재**』에 사용되는 헤어시술모델과 관련하여 개인정보의 제공 및 시술사진 활용에 동의합니다.

1. 목 적 : 작품별 관련 모델 시술자료
2. 수집항목 : 본인 얼굴이미지와 시술과정 사진

20　　년　　월　　일

■ 본인

성 명 : ______________________ (서명)

생년월일 : ______________________

주 소 : ______________________________________

확인(시술자) ______________________ (서명)

개인정보보호법 제15조

개인정보 수집 · 이용에 동의	□동의	□미동의
사진활용에 동의	□동의	□미동의

■ 본인은 헤어 모델과 시술에 관련하여 어떠한 이의도 제기하지 않겠다는 내용에 동의합니다.

20　　년　　월　　일

______________ (서명)

모발진단서

날짜 :	모델명 :	시술자명 :

시술 전 모발 상태

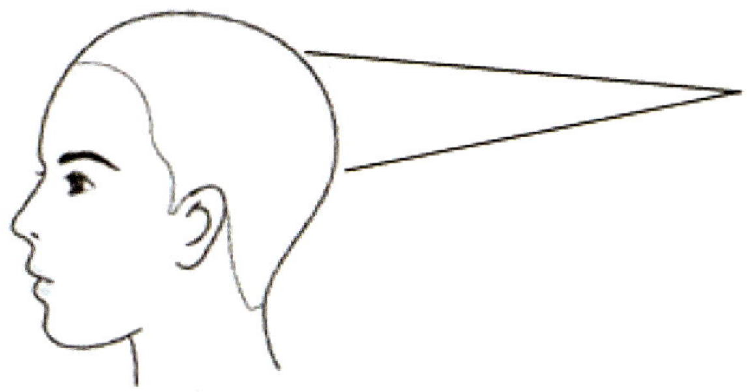

모질	☐ 발수성	☐ 보통모	☐ 흡수모
모량	☐ 많음	☐ 보통	☐ 적음
신생모	레벨 (	), 길이 (	cm)
기염모	레벨 (	), 길이 (	cm)
백모량	☐ 유(	%) 분포상태(	) / ☐ 무
모발상태	☐ 건강모	☐ 손상모	☐ 극 손상모
화학적 시술	☐ 유(☐펌, ☐염색), (		개월 전) / ☐ 무
기타	☐ 임신, 탈모, 출산, 생리 등 특이 체질		
패치테스트	☐ 유 / ☐ 무		
퍼스널 컬러 진단	☐ 웜톤 / ☐ 쿨톤		

약액 선정 및 시술 과정

고객 희망 컬러 :
시술 염모제 :
사전처리 :
도포순서 :
방치시간 :
사후처리 :

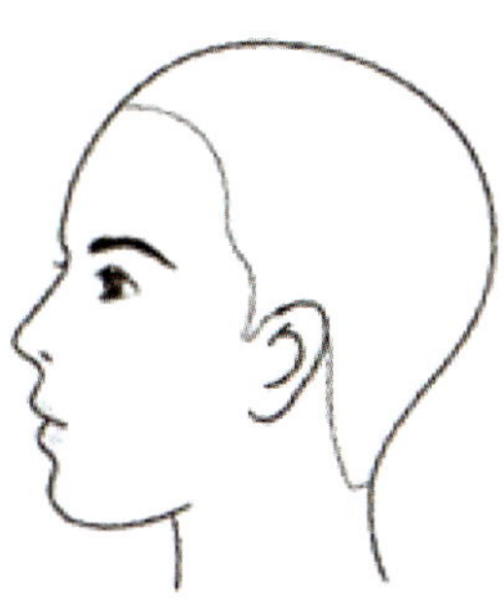

미용요금 상세 주문내역서

20　　년　　월　　일

고객성명	□ 남 □ 여	핸드폰 (SNS)	□ 수신 □ 수신안함
담당자		생일	
방문경로	□ 블로그 □ 까페 □ 간판 □ 재방문 □ 소개 (　　　) □ 기타		

시술내용	기본요금	추가요금	비고
컷트 □ 남 □ 여 □ 학생 □ 디자인컷 □ 앞머리			
펌 □ 앞머리 □ 다운펌 □ 기본펌 □ 영양펌 □ 열펌 □ 뿌리펌			
염색 □ 뿌리염색 □ 전체염색 □ 탈 색 □ 헤나/왁싱 □ 와칸			
크리닉 □ 기본 □ 특수			
두피 스켈링			
스켈링 컷			
드라이			
샴푸			
업스타일			
점판			

할인/서비스	(%) /
총 합계	
결제방법	□ 현금　□ 카드　□ 회원권

고객 확인	(서명)	담당자 (원장, 부원장, 점장, 실장, 디자이너, 매니저)	(서명)

※ 공중위생관리법에 의거하여 시술하는 자는 미용사 자격증(면허증)이 반드시 있어야 함.

<table>
<tr><th colspan="3">실습과정 사진</th></tr>
<tr><th colspan="2">사진</th><th>설명</th></tr>
<tr><td></td><td></td><td>•
•
•
•
•</td></tr>
<tr><td></td><td></td><td>•
•
•
•
•</td></tr>
<tr><td></td><td></td><td>•
•
•
•
•</td></tr>
<tr><td></td><td></td><td>•
•
•
•
•</td></tr>
<tr><td></td><td></td><td>•
•
•
•
•</td></tr>
</table>

<table>
<tr><th colspan="2">실습완료 사진</th></tr>
<tr><td></td><td></td></tr>
<tr><td>앞(front)</td><td>뒤(back)</td></tr>
<tr><td></td><td></td></tr>
<tr><td>우측(right side)</td><td>좌측(left side)</td></tr>
</table>

Review

단원평가

투터치에 대한 장점과 단점, 그리고 느낀 점을 쓰시오!

장점 :

단점 :

느낀 점 :

4. 학생 자가 진단 및 교수평가

능력단위명 〈코드〉	헤어서비스 준비하기 〈1201010117_16v3〉 특수목적 샴푸 〈1201010119_17v4〉 디자인 헤어컬러 〈1201010137_17v4〉

진단영역		진 단 문 항	학생 평가					교수평가				
			매우 미흡	미흡	보통	우수	매우 우수	매우 미흡	미흡	보통	우수	매우 우수
헤어서비스 준비하기	헤어컬러 준비하기	3.1 피부보호를 위해 얼굴, 목, 귀 등에 보호제품을 도포 할 수 있다.	①	②	③	④	⑤	①	②	③	④	⑤
		3.2 고객의 옷에 염모제가 묻지 않도록 어깨보, 가운 등을 착용해 줄 수 있다.	①	②	③	④	⑤	①	②	③	④	⑤
		3.3 헤어컬러 서비스 전 알레르기 반응 확인을 위해 패치 테스트(Patch Test)를 할 수 있다.	①	②	③	④	⑤	①	②	③	④	⑤
		3.4 헤어컬러 서비스 전 희망색상을 확인하기 위해 스트랜드 테스트(Strand Test)를 할 수 있다.	①	②	③	④	⑤	①	②	③	④	⑤
		3.5 모발 상태에 따른 전처리제를 처리할 수 있다	①	②	③	④	⑤	①	②	③	④	⑤

[진단결과]

진단영역		문항 수	점수	점수 ÷ 문항 수	문항 수	점수	점수 ÷ 문항 수
헤어서비스 준비하기	헤어컬러 준비하기	5			5		
합계		5			5		

<table>
<tr><th rowspan="2">진단
영역</th><th rowspan="2"></th><th rowspan="2">진 단 문 항</th><th colspan="5">학생 평가</th><th colspan="5">교수평가</th></tr>
<tr><th>매우
미흡</th><th>미흡</th><th>보통</th><th>우수</th><th>매우
우수</th><th>매우
미흡</th><th>미흡</th><th>보통</th><th>우수</th><th>매우
우수</th></tr>
<tr><td rowspan="7">특수목적 샴푸</td><td rowspan="3">특수목적 샴푸하기</td><td>1.1 헤어컬러, 헤어펌 등 미용서비스에 사용한 화학제품의 종류를 정확하게 파악하고 샴푸제를 선택할 수 있다.</td><td>①</td><td>②</td><td>③</td><td>④</td><td>⑤</td><td>①</td><td>②</td><td>③</td><td>④</td><td>⑤</td></tr>
<tr><td>1.2 염모제를 제거할 경우 사용한 약제와 테크닉의 특성을 고려하여 샴푸 순서와 방법을 결정할 수 있다.</td><td>①</td><td>②</td><td>③</td><td>④</td><td>⑤</td><td>①</td><td>②</td><td>③</td><td>④</td><td>⑤</td></tr>
<tr><td>1.3 모발과 두피로부터 화학제품이 충분하게 제거될 수 있도록 샴푸할 수 있다.</td><td>①</td><td>②</td><td>③</td><td>④</td><td>⑤</td><td>①</td><td>②</td><td>③</td><td>④</td><td>⑤</td></tr>
<tr><td rowspan="4">특수목적 트리트먼트하기</td><td>2.1 헤어트리트먼트제를 모발에 도포한 후 두피지압과 매니플레이션을 할 수 있다.</td><td>①</td><td>②</td><td>③</td><td>④</td><td>⑤</td><td>①</td><td>②</td><td>③</td><td>④</td><td>⑤</td></tr>
<tr><td>2.2 헤어트리트먼트제가 페이스라인, 귀, 두피 등에 남지 않도록 충분하게 헹굴 수 있다.</td><td>①</td><td>②</td><td>③</td><td>④</td><td>⑤</td><td>①</td><td>②</td><td>③</td><td>④</td><td>⑤</td></tr>
<tr><td>2.3 타월로 모발의 물기를 제거한 후 두상을 타월로 감쌀 수 있다.</td><td>①</td><td>②</td><td>③</td><td>④</td><td>⑤</td><td>①</td><td>②</td><td>③</td><td>④</td><td>⑤</td></tr>
<tr><td>2.4 샴푸대 및 주변을 깨끗하게 정리한 후 고객을 서비스 공간으로 안내할 수 있다.</td><td>①</td><td>②</td><td>③</td><td>④</td><td>⑤</td><td>①</td><td>②</td><td>③</td><td>④</td><td>⑤</td></tr>
</table>

[진단결과]

<table>
<tr><th colspan="2">진단영역</th><th>문항 수</th><th>점수</th><th>점수 ÷
문항 수</th><th>문항 수</th><th>점수</th><th>점수 ÷
문항 수</th></tr>
<tr><td rowspan="2">특수목적 샴푸</td><td>특수목적 샴푸하기</td><td>3</td><td></td><td></td><td>3</td><td></td><td></td></tr>
<tr><td>특수목적 트리트먼트하기</td><td>4</td><td></td><td></td><td>4</td><td></td><td></td></tr>
<tr><td colspan="2">합계</td><td>7</td><td></td><td></td><td>7</td><td></td><td></td></tr>
</table>

진단 영역		진 단 문 항	학생 평가 매우 미흡	학생 평가 미흡	학생 평가 보통	학생 평가 우수	학생 평가 매우 우수	교수평가 매우 미흡	교수평가 미흡	교수평가 보통	교수평가 우수	교수평가 매우 우수
디자인 헤어컬러	디자인 헤어컬러하기	1.1 고객의 희망색상에 대한 발색가능정도를 확인하기 위해 스트렌드 테스트를 할 수 있다.	①	②	③	④	⑤	①	②	③	④	⑤
		1.2 고객의 요구와 모발 상태에 따라 염·탈색제를 선정하여 배합할 수 있다.	①	②	③	④	⑤	①	②	③	④	⑤
		1.3 디자인에 따른 도포방법 및 사용도구를 결정할 수 있다.	①	②	③	④	⑤	①	②	③	④	⑤
		1.4 호일워크, 발레아주, 존컬러 등 도포방법에 따라 모발에 염모제를 도포할 수 있다.	①	②	③	④	⑤	①	②	③	④	⑤
		1.5 원하는 컬러를 얻기 위해 가온기 사용여부를 결정할 수 있다.	①	②	③	④	⑤	①	②	③	④	⑤
	디자인 헤어컬러 마무리하기	2.1 헤어컬러 마무리 샴푸 시 에멀전 여부를 결정할 수 있다.	①	②	③	④	⑤	①	②	③	④	⑤
		2.2 사용한 염모제와 염색방법의 특성을 고려하여 샴푸순서와 방법을 결정할 수 있다.	①	②	③	④	⑤	①	②	③	④	⑤
		2.3 모발보호와 헤어컬러의 지속성을 위해 후처리를 할 수 있다.	①	②	③	④	⑤	①	②	③	④	⑤
		2.4 헤어스타일링 제품과 도구를 사용하여 마무리할 수 있다.	①	②	③	④	⑤	①	②	③	④	⑤

[진단결과]

진단영역		문항 수	점수	점수 ÷ 문항 수	문항 수	점수	점수 ÷ 문항 수
디자인 헤어컬러	디자인 헤어컬러하기	5			5		
	디자인 헤어컬러 마무리하기	4			4		
합계		9			9		

※ 자신의 점수를 문항 수로 나눈 값이 '3점' 이하에 해당하는 영역은 업무를 성공적으로 수행하는데 요구는 능력이 부족한 것으로 교육훈련이나 개인학습을 통한 개발이 필요함.

[교수자 피드백]

Chapter 3 NCS 응용 헤어컬러링 실기

6 th week

리터치 도포기법 (쓰리 터치)

학습내용(단원명)	수업 목표
리터치 도포기법 (쓰리터치)	• 고객의 희망색상에 대한 발색가능정도를 확인하고 염모제를 선택할 수 있다. • 리터치 도포기법인 쓰리터치 기법으로 재염색을 수행할 수 있다.

1. 응용 헤어컬러 준비하기

1) 재료

① 핀셋

② 샴푸 · 린스

③ 산화제

④ 염모제

⑤ 염색볼

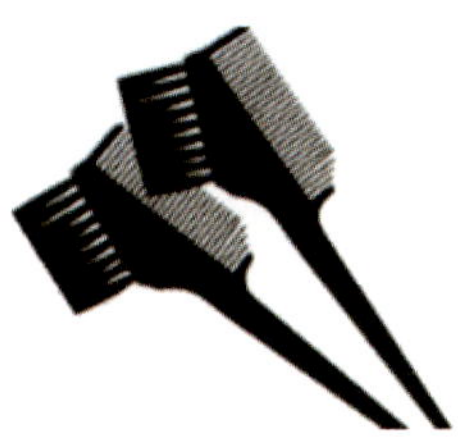

⑥ 염색솔

⑦ 염색짜개

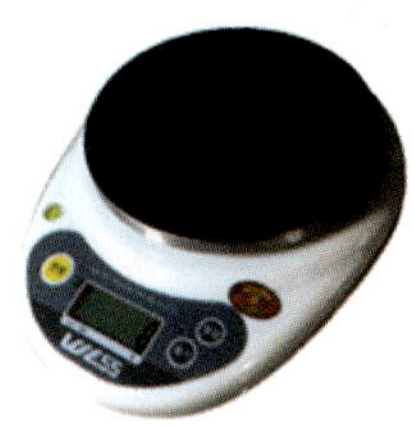

⑧ 염색저울

⑨ 염색보

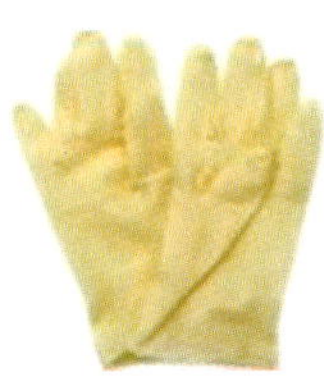

⑩ 장갑

⑪ 이어 캡

2) 블로킹 및 도해도

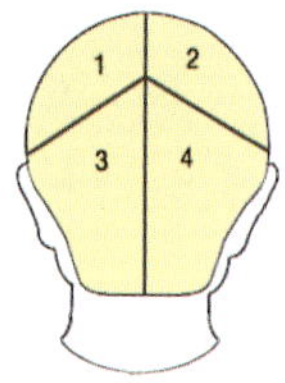	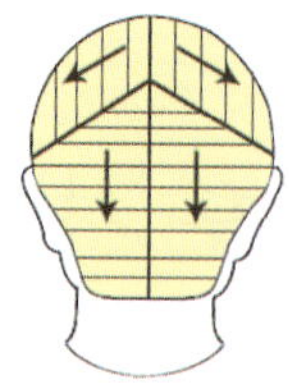	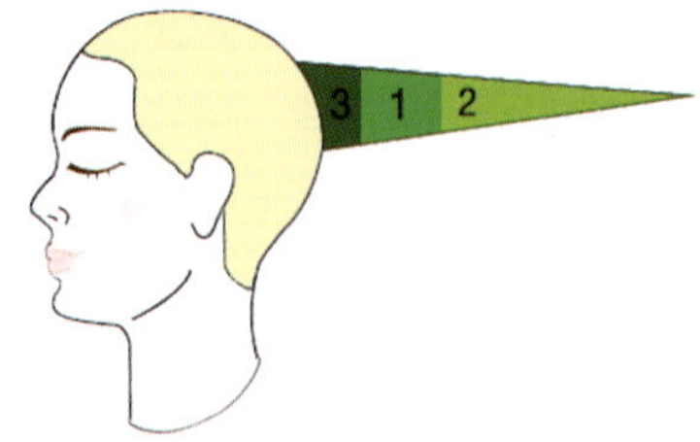
블로킹 및 섹션		도해도

3) 모델분석 및 시술방법

모델 분석	모질 ■ 발수성 □ 보통모 □ 흡수모 모량 ■ 많음 □ 보통 □ 적음 신생모 레벨 (3), 길이 (6~7 cm) 기염모 레벨 (9~10), 길이 (40~50 cm) 백모량 □ 유(%) 분포상태( ) / ■ 무 모발상태 □ 건강모 ■ 손상모 □ 극 손상모 화학적 시술 ■ 유(□펌, ■염색), (2 개월 전) / □ 무 기타 □ 임신, 탈모, 출산, 생리 등 특이 체질 패치테스트 이상 □ 유 / ■ 무
시술방법 및 약제선정	고객 희망 컬러 : 밝은 자연 갈색 시술 염모제 : 12 레벨 사전처리 : PPT 도포순서 : 1차 도포(신생모)/ 2차도포(기염모)/ 3차도포(신생모뿌리) 방치시간 : 1차도포 후 20분/ 2차도포 후 10분/ 3차도포 후10분 사후처리 : LPP

4) 시술 전, 후

시술 전

시술 후

2. 응용 헤어컬러 시술하기

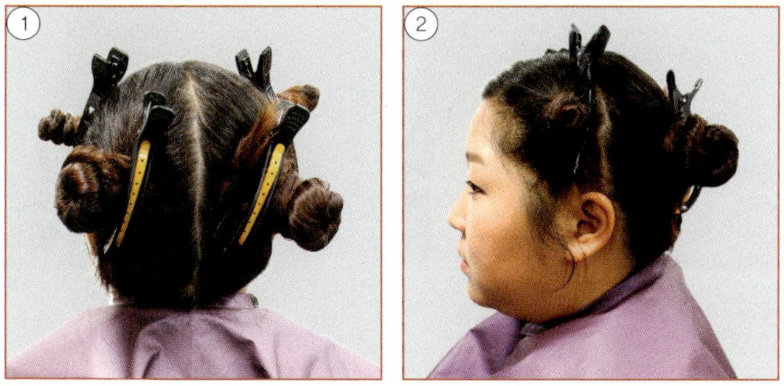

①~② 시술 전 4등분 블로킹으로 나눔

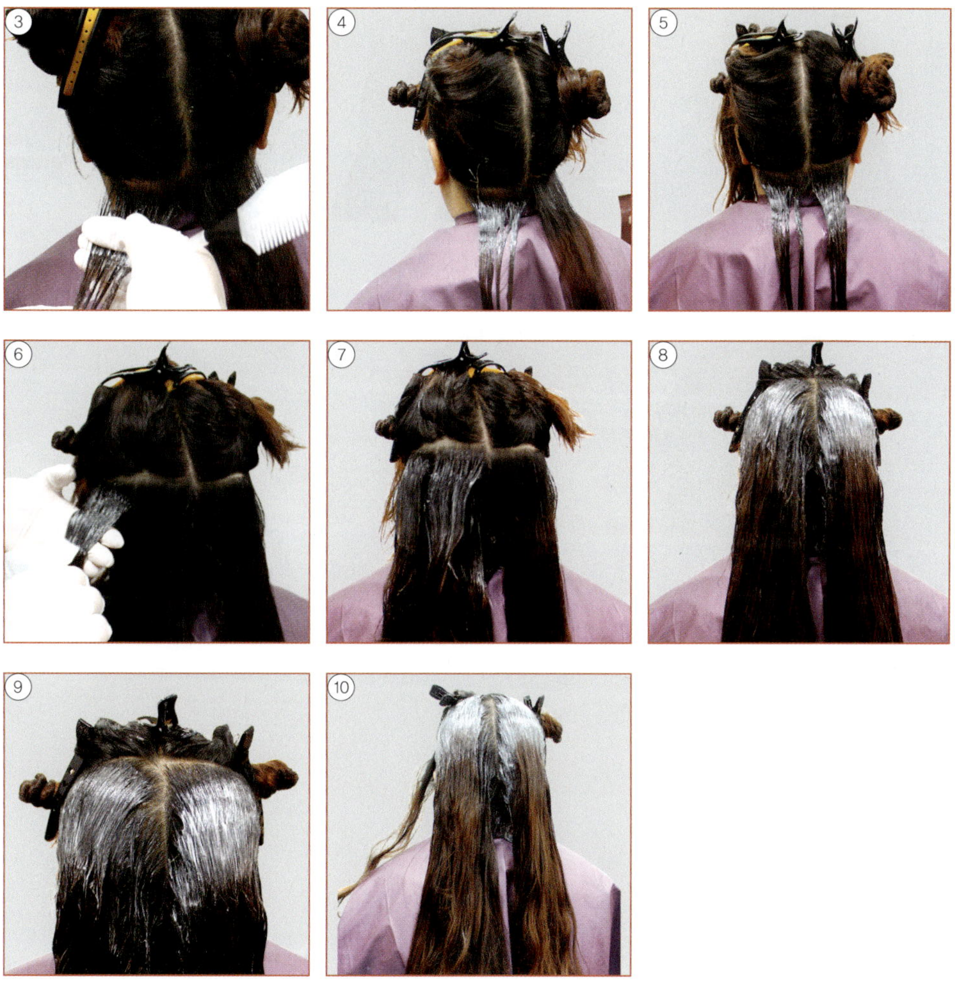

③ ~ ⑩ 네이프(nape) 2cm내외 섹션으로 진행
모근 1.5cm 남겨둔 후 나머지 신생모 도포

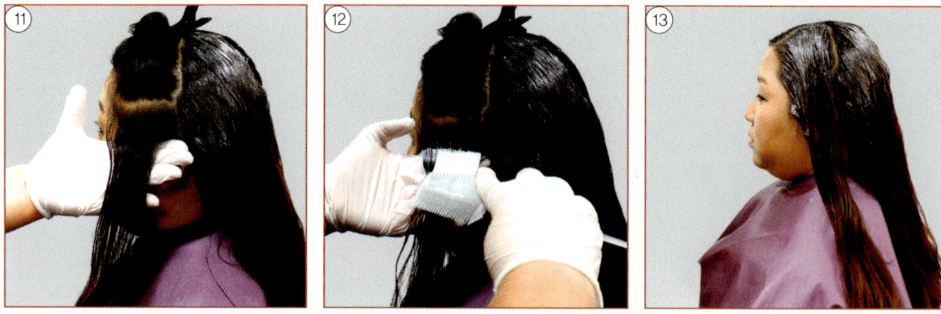

⑪~⑬ 사이드(side) 부분도 동일하게 도포를 진행함

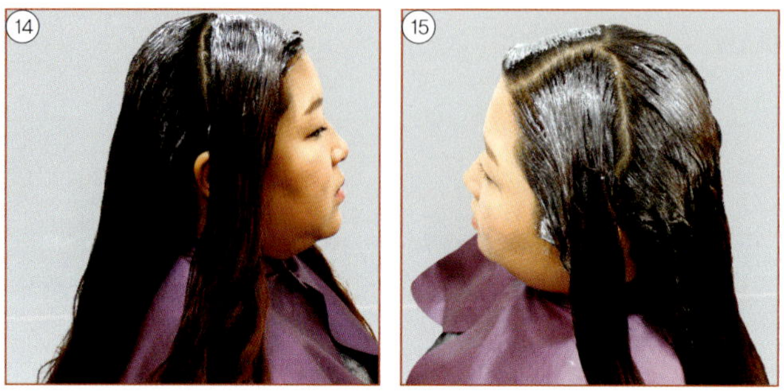

⑭~⑮ 1차 도포가 끝난 상태(20분 자연방치)

네이프(nape) → 백(back) → 골덴(golden) → 탑(top)의 순서로 도포를 진행함

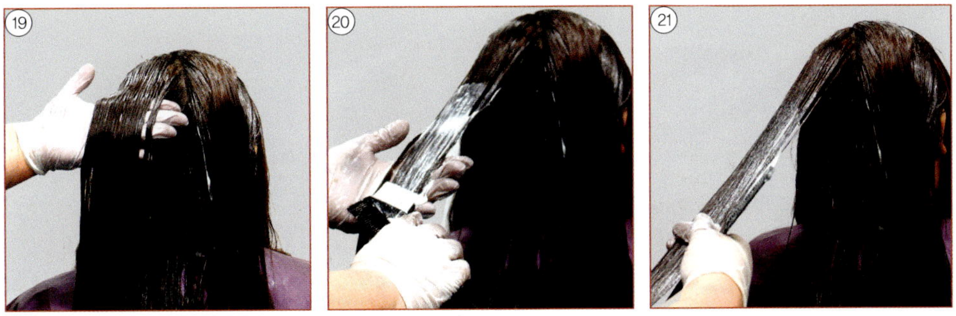

⑯~㉑ 2차 도포 진행
나머지 기염모 부분 도포 진행함

㉒ 백의 도포가 끝난 상태

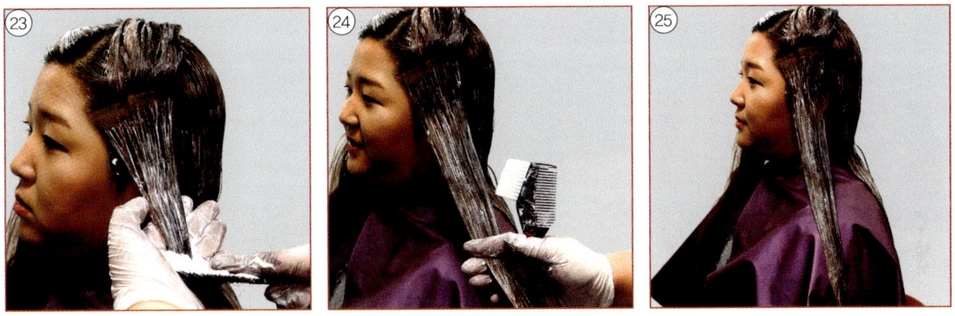

㉓~㉕ 사이드(side)도 동일하게 진행함(10분 자연방치)

㉖ 사이드(side) 도포가 끝난 상태

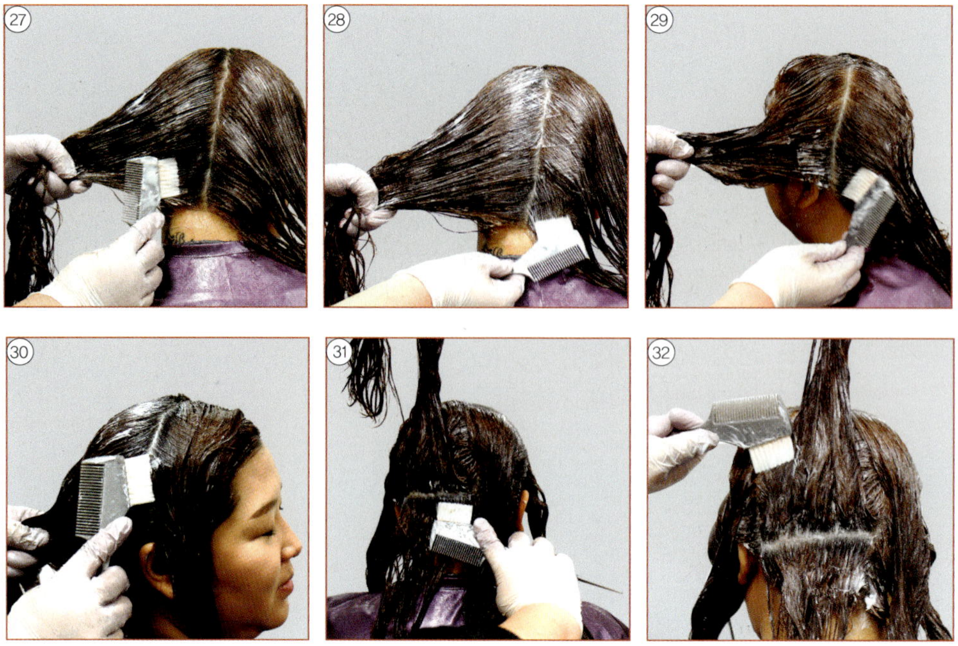

㉗~㉜ 3차 도포진행

나머지 신생모 뿌리부분을 도포함

㉝ 신생모 뿌리 부분 도포가 끝난 상태

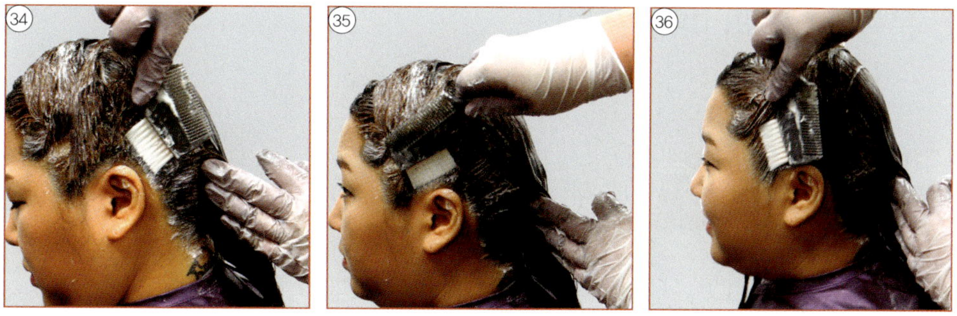

㉞ ~ ㊱ 사이드(side)도 동일하게 진행함

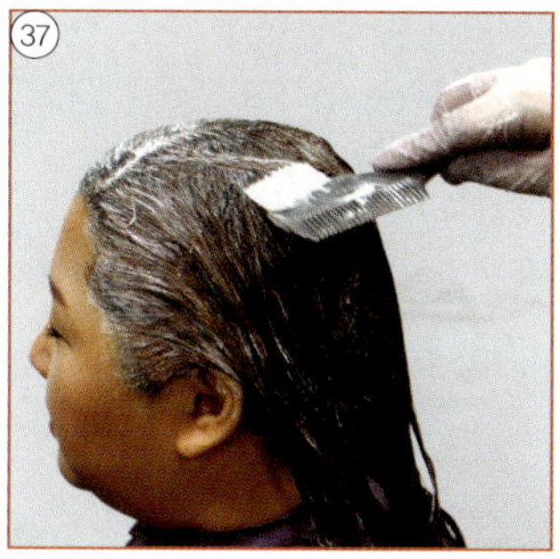

㊲ 두피부분 꼼꼼히 도포함

㊳ ~ ㊵ 사이드(side)도 동일하게 진행함

3. 응용 헤어컬러 마무리하기

앞(front)

뒤(back)

우측(right side)

좌측(left side)

〈서식 1〉

개인정보 수집 및 사진 이용 동의서

본인은 ○○ 대학교 헤어 미용과 교재로 사용될『NCS **응용 헤어컬러링 교재**』에 사용되는 헤어시술모델과 관련하여 개인정보의 제공 및 시술사진 활용에 동의합니다.

1. 목 적 : 작품별 관련 모델 시술자료
2. 수집항목 : 본인 얼굴이미지와 시술과정 사진

20　　년　　월　　일

■ 본인

성 명 : ______________________ (서명)

생년월일 : ______________________

주 소 : ______________________________________

확인(시술자) ______________________ (서명)

개인정보보호법 제15조

개인정보 수집 · 이용에 동의	□동의	□미동의
사진활용에 동의	□동의	□미동의

■ 본인은 헤어 모델과 시술에 관련하여 어떠한 이의도 제기하지 않겠다는 내용에 동의합니다.

20　　년　　월　　일

______________ (서명)

모발진단서

날짜 :	모델명 :	시술자명 :

시술 전 모발 상태

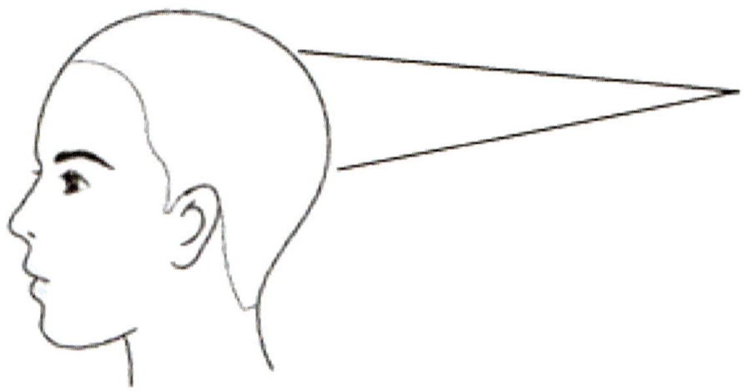

모질	□ 발수성	□ 보통모	□ 흡수모
모량	□ 많음	□ 보통	□ 적음
신생모	레벨 (	), 길이 (	cm)
기염모	레벨 (	), 길이 (	cm)
백모량	□ 유(	%) 분포상태(	) / □ 무
모발상태	□ 건강모	□ 손상모	□ 극 손상모
화학적 시술	□ 유(□펌, □염색), (		개월 전) / □ 무
기타	□ 임신, 탈모, 출산, 생리 등 특이 체질		
패치테스트	□ 유 / □ 무		
퍼스널 컬러 진단	□ 웜톤 / □ 쿨톤		

약액 선정 및 시술 과정

고객 희망 컬러 :
시술 염모제 :
사전처리 :
도포순서 :
방치시간 :
사후처리 :

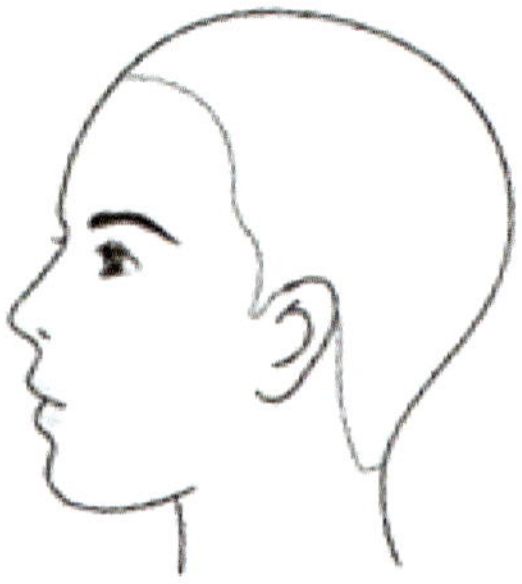

미용요금 상세 주문내역서

20　　년　　월　　일

<table>
<tr><td>고객성명</td><td>☐ 남
☐ 여</td><td>핸드폰
(SNS)</td><td>☐ 수신
☐ 수신안함</td></tr>
<tr><td>담당자</td><td></td><td>생일</td><td></td></tr>
<tr><td>방문경로</td><td colspan="3">☐ 블로그 ☐ 까페 ☐ 간판 ☐ 재방문 ☐ 소개 (　　　) ☐ 기타</td></tr>
</table>

<table>
<tr><th colspan="2">시술내용</th><th>기본요금</th><th>추가요금</th><th>비고</th></tr>
<tr><td>컷트</td><td>☐ 남
☐ 여
☐ 학생
☐ 디자인컷
☐ 앞머리</td><td></td><td></td><td></td></tr>
<tr><td>펌</td><td>☐ 앞머리
☐ 다운펌
☐ 기본펌
☐ 영양펌
☐ 열펌
☐ 뿌리펌</td><td></td><td></td><td></td></tr>
<tr><td>염색</td><td>☐ 뿌리염색
☐ 전체염색
☐ 탈 색
☐ 헤나/왁싱
☐ 와칸</td><td></td><td></td><td></td></tr>
<tr><td>크리닉</td><td>☐ 기본
☐ 특수</td><td></td><td></td><td></td></tr>
<tr><td colspan="2">두피 스켈링</td><td></td><td></td><td></td></tr>
<tr><td colspan="2">스켈링 컷</td><td></td><td></td><td></td></tr>
<tr><td colspan="2">드라이</td><td></td><td></td><td></td></tr>
<tr><td colspan="2">샴푸</td><td></td><td></td><td></td></tr>
<tr><td colspan="2">업스타일</td><td></td><td></td><td></td></tr>
<tr><td colspan="2">점판</td><td></td><td></td><td></td></tr>
</table>

할인/서비스	(%) /
총 합계	
결제방법	☐ 현금 ☐ 카드 ☐ 회원권

고객 확인	(서명)	담당자 (원장, 부원장, 점장, 실장, 디자이너, 매니저)	(서명)

※ 공중위생관리법에 의거하여 시술하는 자는 미용사 자격증(면허증)이 반드시 있어야 함.

실습과정 사진		
사진		설명
		• • • • •
		• • • • •
		• • • • •
		• • • • •
		• • • • •

실습완료 사진	
앞(front)	뒤(back)
우측(right side)	좌측(left side)

Review

단원평가

쓰리터치에 대한 장점과 단점, 그리고 느낀 점을 쓰시오!

장점 :

단점 :

느낀 점 :

4. 학생 자가 진단 및 교수평가

능력단위명 〈코드〉	헤어서비스 준비하기 〈1201010117_16v3〉 특수목적 샴푸 〈1201010119_17v4〉 디자인 헤어컬러 〈1201010137_17v4〉

진단 영역		진 단 문 항	학생 평가					교수평가				
			매우 미흡	미흡	보통	우수	매우 우수	매우 미흡	미흡	보통	우수	매우 우수
헤어서비스 준비하기	헤어컬러 준비하기	3.1 피부보호를 위해 얼굴, 목, 귀 등에 보호제품을 도포 할 수 있다.	①	②	③	④	⑤	①	②	③	④	⑤
		3.2 고객의 옷에 염모제가 묻지 않도록 어깨보, 가운 등을 착용해 줄 수 있다.	①	②	③	④	⑤	①	②	③	④	⑤
		3.3 헤어컬러 서비스 전 알레르기 반응 확인을 위해 패치 테스트(Patch Test)를 할 수 있다.	①	②	③	④	⑤	①	②	③	④	⑤
		3.4 헤어컬러 서비스 전 희망색상을 확인하기 위해 스트랜드 테스트(Strand Test)를 할 수 있다.	①	②	③	④	⑤	①	②	③	④	⑤
		3.5 모발 상태에 따른 전처리제를 처리할 수 있다	①	②	③	④	⑤	①	②	③	④	⑤

[진단결과]

진단영역		문항 수	점수	점수 ÷ 문항 수	문항 수	점수	점수 ÷ 문항 수
헤어서비스 준비하기	헤어컬러 준비하기	5			5		
합계		5			5		

진단영역		진단문항	학생 평가					교수평가				
			매우 미흡	미흡	보통	우수	매우 우수	매우 미흡	미흡	보통	우수	매우 우수
특수목적 샴푸	특수목적 샴푸하기	1.1 헤어컬러, 헤어펌 등 미용서비스에 사용한 화학제품의 종류를 정확하게 파악하고 샴푸제를 선택할 수 있다.	①	②	③	④	⑤	①	②	③	④	⑤
		1.2 염모제를 제거할 경우 사용한 약제와 테크닉의 특성을 고려하여 샴푸 순서와 방법을 결정할 수 있다.	①	②	③	④	⑤	①	②	③	④	⑤
		1.3 모발과 두피로부터 화학제품이 충분하게 제거될 수 있도록 샴푸할 수 있다.	①	②	③	④	⑤	①	②	③	④	⑤
	특수목적 트리트먼트하기	2.1 헤어트리트먼트제를 모발에 도포한 후 두피지압과 매니플레이션을 할 수 있다.	①	②	③	④	⑤	①	②	③	④	⑤
		2.2 헤어트리트먼트제가 페이스라인, 귀, 두피 등에 남지 않도록 충분하게 헹굴 수 있다.	①	②	③	④	⑤	①	②	③	④	⑤
		2.3 타월로 모발의 물기를 제거한 후 두상을 타월로 감쌀 수 있다.	①	②	③	④	⑤	①	②	③	④	⑤
		2.4 샴푸대 및 주변을 깨끗하게 정리한 후 고객을 서비스 공간으로 안내할 수 있다.	①	②	③	④	⑤	①	②	③	④	⑤

[진단결과]

진단영역		문항 수	점수	점수 ÷ 문항 수	문항 수	점수	점수 ÷ 문항 수
특수목적 샴푸	특수목적 샴푸하기	3			3		
	특수목적 트리트먼트하기	4			4		
합계		7			7		

진단영역		진단 문항	학생 평가					교수평가				
			매우 미흡	미흡	보통	우수	매우 우수	매우 미흡	미흡	보통	우수	매우 우수
디자인 헤어컬러	디자인 헤어컬러하기	1.1 고객의 희망색상에 대한 발색가능정도를 확인하기 위해 스트렌드 테스트를 할 수 있다.	①	②	③	④	⑤	①	②	③	④	⑤
		1.2 고객의 요구와 모발 상태에 따라 염 · 탈색제를 선정하여 배합할 수 있다.	①	②	③	④	⑤	①	②	③	④	⑤
		1.3 디자인에 따른 도포방법 및 사용도구를 결정할 수 있다.	①	②	③	④	⑤	①	②	③	④	⑤
		1.4 호일워크, 발레아주, 존컬러 등 도포방법에 따라 모발에 염모제를 도포할 수 있다.	①	②	③	④	⑤	①	②	③	④	⑤
		1.5 원하는 컬러를 얻기 위해 가온기 사용여부를 결정할 수 있다.	①	②	③	④	⑤	①	②	③	④	⑤
	디자인 헤어컬러 마무리하기	2.1 헤어컬러 마무리 샴푸 시 에멀전 여부를 결정할 수 있다.	①	②	③	④	⑤	①	②	③	④	⑤
		2.2 사용한 염모제와 염색방법의 특성을 고려하여 샴푸순서와 방법을 결정할 수 있다.	①	②	③	④	⑤	①	②	③	④	⑤
		2.3 모발보호와 헤어컬러의 지속성을 위해 후처리를 할 수 있다.	①	②	③	④	⑤	①	②	③	④	⑤
		2.4 헤어스타일링 제품과 도구를 사용하여 마무리할 수 있다.	①	②	③	④	⑤	①	②	③	④	⑤

[진단결과]

진단영역		문항 수	점수	점수 ÷ 문항 수	문항 수	점수	점수 ÷ 문항 수
디자인 헤어컬러	디자인 헤어컬러하기	5			5		
	디자인 헤어컬러 마무리하기	4			4		
합계		9			9		

※ 자신의 점수를 문항 수로 나눈 값이 '3점' 이하에 해당하는 영역은 업무를 성공적으로 수행하는데 요구는 능력이 부족한 것으로 교육훈련이나 개인학습을 통한 개발이 필요함.

[교수자 피드백]

Chapter 3 NCS 응용 헤어컬러링 실기

7th week

호일워크 기법 (위빙)

학습내용(단원명)	수업 목표
호일워크 기법 (위빙)	• 고객이 원하는 희망색상의 컬러레벨까지 수행 할 수 있다. • 호일워크기법 중 위빙 테크닉을 수행 할 수 있다.

1. 응용 헤어컬러 준비하기

1) 재료

① 핀셋

② 샴푸 · 린스

③ 산화제

④ 염모제

⑤ 염색볼

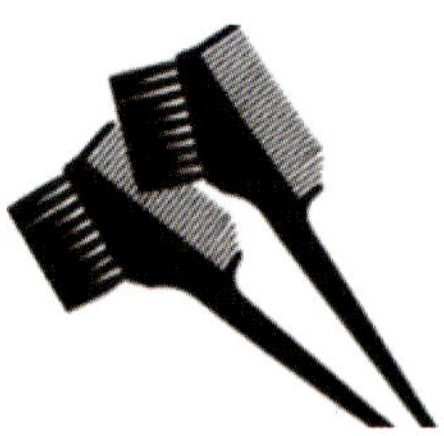

⑥ 염색솔

⑦ 염색짜개

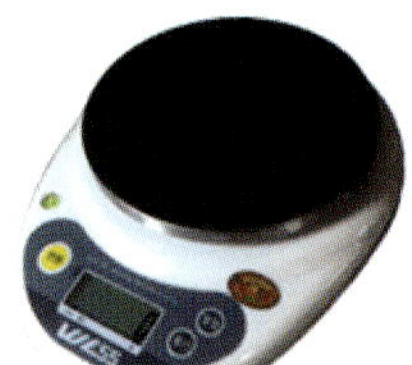

⑧ 염색저울

⑨ 염색보

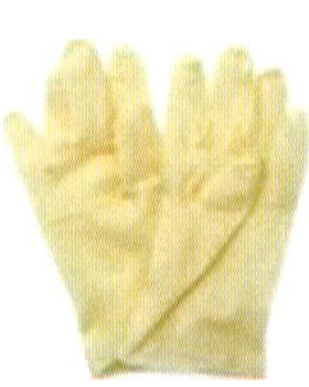

⑩ 장갑

⑪ 이어 캡

2) 블로킹 및 시술방법

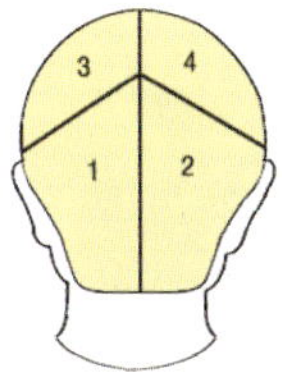	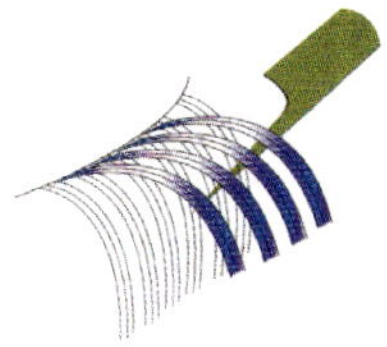	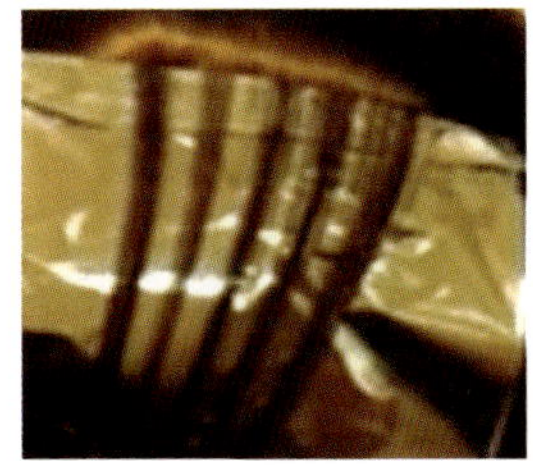
블로킹 및 섹션		시술 방법

3) 모델분석 및 시술방법

모델 분석	모질 □ 발수성 □ 보통모 ■ 흡수모 모량 □ 많음 ■ 보통 □ 적음 신생모 레벨 (3~4), 길이 (3~4 cm) 기염모 레벨 (8~9), 길이 (40 cm) 백모량 □ 유(%) 분포상태( ) / ■ 무 모발상태 □ 건강모 ■ 손상모 □ 극 손상모 화학적 시술 ■ 유(□펌, ■염색), (2 개월 전) / □ 무 기타 □ 임신, 탈모, 출산, 생리 등 특이 체질 패치테스트 이상 □ 유 / ■ 무
시술방법 및 약제선정	고객 희망 컬러 : 위빙 시술 염모제 : 탈색제 사전처리 : PPT 도포순서 : 네이프(nape) → 백(back) → 골덴(golden) → 탑(top) → 사이드(side) 방치시간 : 30~35분 사후처리 : LPP

4) 시술 전, 후

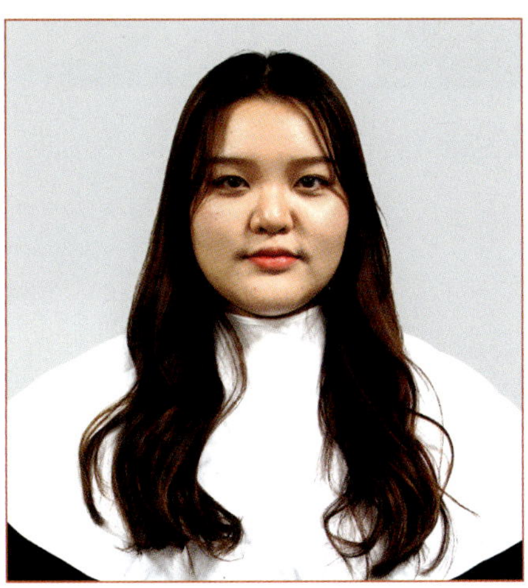

시술 전

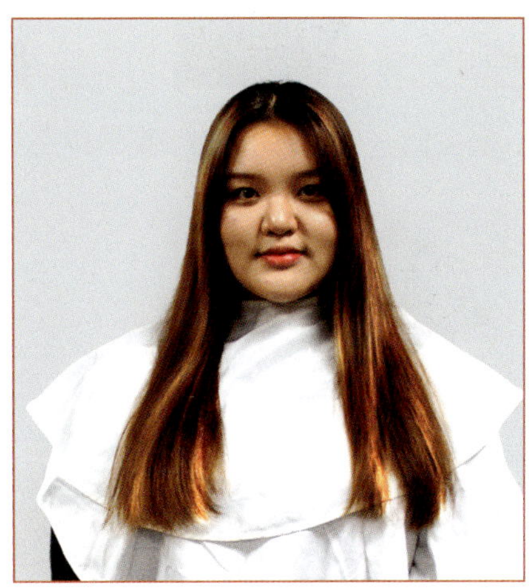

시술 후

2. 응용 헤어컬러 시술하기

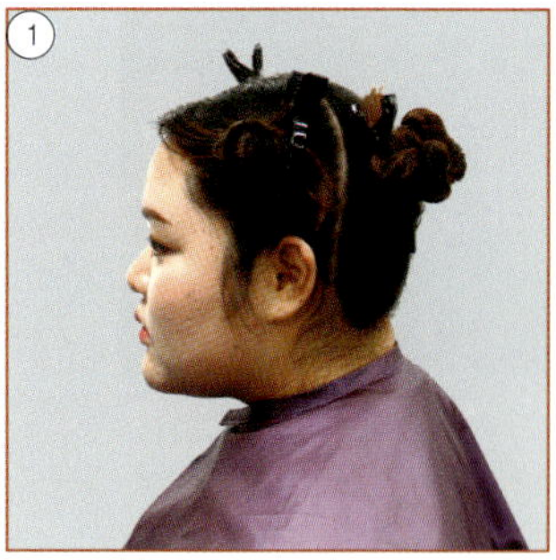

①~③ 시술 전 4등분 블로킹 후 2~3cm정도 섹션을 나눔

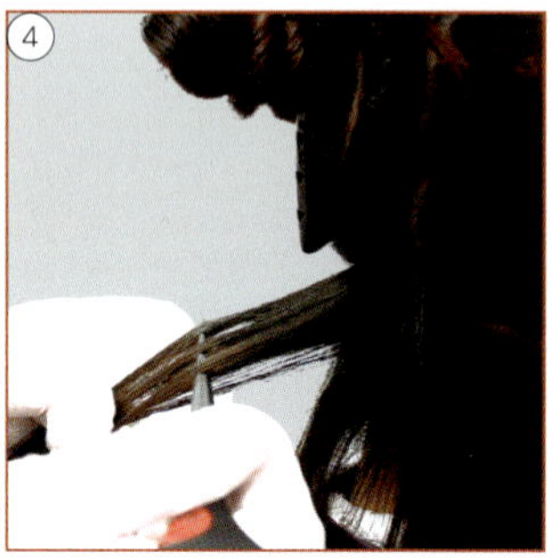

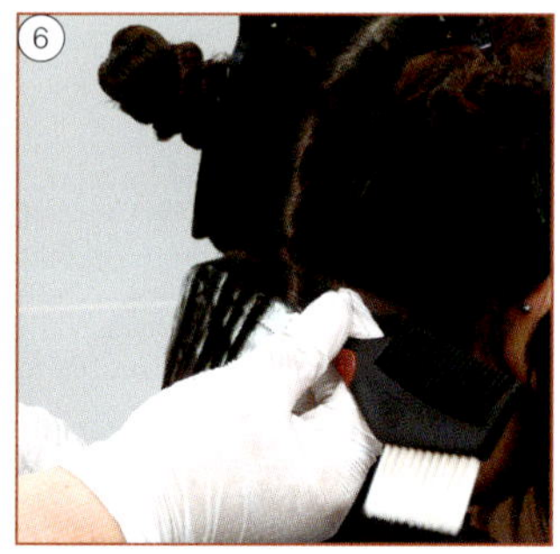

④~⑥ 1cm정도 슬라이스를 뜬 후 1:1로 교차되게 위빙을 뜸

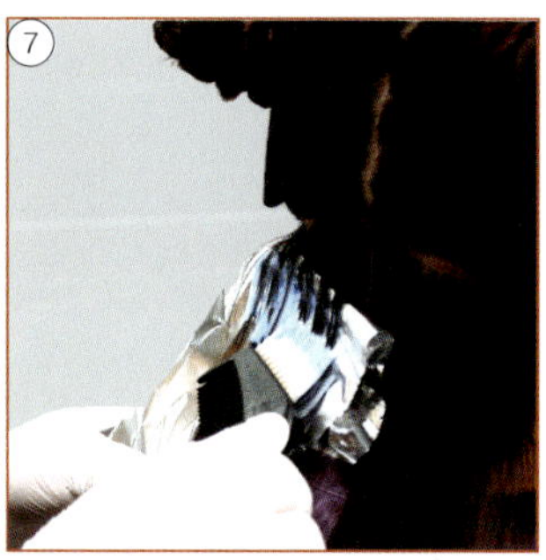

⑦~⑨ 호일을 모발 아래에 대고 도포한 후 호일을 접음

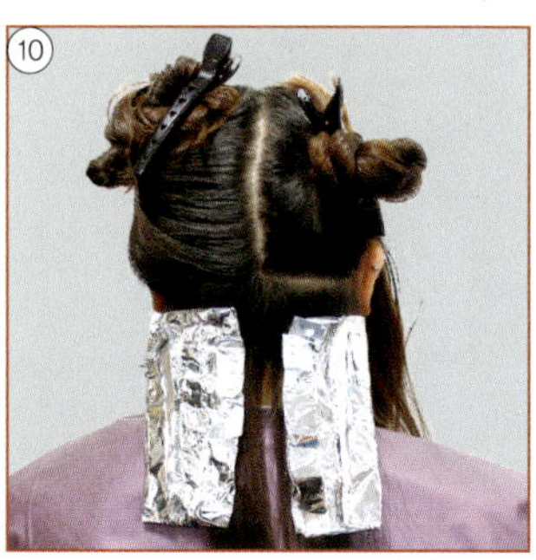

⑩ 네이프(nape) 한단이 끝난상태

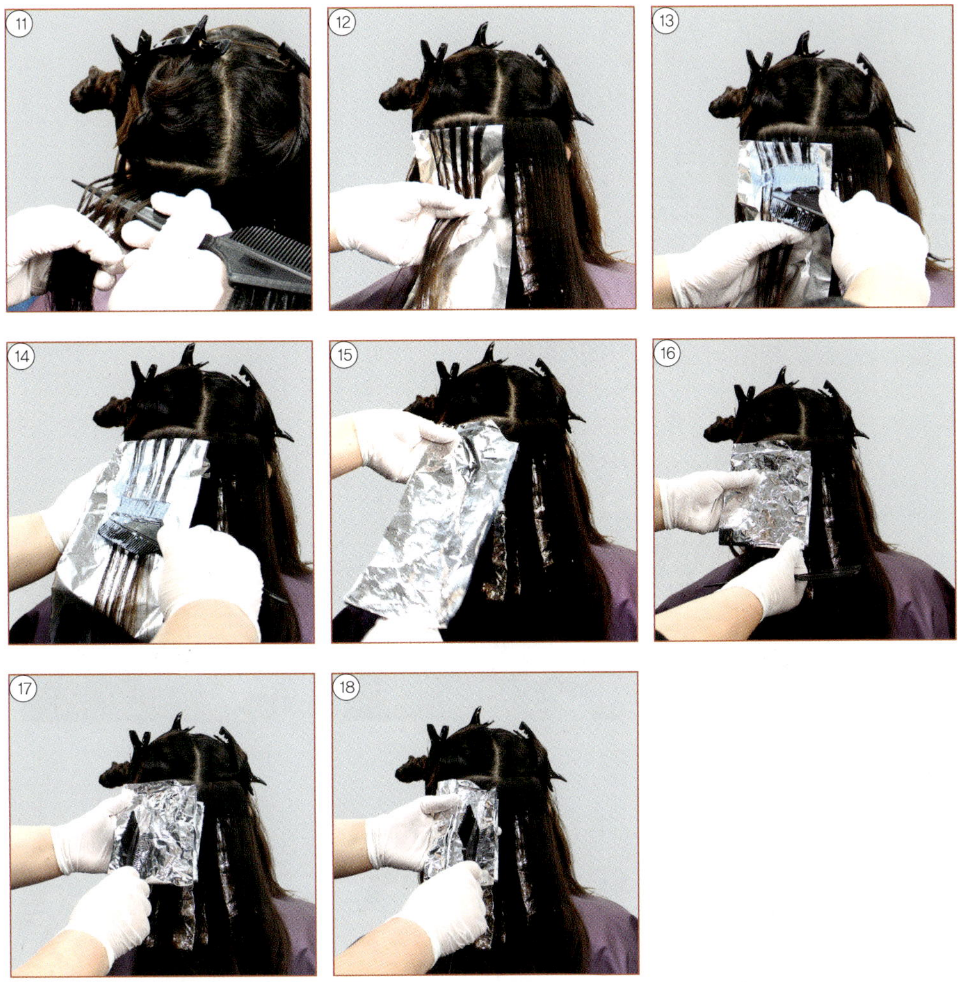

⑪~⑱ 그 위에 단도 동일한 방법으로 진행함

⑲~㉑ 네이프(nape) → 백(back) → 골덴(golden) → 탑(top)으로 순서대로 오일 작업을 진행함

㉒ 탑부분 호일 부분이 끝난 상태

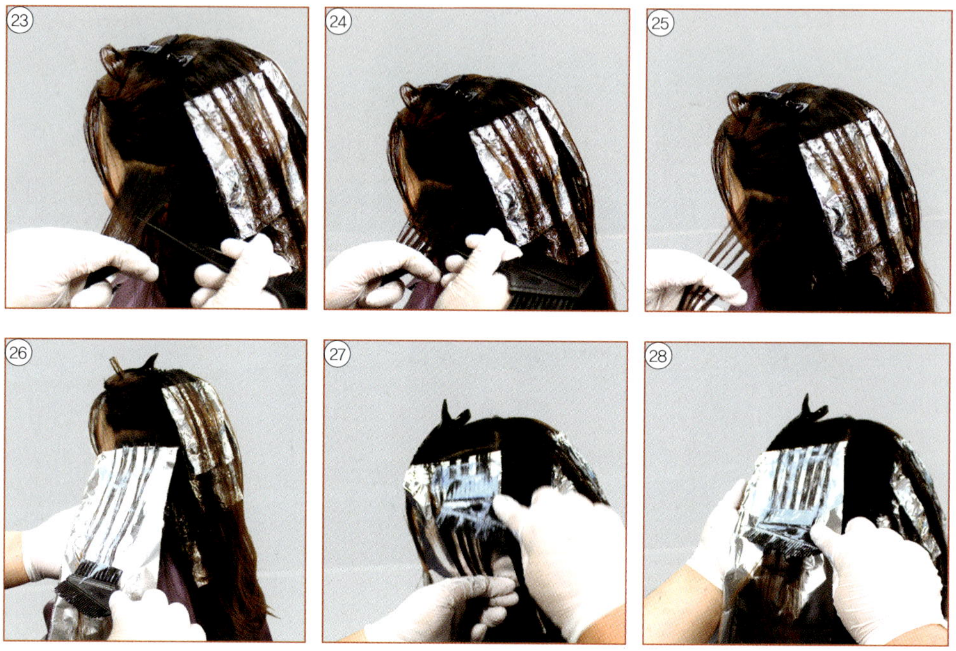

㉓~㉘ 사이드(side)도 동일하게 호일 작업을 진행함

㉙ 끝모발까지 꼼꼼히 도포함

㉚~㉜ 호일작업이 완성된 상태(자연방치 35분)

3. 응용 헤어컬러 마무리하기

앞(front)

뒤(back)

우측(right side)

좌측(left side)

〈서식 1〉

개인정보 수집 및 사진 이용 동의서

본인은 ○○ 대학교 헤어 미용과 교재로 사용될 『NCS **응용 헤어컬러링 교재**』에 사용되는 헤어시술모델과 관련하여 개인정보의 제공 및 시술사진 활용에 동의합니다.

1. 목 적 : 작품별 관련 모델 시술자료
2. 수집항목 : 본인 얼굴이미지와 시술과정 사진

20 년 월 일

■ 본인

성 명 : ____________________ (서명)

생년월일 : ____________________

주 소 : ________________________________

확인(시술자) ____________________ (서명)

개인정보보호법 제15조

개인정보 수집 · 이용에 동의 □동의 □미동의

사진활용에 동의 □동의 □미동의

■ 본인은 헤어 모델과 시술에 관련하여 어떠한 이의도 제기하지 않겠다는 내용에 동의합니다.

20 년 월 일

__________ (서명)

모발진단서

날짜 :	모델명 :	시술자명 :

시술 전 모발 상태

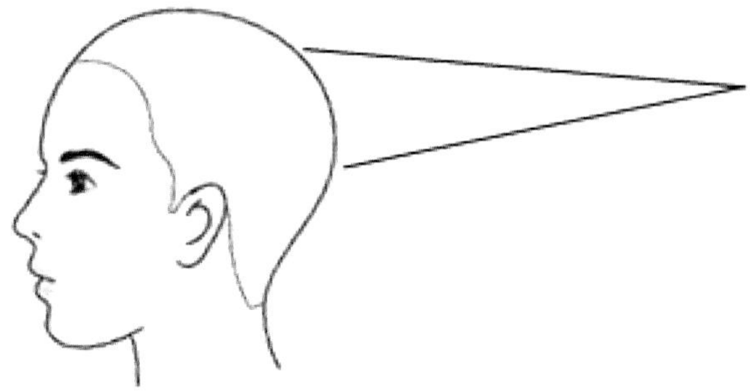

모질	□ 발수성	□ 보통모	□ 흡수모
모량	□ 많음	□ 보통	□ 적음
신생모	레벨 ( ), 길이 (cm)		
기염모	레벨 ( ), 길이 (cm)		
백모량	□ 유(%) 분포상태( ) / □ 무		
모발상태	□ 건강모	□ 손상모	□ 극 손상모
화학적 시술	□ 유(□펌, □염색), (개월 전) / □ 무		
기타	□ 임신, 탈모, 출산, 생리 등 특이 체질		
패치테스트	□ 유 / □ 무		
퍼스널 컬러 진단	□ 웜톤 / □ 쿨톤		

약액 선정 및 시술 과정

고객 희망 컬러 :

시술 염모제 :

사전처리 :

도포순서 :

방치시간 :

사후처리 :

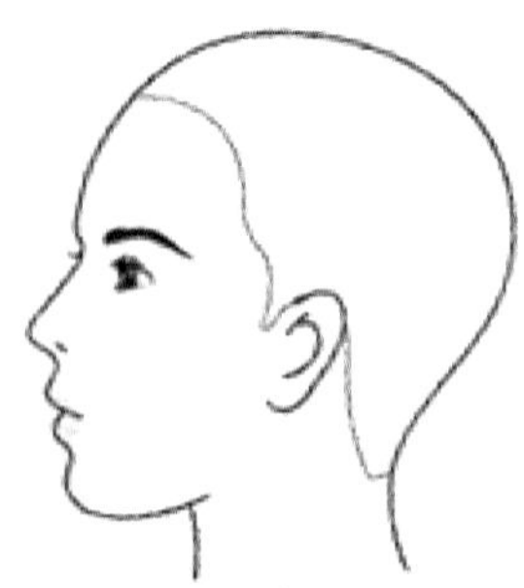

미용요금 상세 주문내역서

20　　년　　월　　일

고객성명	□ 남 □ 여	핸드폰 (SNS)	□ 수신 □ 수신안함
담당자		생일	
방문경로	□ 블로그 □ 까페 □ 간판 □ 재방문 □ 소개 (　　　) □ 기타		

시술내용	기본요금	추가요금	비고
컷트 □ 남 □ 여 □ 학생 □ 디자인컷 □ 앞머리			
펌 □ 앞머리 □ 다운펌 □ 기본펌 □ 영양펌 □ 열펌 □ 뿌리펌			
염색 □ 뿌리염색 □ 전체염색 □ 탈 색 □ 헤나/왁싱 □ 와칸			
크리닉 □ 기본 □ 특수			
두피 스켈링			
스켈링 컷			
드라이			
샴푸			
업스타일			
점판			

할인/서비스	(%) /
총 합계	
결제방법	□ 현금 □ 카드 □ 회원권

고객 확인	(서명)	담당자 (원장, 부원장, 점장, 실장, 디자이너, 매니저)	(서명)

※ 공중위생관리법에 의거하여 시술하는 자는 미용사 자격증(면허증)이 반드시 있어야 함.

<table>
<tr><th colspan="3">실습과정 사진</th></tr>
<tr><th colspan="2">사진</th><th>설명</th></tr>
<tr><td></td><td></td><td>•
•
•
•
•</td></tr>
<tr><td></td><td></td><td>•
•
•
•
•</td></tr>
<tr><td></td><td></td><td>•
•
•
•
•</td></tr>
<tr><td></td><td></td><td>•
•
•
•
•</td></tr>
<tr><td></td><td></td><td>•
•
•
•
•</td></tr>
</table>

실습완료 사진	
앞(front)	뒤(back)
우측(right side)	좌측(left side)

Review

단원평가

위빙호일기법에 대한 장점과 단점, 그리고 느낀 점을 쓰시오!

장점 :

단점 :

느낀 점 :

4. 학생 자가 진단 및 교수평가

능력단위명 〈코드〉	헤어서비스 준비하기 〈1201010117_16v3〉 특수목적 샴푸 〈1201010119_17v4〉 디자인 헤어컬러 〈1201010137_17v4〉

진단영역		진 단 문 항	학생 평가					교수평가				
			매우 미흡	미흡	보통	우수	매우 우수	매우 미흡	미흡	보통	우수	매우 우수
헤어서비스 준비하기	헤어컬러 준비하기	3.1 피부보호를 위해 얼굴, 목, 귀 등에 보호제품을 도포 할 수 있다.	①	②	③	④	⑤	①	②	③	④	⑤
		3.2 고객의 옷에 염모제가 묻지 않도록 어깨보, 가운 등을 착용해 줄 수 있다.	①	②	③	④	⑤	①	②	③	④	⑤
		3.3 헤어컬러 서비스 전 알레르기 반응 확인을 위해 패치 테스트(Patch Test)를 할 수 있다.	①	②	③	④	⑤	①	②	③	④	⑤
		3.4 헤어컬러 서비스 전 희망색상을 확인하기 위해 스트랜드 테스트(Strand Test)를 할 수 있다.	①	②	③	④	⑤	①	②	③	④	⑤
		3.5 모발 상태에 따른 전처리제를 처리할 수 있다	①	②	③	④	⑤	①	②	③	④	⑤

[진단결과]

진단영역		문항 수	점수	점수 ÷ 문항 수	문항 수	점수	점수 ÷ 문항 수
헤어서비스 준비하기	헤어컬러 준비하기	5			5		
합계		5			5		

<table>
<tr><th rowspan="2" colspan="2">진단
영역</th><th rowspan="2">진 단 문 항</th><th colspan="5">학생 평가</th><th colspan="5">교수평가</th></tr>
<tr><th>매우
미흡</th><th>미흡</th><th>보통</th><th>우수</th><th>매우
우수</th><th>매우
미흡</th><th>미흡</th><th>보통</th><th>우수</th><th>매우
우수</th></tr>
<tr><td rowspan="7">특수목적 샴푸</td><td rowspan="3">특수목적 샴푸하기</td><td>1.1 헤어컬러, 헤어펌 등 미용서비스에 사용한 화학제품의 종류를 정확하게 파악하고 샴푸제를 선택할 수 있다.</td><td>①</td><td>②</td><td>③</td><td>④</td><td>⑤</td><td>①</td><td>②</td><td>③</td><td>④</td><td>⑤</td></tr>
<tr><td>1.2 염모제를 제거할 경우 사용한 약제와 테크닉의 특성을 고려하여 샴푸 순서와 방법을 결정할 수 있다.</td><td>①</td><td>②</td><td>③</td><td>④</td><td>⑤</td><td>①</td><td>②</td><td>③</td><td>④</td><td>⑤</td></tr>
<tr><td>1.3 모발과 두피로부터 화학제품이 충분하게 제거될 수 있도록 샴푸할 수 있다.</td><td>①</td><td>②</td><td>③</td><td>④</td><td>⑤</td><td>①</td><td>②</td><td>③</td><td>④</td><td>⑤</td></tr>
<tr><td rowspan="4">특수목적 트리트먼트하기</td><td>2.1 헤어트리트먼트제를 모발에 도포한 후 두피지압과 매니플레이션을 할 수 있다.</td><td>①</td><td>②</td><td>③</td><td>④</td><td>⑤</td><td>①</td><td>②</td><td>③</td><td>④</td><td>⑤</td></tr>
<tr><td>2.2 헤어트리트먼트제가 페이스라인, 귀, 두피 등에 남지 않도록 충분하게 헹굴 수 있다.</td><td>①</td><td>②</td><td>③</td><td>④</td><td>⑤</td><td>①</td><td>②</td><td>③</td><td>④</td><td>⑤</td></tr>
<tr><td>2.3 타월로 모발의 물기를 제거한 후 두상을 타월로 감쌀 수 있다.</td><td>①</td><td>②</td><td>③</td><td>④</td><td>⑤</td><td>①</td><td>②</td><td>③</td><td>④</td><td>⑤</td></tr>
<tr><td>2.4 샴푸대 및 주변을 깨끗하게 정리한 후 고객을 서비스 공간으로 안내할 수 있다.</td><td>①</td><td>②</td><td>③</td><td>④</td><td>⑤</td><td>①</td><td>②</td><td>③</td><td>④</td><td>⑤</td></tr>
</table>

[진단결과]

<table>
<tr><th colspan="2">진단영역</th><th>문항 수</th><th>점수</th><th>점수 ÷
문항 수</th><th>문항 수</th><th>점수</th><th>점수 ÷
문항 수</th></tr>
<tr><td rowspan="2">특수목적 샴푸</td><td>특수목적 샴푸하기</td><td>3</td><td></td><td></td><td>3</td><td></td><td></td></tr>
<tr><td>특수목적 트리트먼트하기</td><td>4</td><td></td><td></td><td>4</td><td></td><td></td></tr>
<tr><td colspan="2">합계</td><td>7</td><td></td><td></td><td>7</td><td></td><td></td></tr>
</table>

진단 영역		진단 문항	학생 평가					교수평가				
			매우 미흡	미흡	보통	우수	매우 우수	매우 미흡	미흡	보통	우수	매우 우수
디자인 헤어컬러	디자인 헤어컬러하기	1.1 고객의 희망색상에 대한 발색가능정도를 확인하기 위해 스트렌드 테스트를 할 수 있다.	①	②	③	④	⑤	①	②	③	④	⑤
		1.2 고객의 요구와 모발 상태에 따라 염·탈색제를 선정하여 배합할 수 있다.	①	②	③	④	⑤	①	②	③	④	⑤
		1.3 디자인에 따른 도포방법 및 사용도구를 결정할 수 있다.	①	②	③	④	⑤	①	②	③	④	⑤
		1.4 호일워크, 발레아주, 존컬러 등 도포방법에 따라 모발에 염모제를 도포할 수 있다.	①	②	③	④	⑤	①	②	③	④	⑤
		1.5 원하는 컬러를 얻기 위해 가온기 사용여부를 결정할 수 있다.	①	②	③	④	⑤	①	②	③	④	⑤
	디자인 헤어컬러 마무리하기	2.1 헤어컬러 마무리 샴푸 시 에멀전 여부를 결정할 수 있다.	①	②	③	④	⑤	①	②	③	④	⑤
		2.2 사용한 염모제와 염색방법의 특성을 고려하여 샴푸순서와 방법을 결정할 수 있다.	①	②	③	④	⑤	①	②	③	④	⑤
		2.3 모발보호와 헤어컬러의 지속성을 위해 후처리를 할 수 있다.	①	②	③	④	⑤	①	②	③	④	⑤
		2.4 헤어스타일링 제품과 도구를 사용하여 마무리할 수 있다.	①	②	③	④	⑤	①	②	③	④	⑤

[진단결과]

진단영역		문항 수	점수	점수 ÷ 문항 수	문항 수	점수	점수 ÷ 문항 수
디자인 헤어컬러	디자인 헤어컬러하기	5			5		
	디자인 헤어컬러 마무리하기	4			4		
합계		9			9		

※ 자신의 점수를 문항 수로 나눈 값이 '3점' 이하에 해당하는 영역은 업무를 성공적으로 수행하는데 요구는 능력이 부족한 것으로 교육훈련이나 개인학습을 통한 개발이 필요함.

[교수자 피드백]

Chapter 3 NCS 응용 헤어컬러링 실기

8th week

호일워크 기법 (슬라이싱)

학습내용(단원명)	수업 목표
호일워크 기법 (슬라이싱)	• 고객이 원하는 희망색상의 컬러레벨까지 수행할 수 있다. • 호일워크기법 중 슬라이싱 테크닉을 수행할 수 있다.

1. 응용 헤어컬러 준비하기

1) 재료

① 핀셋

② 샴푸 · 린스

③ 산화제

④ 염모제

⑤ 염색볼

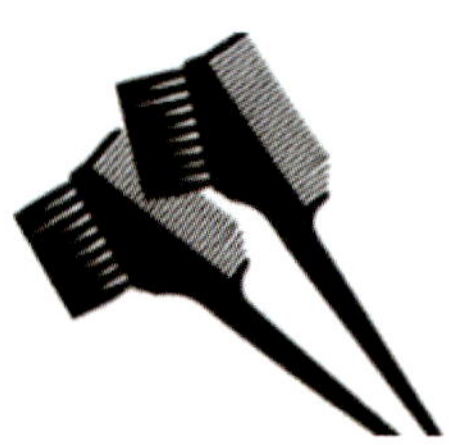
⑥ 염색솔

⑦ 염색짜개

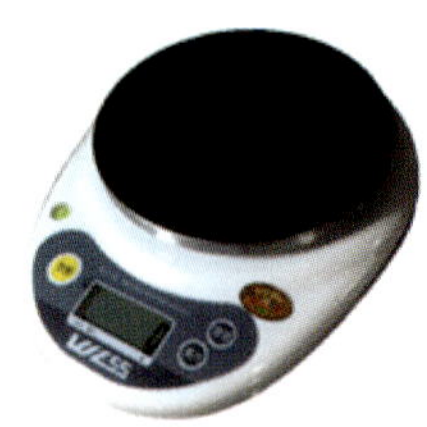
⑧ 염색저울

⑨ 염색보

⑩ 장갑

⑪ 이어 캡

2) 블로킹 및 실습방법

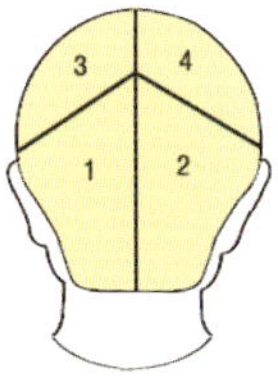	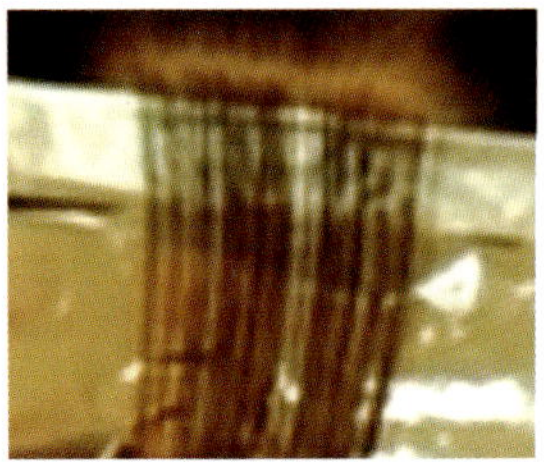
블로킹 및 섹션	실습방법

3) 모델분석 및 시술방법

모델 분석	모질 ■ 발수성 □ 보통모 □ 흡수모 모량 □ 많음 ■ 보통 □ 적음 신생모 레벨 (2~3), 길이 (15 cm) 기염모 레벨 (12), 길이 (25~30 cm) 백모량 □ 유(%) 분포상태( ) / ■ 무 모발상태 □ 건강모 ■ 손상모 □ 극 손상모 화학적 시술 ■ 유(■펌, ■염색), (2 개월 전) / □ 무 기타 □ 임신, 탈모, 출산, 생리 등 특이 체질 패치테스트 이상 □ 유 / ■ 무
시술방법 및 약제선정	고객 희망 컬러 : 밝은 갈색 시술 염모제 : 13레벨 사전처리 : PPT 도포순서 : 네이프(nape) → 백(back) → 골덴(golden) → 탑(top) → 사이드(side) 방치시간 : 35분 사후처리 : LPP

4) 시술 전, 후

시술 전

시술 후

2. 응용 헤어컬러 시술하기

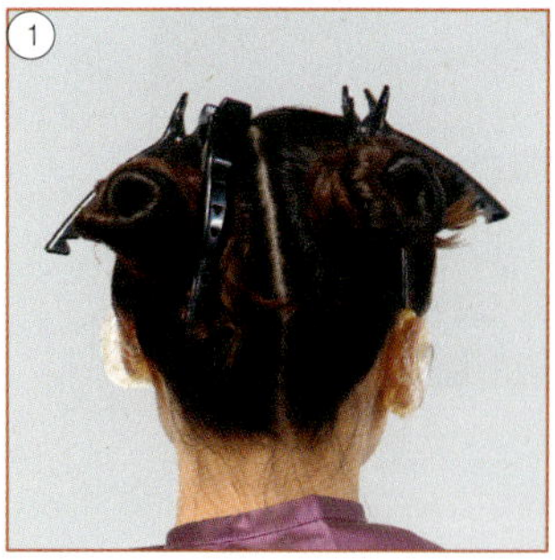

①~② 시술 전 4등분 블로킹으로 나눈 후 이어캡을 씌움

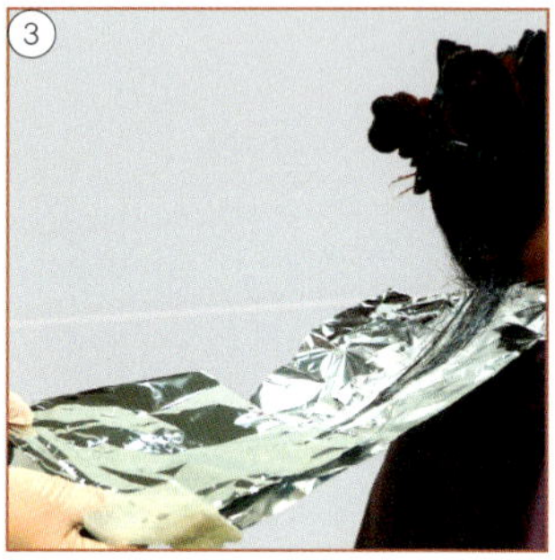

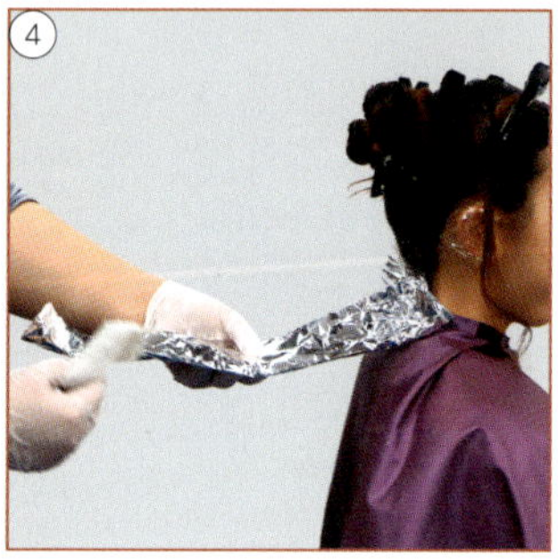

③~④ 네이프(nape) 2~2.5cm내외 섹션으로 진행
1~1.5cm슬라이스를 뜬 후 호일작업을 진행함

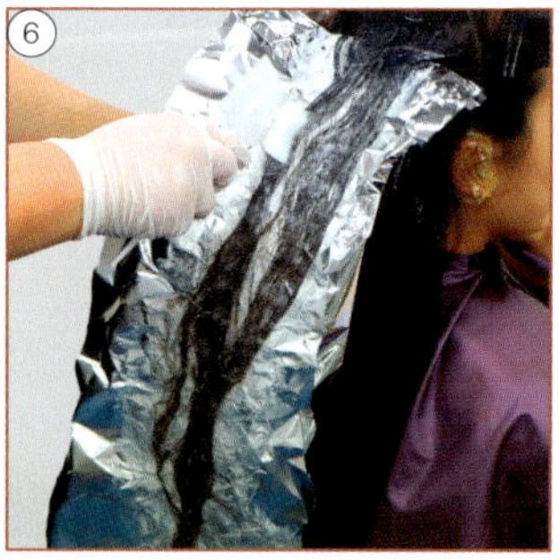

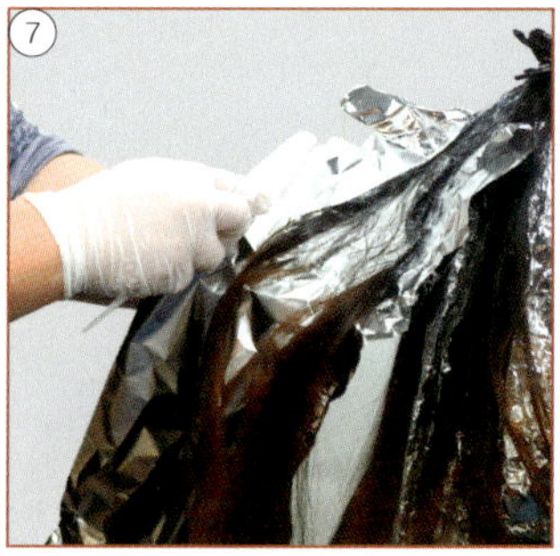

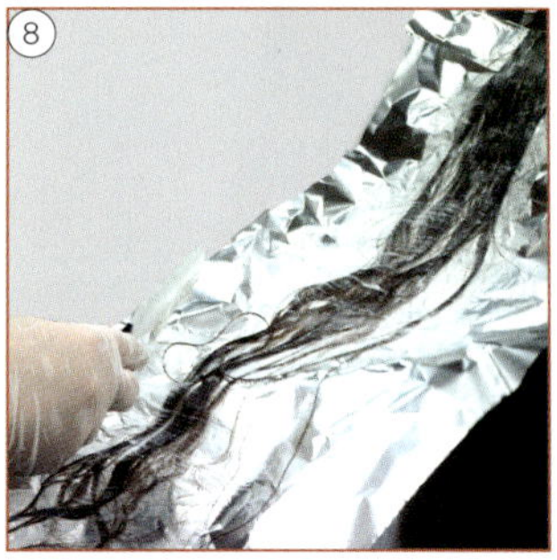

⑤~⑨ 네이프(nape)→백(back)→골덴(golden)→탑(top)의 순서로 호일작업을 진행함

⑩~⑫ 사이드(side)도 동일하게 호일작업을 진행함

⑬ 호일을 잘 감싸줌

⑭~⑯ 호일작업이 끝난 상태

⑰ 컬러 테스트

⑱~⑲ 샴푸 후 건조

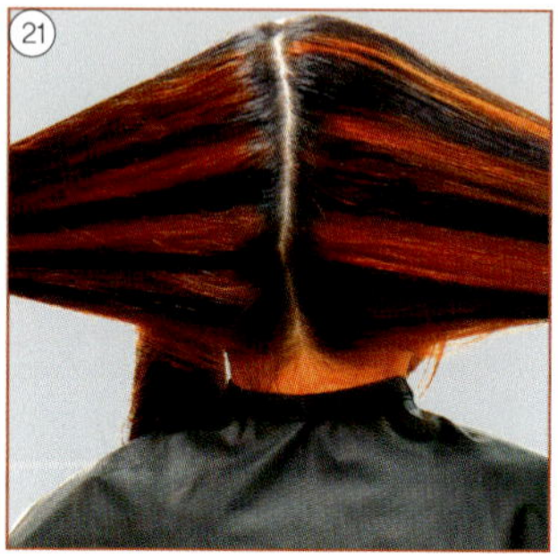

⑳~㉑ 건조 후 결과

3. 응용 헤어컬러 마무리하기

앞(front)

뒤(back)

우측(right side)

좌측(left side)

〈서식 1〉

개인정보 수집 및 사진 이용 동의서

본인은 ○○ 대학교 헤어 미용과 교재로 사용될『NCS **응용 헤어컬러링 교재**』에 사용되는 헤어시술모델과 관련하여 개인정보의 제공 및 시술사진 활용에 동의합니다.

1. 목 적 : 작품별 관련 모델 시술자료
2. 수집항목 : 본인 얼굴이미지와 시술과정 사진

20　　년　　월　　일

■ 본인

성 명 : ______________________ (서명)

생년월일 : ______________________

주 소 : ____

확인(시술자) ______________________ (서명)

개인정보보호법 제15조

개인정보 수집 · 이용에 동의　　□동의　　□미동의

사진활용에 동의　　□동의　　□미동의

■ 본인은 헤어 모델과 시술에 관련하여 어떠한 이의도 제기하지 않겠다는 내용에 동의합니다.

20　　년　　월　　일

______________ (서명)

모발진단서

날짜 :	모델명 :	시술자명 :

시술 전 모발 상태

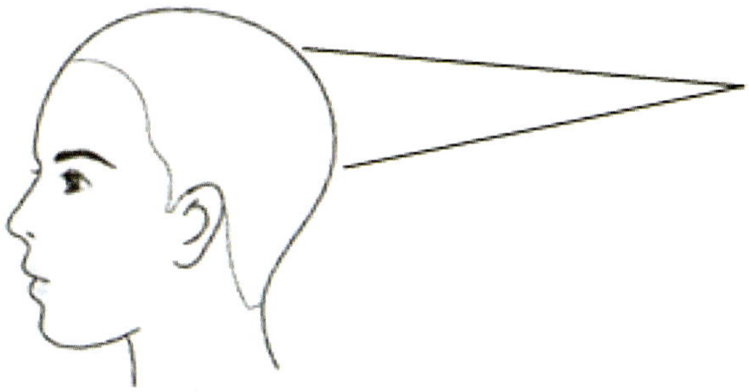

모질	□ 발수성	□ 보통모	□ 흡수모
모량	□ 많음	□ 보통	□ 적음
신생모	레벨 (	), 길이 (	cm)
기염모	레벨 (	), 길이 (	cm)
백모량	□ 유(	%) 분포상태(	) / □ 무
모발상태	□ 건강모	□ 손상모	□ 극 손상모
화학적 시술	□ 유(□펌, □염색), (		개월 전) / □ 무
기타	□ 임신, 탈모, 출산, 생리 등 특이 체질		
패치테스트	□ 유 / □ 무		
퍼스널 컬러 진단	□ 웜톤 / □ 쿨톤		

약액 선정 및 시술 과정

고객 희망 컬러 :
시술 염모제 :
사전처리 :
도포순서 :
방치시간 :
사후처리 :

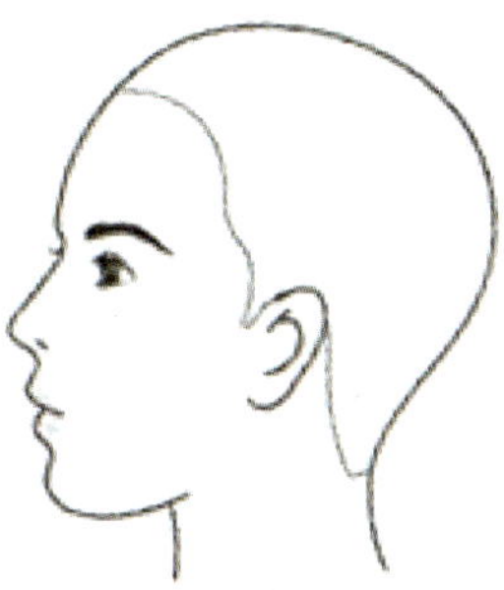

미용요금 상세 주문내역서

20　　년　　월　　일

고객성명	□ 남 □ 여	핸드폰 (SNS)	□ 수신 □ 수신안함
담당자		생일	
방문경로	□ 블로그 □ 까페 □ 간판 □ 재방문 □ 소개 (　　　) □ 기타		

시술내용	기본요금	추가요금	비고
컷트 □ 남 □ 여 □ 학생 □ 디자인컷 □ 앞머리			
펌 □ 앞머리 □ 다운펌 □ 기본펌 □ 영양펌 □ 열펌 □ 뿌리펌			
염색 □ 뿌리염색 □ 전체염색 □ 탈 색 □ 헤나/왁싱 □ 와칸			
크리닉 □ 기본 □ 특수			
두피 스켈링			
스켈링 컷			
드라이			
샴푸			
업스타일			
점판			

할인/서비스	(%) /
총 합계	
결제방법	□ 현금　□ 카드　□ 회원권

고객 확인	(서명)	담당자 (원장, 부원장, 점장, 실장, 디자이너, 매니저)	(서명)

※ 공중위생관리법에 의거하여 시술하는 자는 미용사 자격증(면허증)이 반드시 있어야 함.

실습과정 사진		
사진		설명
		• • • • •
		• • • • •
		• • • • •
		• • • • •
		• • • • •

<table>
<tr><th colspan="2">실습완료 사진</th></tr>
<tr><td></td><td></td></tr>
<tr><td>앞(front)</td><td>뒤(back)</td></tr>
<tr><td></td><td></td></tr>
<tr><td>우측(right side)</td><td>좌측(left side)</td></tr>
</table>

Review

단원평가

슬라이싱기법에 대한 장점과 단점, 그리고 느낀 점을 쓰시오!

장점 :

단점 :

느낀 점 :

4. 학생 자가 진단 및 교수평가

능력단위명 〈코드〉	헤어서비스 준비하기 〈1201010117_16v3〉 특수목적 샴푸 〈1201010119_17v4〉 디자인 헤어컬러 〈1201010137_17v4〉

진단영역		진단문항	학생 평가					교수평가				
			매우 미흡	미흡	보통	우수	매우 우수	매우 미흡	미흡	보통	우수	매우 우수
헤어서비스 준비하기	헤어컬러 준비하기	3.1 피부보호를 위해 얼굴, 목, 귀 등에 보호제품을 도포 할 수 있다.	①	②	③	④	⑤	①	②	③	④	⑤
		3.2 고객의 옷에 염모제가 묻지 않도록 어깨보, 가운 등을 착용해 줄 수 있다.	①	②	③	④	⑤	①	②	③	④	⑤
		3.3 헤어컬러 서비스 전 알레르기 반응 확인을 위해 패치 테스트(Patch Test)를 할 수 있다.	①	②	③	④	⑤	①	②	③	④	⑤
		3.4 헤어컬러 서비스 전 희망색상을 확인하기 위해 스트랜드 테스트(Strand Test)를 할 수 있다.	①	②	③	④	⑤	①	②	③	④	⑤
		3.5 모발 상태에 따른 전처리제를 처리할 수 있다	①	②	③	④	⑤	①	②	③	④	⑤

[진단결과]

진단영역		문항 수	점수	점수 ÷ 문항 수	문항 수	점수	점수 ÷ 문항 수
헤어서비스 준비하기	헤어컬러 준비하기	5			5		
합계		5			5		

<table>
<tr><th colspan="3"></th><th colspan="5">학생 평가</th><th colspan="5">교수평가</th></tr>
<tr><th colspan="2">진단 영역</th><th>진 단 문 항</th><th>매우 미흡</th><th>미흡</th><th>보통</th><th>우수</th><th>매우 우수</th><th>매우 미흡</th><th>미흡</th><th>보통</th><th>우수</th><th>매우 우수</th></tr>
<tr><td rowspan="7">특수목적 샴푸</td><td rowspan="3">특수목적 샴푸하기</td><td>1.1 헤어컬러, 헤어펌 등 미용서비스에 사용한 화학제품의 종류를 정확하게 파악하고 샴푸제를 선택할 수 있다.</td><td>①</td><td>②</td><td>③</td><td>④</td><td>⑤</td><td>①</td><td>②</td><td>③</td><td>④</td><td>⑤</td></tr>
<tr><td>1.2 염모제를 제거할 경우 사용한 약제와 테크닉의 특성을 고려하여 샴푸 순서와 방법을 결정할 수 있다.</td><td>①</td><td>②</td><td>③</td><td>④</td><td>⑤</td><td>①</td><td>②</td><td>③</td><td>④</td><td>⑤</td></tr>
<tr><td>1.3 모발과 두피로부터 화학제품이 충분하게 제거될 수 있도록 샴푸할 수 있다.</td><td>①</td><td>②</td><td>③</td><td>④</td><td>⑤</td><td>①</td><td>②</td><td>③</td><td>④</td><td>⑤</td></tr>
<tr><td rowspan="4">특수목적 트리트먼트하기</td><td>2.1 헤어트리트먼트제를 모발에 도포한 후 두피지압과 매니플레이션을 할 수 있다.</td><td>①</td><td>②</td><td>③</td><td>④</td><td>⑤</td><td>①</td><td>②</td><td>③</td><td>④</td><td>⑤</td></tr>
<tr><td>2.2 헤어트리트먼트제가 페이스라인, 귀, 두피 등에 남지 않도록 충분하게 헹굴 수 있다.</td><td>①</td><td>②</td><td>③</td><td>④</td><td>⑤</td><td>①</td><td>②</td><td>③</td><td>④</td><td>⑤</td></tr>
<tr><td>2.3 타월로 모발의 물기를 제거한 후 두상을 타월로 감쌀 수 있다.</td><td>①</td><td>②</td><td>③</td><td>④</td><td>⑤</td><td>①</td><td>②</td><td>③</td><td>④</td><td>⑤</td></tr>
<tr><td>2.4 샴푸대 및 주변을 깨끗하게 정리한 후 고객을 서비스 공간으로 안내할 수 있다.</td><td>①</td><td>②</td><td>③</td><td>④</td><td>⑤</td><td>①</td><td>②</td><td>③</td><td>④</td><td>⑤</td></tr>
</table>

[진단결과]

<table>
<tr><th colspan="2">진단영역</th><th>문항 수</th><th>점수</th><th>점수 ÷ 문항 수</th><th>문항 수</th><th>점수</th><th>점수 ÷ 문항 수</th></tr>
<tr><td rowspan="2">특수목적 샴푸</td><td>특수목적 샴푸하기</td><td>3</td><td></td><td></td><td>3</td><td></td><td></td></tr>
<tr><td>특수목적 트리트먼트하기</td><td>4</td><td></td><td></td><td>4</td><td></td><td></td></tr>
<tr><td colspan="2">합계</td><td>7</td><td></td><td></td><td>7</td><td></td><td></td></tr>
</table>

진단 영역		진 단 문 항	학생 평가 매우 미흡	미흡	보통	우수	매우 우수	교수평가 매우 미흡	미흡	보통	우수	매우 우수
디자인 헤어컬러	디자인 헤어컬러하기	1.1 고객의 희망색상에 대한 발색가능정도를 확인하기 위해 스트렌드 테스트를 할 수 있다.	①	②	③	④	⑤	①	②	③	④	⑤
		1.2 고객의 요구와 모발 상태에 따라 염·탈색제를 선정하여 배합할 수 있다.	①	②	③	④	⑤	①	②	③	④	⑤
		1.3 디자인에 따른 도포방법 및 사용도구를 결정할 수 있다.	①	②	③	④	⑤	①	②	③	④	⑤
		1.4 호일워크, 발레아주, 존컬러 등 도포방법에 따라 모발에 염모제를 도포할 수 있다.	①	②	③	④	⑤	①	②	③	④	⑤
		1.5 원하는 컬러를 얻기 위해 가온기 사용여부를 결정할 수 있다.	①	②	③	④	⑤	①	②	③	④	⑤
	디자인 헤어컬러 마무리하기	2.1 헤어컬러 마무리 샴푸 시 에멀전 여부를 결정할 수 있다.	①	②	③	④	⑤	①	②	③	④	⑤
		2.2 사용한 염모제와 염색방법의 특성을 고려하여 샴푸순서와 방법을 결정할 수 있다.	①	②	③	④	⑤	①	②	③	④	⑤
		2.3 모발보호와 헤어컬러의 지속성을 위해 후처리를 할 수 있다.	①	②	③	④	⑤	①	②	③	④	⑤
		2.4 헤어스타일링 제품과 도구를 사용하여 마무리할 수 있다.	①	②	③	④	⑤	①	②	③	④	⑤

[진단결과]

진단영역		문항 수	점수	점수 ÷ 문항 수	문항 수	점수	점수 ÷ 문항 수
디자인 헤어컬러	디자인 헤어컬러하기	5			5		
	디자인 헤어컬러 마무리하기	4			4		
합계		9			9		

※ 자신의 점수를 문항 수로 나눈 값이 '3점' 이하에 해당하는 영역은 업무를 성공적으로 수행하는데 요구는 능력이 부족한 것으로 교육훈련이나 개인학습을 통한 개발이 필요함.

[교수자 피드백]

Chapter 3 NCS 응용 헤어컬러링 실기

9 th week

존 컬러 기법

학습내용(단원명)	수업 목표
존 컬러 기법	• 고객의 희망 컬러에 대한 발색가능정도를 확인하고 염모제 선택을 할 수 있다. • 존 컬러 기법으로 헤어컬러 디자인을 수행 할 수 있다.

1. 응용 헤어컬러 준비하기

1) 재료

① 핀셋

② 샴푸 · 린스

③ 산화제

④ 염모제

⑤ 염색볼

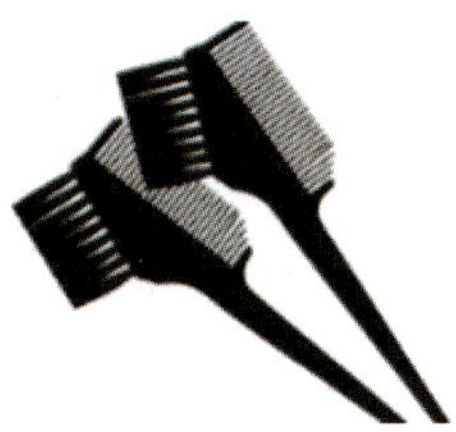

⑥ 염색솔

⑦ 염색짜개

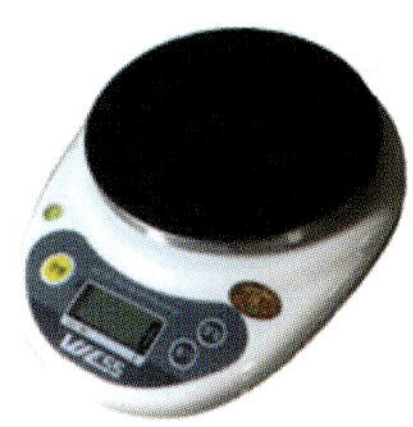

⑧ 염색저울

⑨ 염색보

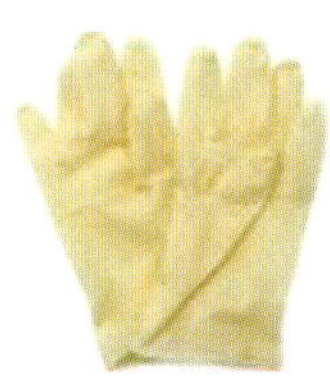

⑩ 장갑

⑪ 이어 캡

2) 블로킹 및 섹션

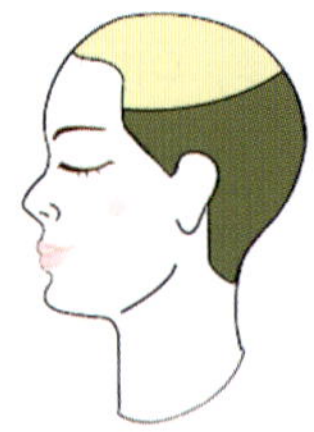

블로킹 및 섹션

3) 모델분석 및 시술방법

모델 분석	모질 □ 발수성 □ 보통모 ■ 흡수모 모량 □ 많음 ■ 보통 □ 적음 신생모 레벨 (3~4), 길이 (1~2 cm) 기염모 레벨 (12), 길이 (30 cm) 백모량 □ 유(%) 분포상태( ) / ■ 무 모발상태 □ 건강모 ■ 손상모 □ 극 손상모 화학적 시술 ■ 유(□펌, ■염색), (2 개월 전) / □ 무 기타 □ 임신, 탈모, 출산, 생리 등 특이 체질 패치테스트 이상 □ 유 / ■ 무
시술방법 및 약제선정	고객 희망 컬러 : 카키 시술 염모제 : 6레벨 카키 사전처리 : PPT 도포순서 : 존섹션 부분만 도포 방치시간 : 1차 탈색제 도포 후 30분/ 2차 염모제 도포 후 30분 사후처리 : LPP

4) 시술 전, 후

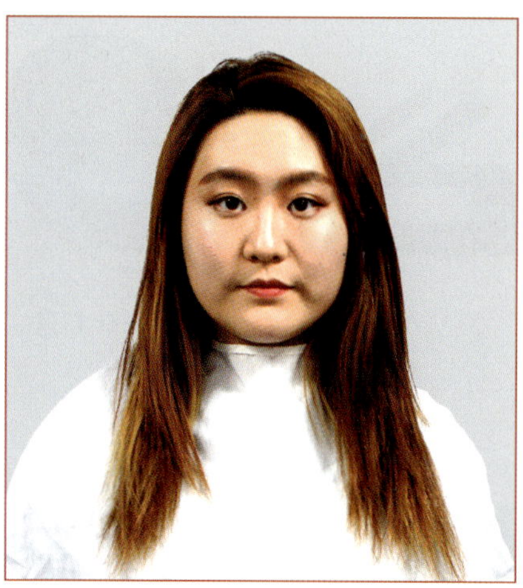

시술 전

시술 후

2. 응용 헤어컬러 시술하기

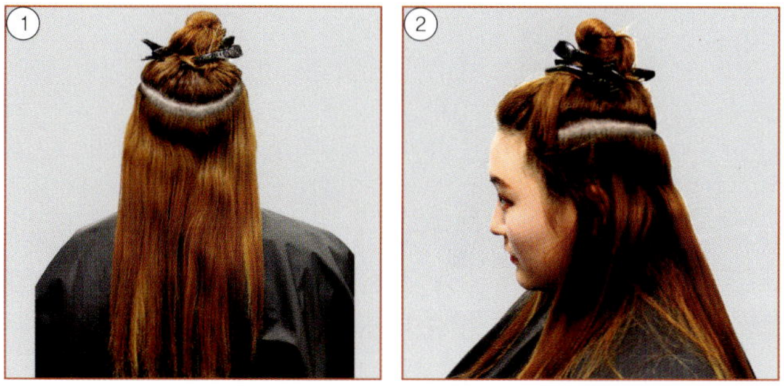

①~② 존 컬러를 진행하기 위해 U라인 존으로 섹션을 나눔

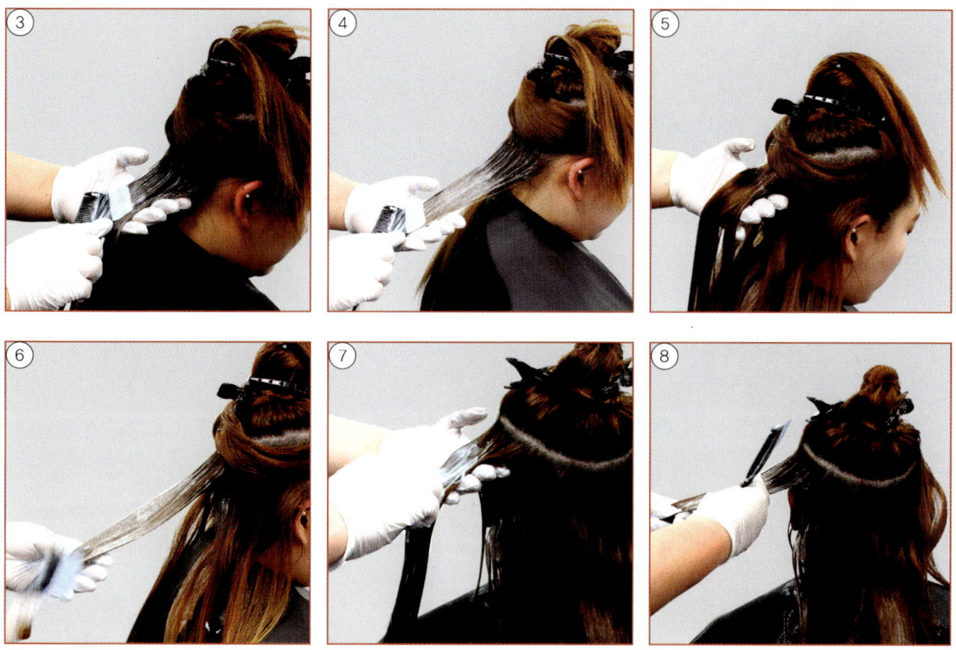

③~⑧ U라인 언더존 영역을 탈색제를 도포하여 레벨을 밝게 진행함
두피에서 0.5mm 띄고 원터치 도포

⑨~⑩ 언더존 영역 도포가 끝난 상태 (자연방치 35분)

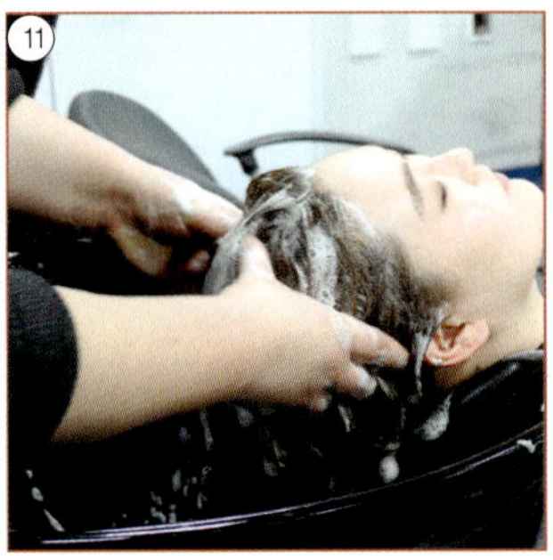

⑪ 컬러테스트 후 샴푸를 진행함

⑫ 1차 탈색제 도포 후 컬러가 레벨업이 된 상태

⑬ ~ ⑱ U라인 언더존을 6레벨의 카키색으로 도포함(원터치)

⑲ 도포가 끝난 상태(자연방치35분)

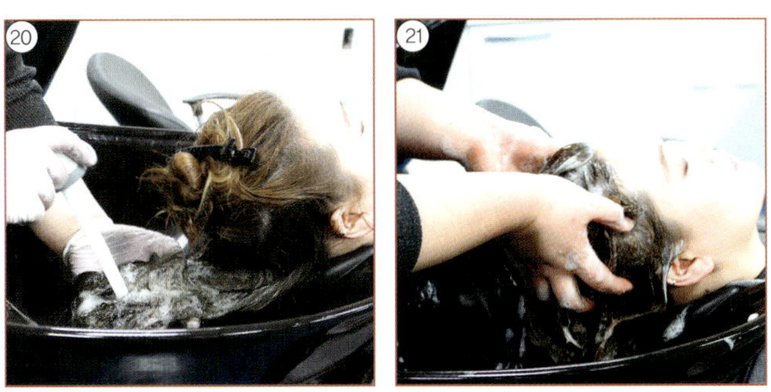

⑳~㉑ 샴푸진행

㉒ 샴푸 직후

㉓ 건조

㉔ 건조 후 컬러 결과

3. 응용 헤어컬러 마무리하기

앞(front)

뒤(back)

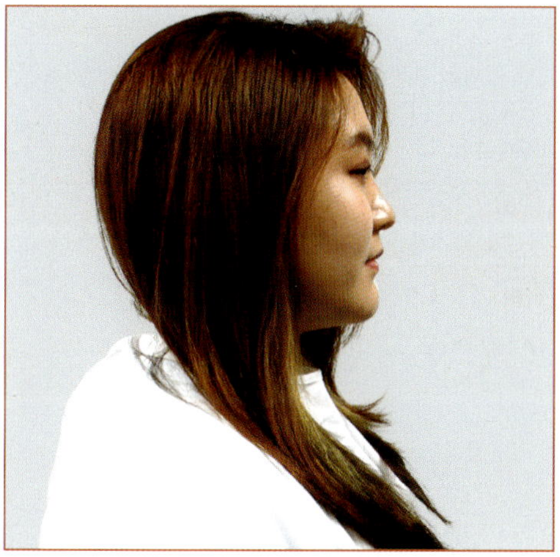

우측(right side)

좌측(left side)

〈서식 1〉

개인정보 수집 및 사진 이용 동의서

본인은 ○○ 대학교 헤어 미용과 교재로 사용될 『**NCS 응용 헤어컬러링 교재**』에 사용되는 헤어시술모델과 관련하여 개인정보의 제공 및 시술사진 활용에 동의합니다.

1. 목 적 : 작품별 관련 모델 시술자료
2. 수집항목 : 본인 얼굴이미지와 시술과정 사진

20　　년　　월　　일

■ 본인

성 명 : ______________________ (서명)

생년월일 : ______________________

주 소 : ______________________________________

확인(시술자) ______________________ (서명)

개인정보보호법 제15조

개인정보 수집 · 이용에 동의　　□동의　　□미동의

사진활용에 동의　　□동의　　□미동의

■ 본인은 헤어 모델과 시술에 관련하여 어떠한 이의도 제기하지 않겠다는 내용에 동의합니다.

20　　년　　월　　일

__________ (서명)

모발진단서

날짜 : 모델명 : 시술자명 :

시술 전 모발 상태

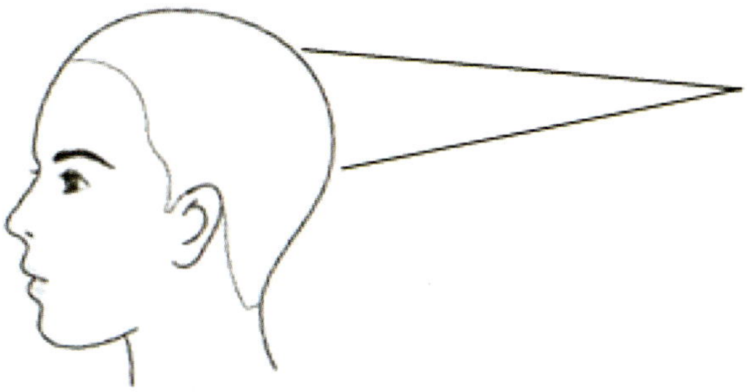

모질	☐ 발수성	☐ 보통모	☐ 흡수모
모량	☐ 많음	☐ 보통	☐ 적음
신생모	레벨 (	), 길이 (	cm)
기염모	레벨 (	), 길이 (	cm)
백모량	☐ 유(	%) 분포상태(	) / ☐ 무
모발상태	☐ 건강모	☐ 손상모	☐ 극 손상모
화학적 시술	☐ 유(☐펌, ☐염색), (		개월 전) / ☐ 무
기타	☐ 임신, 탈모, 출산, 생리 등 특이 체질		
패치테스트	☐ 유 / ☐ 무		
퍼스널 컬러 진단	☐ 웜톤 / ☐ 쿨톤		

약액 선정 및 시술 과정

고객 희망 컬러 :
시술 염모제 :
사전처리 :
도포순서 :
방치시간 :
사후처리 :

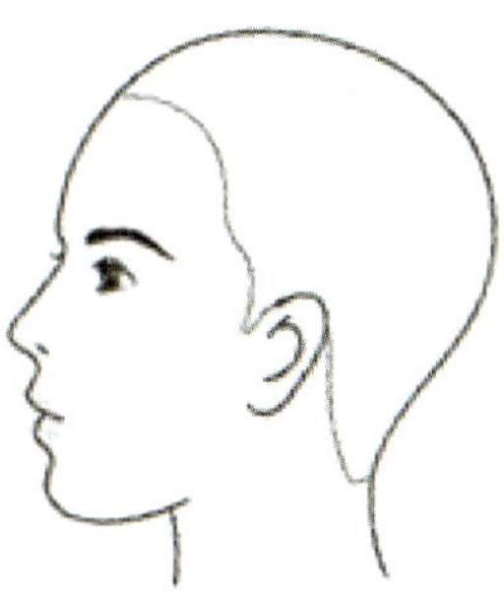

미용요금 상세 주문내역서

20 년 월 일

고객성명	□ 남 □ 여	핸드폰 (SNS)	□ 수신 □ 수신안함
담당자		생일	
방문경로	□ 블로그 □ 까페 □ 간판 □ 재방문 □ 소개 ( ) □ 기타		

시술내용	기본요금	추가요금	비고
컷트 □ 남 □ 여 □ 학생 □ 디자인컷 □ 앞머리			
펌 □ 앞머리 □ 다운펌 □ 기본펌 □ 영양펌 □ 열펌 □ 뿌리펌			
염색 □ 뿌리염색 □ 전체염색 □ 탈 색 □ 헤나/왁싱 □ 와칸			
크리닉 □ 기본 □ 특수			
두피 스켈링			
스켈링 컷			
드라이			
샴푸			
업스타일			
점판			

할인/서비스	(%) /
총 합계	
결제방법	□ 현금 □ 카드 □ 회원권

고객 확인	(서명)	담당자 (원장, 부원장, 점장, 실장, 디자이너, 매니저)	(서명)

※ 공중위생관리법에 의거하여 시술하는 자는 미용사 자격증(면허증)이 반드시 있어야 함.

실습과정 사진		
사진		설명
		• • • • •
		• • • • •
		• • • • •
		• • • • •
		• • • • •

실습완료 사진	
앞(front)	뒤(back)
우측(right side)	좌측(left side)

Review

단원평가

존 컬러에 대한 장점과 단점, 그리고 느낀 점을 쓰시오!

장점 :

단점 :

느낀 점 :

4. 학생 자가 진단 및 교수평가

능력단위명 〈코드〉	헤어서비스 준비하기 〈1201010117_16v3〉 특수목적 샴푸 〈1201010119_17v4〉 디자인 헤어컬러 〈1201010137_17v4〉

진단 영역		진 단 문 항	학생 평가					교수평가				
			매우 미흡	미흡	보통	우수	매우 우수	매우 미흡	미흡	보통	우수	매우 우수
헤어서비스 준비하기	헤어컬러 준비하기	3.1 피부보호를 위해 얼굴, 목, 귀 등에 보호제품을 도포 할 수 있다.	①	②	③	④	⑤	①	②	③	④	⑤
		3.2 고객의 옷에 염모제가 묻지 않도록 어깨보, 가운 등을 착용해 줄 수 있다.	①	②	③	④	⑤	①	②	③	④	⑤
		3.3 헤어컬러 서비스 전 알레르기 반응 확인을 위해 패치 테스트(Patch Test)를 할 수 있다.	①	②	③	④	⑤	①	②	③	④	⑤
		3.4 헤어컬러 서비스 전 희망색상을 확인하기 위해 스트랜드 테스트(Strand Test)를 할 수 있다.	①	②	③	④	⑤	①	②	③	④	⑤
		3.5 모발 상태에 따른 전처리제를 처리할 수 있다	①	②	③	④	⑤	①	②	③	④	⑤

[진단결과]

진단영역		문항 수	점수	점수 ÷ 문항 수	문항 수	점수	점수 ÷ 문항 수
헤어서비스 준비하기	헤어컬러 준비하기	5			5		
합계		5			5		

<table>
<tr><th colspan="3"></th><th colspan="5">학생 평가</th><th colspan="5">교수평가</th></tr>
<tr><th colspan="2">진단
영역</th><th>진 단 문 항</th><th>매우
미흡</th><th>미흡</th><th>보통</th><th>우수</th><th>매우
우수</th><th>매우
미흡</th><th>미흡</th><th>보통</th><th>우수</th><th>매우
우수</th></tr>
<tr><td rowspan="7">특수목적 샴푸</td><td rowspan="3">특수목적 샴푸하기</td><td>1.1 헤어컬러, 헤어펌 등 미용서비스에 사용한 화학제품의 종류를 정확하게 파악하고 샴푸제를 선택할 수 있다.</td><td>①</td><td>②</td><td>③</td><td>④</td><td>⑤</td><td>①</td><td>②</td><td>③</td><td>④</td><td>⑤</td></tr>
<tr><td>1.2 염모제를 제거할 경우 사용한 약제와 테크닉의 특성을 고려하여 샴푸 순서와 방법을 결정할 수 있다.</td><td>①</td><td>②</td><td>③</td><td>④</td><td>⑤</td><td>①</td><td>②</td><td>③</td><td>④</td><td>⑤</td></tr>
<tr><td>1.3 모발과 두피로부터 화학제품이 충분하게 제거될 수 있도록 샴푸할 수 있다.</td><td>①</td><td>②</td><td>③</td><td>④</td><td>⑤</td><td>①</td><td>②</td><td>③</td><td>④</td><td>⑤</td></tr>
<tr><td rowspan="4">특수목적 트리트먼트하기</td><td>2.1 헤어트리트먼트제를 모발에 도포한 후 두피지압과 매니플레이션을 할 수 있다.</td><td>①</td><td>②</td><td>③</td><td>④</td><td>⑤</td><td>①</td><td>②</td><td>③</td><td>④</td><td>⑤</td></tr>
<tr><td>2.2 헤어트리트먼트제가 페이스라인, 귀, 두피 등에 남지 않도록 충분하게 헹굴 수 있다.</td><td>①</td><td>②</td><td>③</td><td>④</td><td>⑤</td><td>①</td><td>②</td><td>③</td><td>④</td><td>⑤</td></tr>
<tr><td>2.3 타월로 모발의 물기를 제거한 후 두상을 타월로 감쌀 수 있다.</td><td>①</td><td>②</td><td>③</td><td>④</td><td>⑤</td><td>①</td><td>②</td><td>③</td><td>④</td><td>⑤</td></tr>
<tr><td>2.4 샴푸대 및 주변을 깨끗하게 정리한 후 고객을 서비스 공간으로 안내할 수 있다.</td><td>①</td><td>②</td><td>③</td><td>④</td><td>⑤</td><td>①</td><td>②</td><td>③</td><td>④</td><td>⑤</td></tr>
</table>

[진단결과]

<table>
<tr><th colspan="2">진단영역</th><th>문항 수</th><th>점수</th><th>점수 ÷
문항 수</th><th>문항 수</th><th>점수</th><th>점수 ÷
문항 수</th></tr>
<tr><td rowspan="2">특수목적 샴푸</td><td>특수목적 샴푸하기</td><td>3</td><td></td><td></td><td>3</td><td></td><td></td></tr>
<tr><td>특수목적 트리트먼트하기</td><td>4</td><td></td><td></td><td>4</td><td></td><td></td></tr>
<tr><td colspan="2">합계</td><td>7</td><td></td><td></td><td>7</td><td></td><td></td></tr>
</table>

진단 영역		진 단 문 항	학생 평가					교수평가				
			매우 미흡	미흡	보통	우수	매우 우수	매우 미흡	미흡	보통	우수	매우 우수
디자인 헤어컬러	디자인 헤어컬러하기	1.1 고객의 희망색상에 대한 발색가능정도를 확인하기 위해 스트렌드 테스트를 할 수 있다.	①	②	③	④	⑤	①	②	③	④	⑤
		1.2 고객의 요구와 모발 상태에 따라 염·탈색제를 선정하여 배합할 수 있다.	①	②	③	④	⑤	①	②	③	④	⑤
		1.3 디자인에 따른 도포방법 및 사용도구를 결정할 수 있다.	①	②	③	④	⑤	①	②	③	④	⑤
		1.4 호일워크, 발레아주, 존컬러 등 도포방법에 따라 모발에 염모제를 도포할 수 있다.	①	②	③	④	⑤	①	②	③	④	⑤
		1.5 원하는 컬러를 얻기 위해 가온기 사용여부를 결정할 수 있다.	①	②	③	④	⑤	①	②	③	④	⑤
	디자인 헤어컬러 마무리하기	2.1 헤어컬러 마무리 샴푸 시 에멀전 여부를 결정할 수 있다.	①	②	③	④	⑤	①	②	③	④	⑤
		2.2 사용한 염모제와 염색방법의 특성을 고려하여 샴푸순서와 방법을 결정할 수 있다.	①	②	③	④	⑤	①	②	③	④	⑤
		2.3 모발보호와 헤어컬러의 지속성을 위해 후처리를 할 수 있다.	①	②	③	④	⑤	①	②	③	④	⑤
		2.4 헤어스타일링 제품과 도구를 사용하여 마무리할 수 있다.	①	②	③	④	⑤	①	②	③	④	⑤

[진단결과]

진단영역		문항 수	점수	점수 ÷ 문항 수	문항 수	점수	점수 ÷ 문항 수
디자인 헤어컬러	디자인 헤어컬러하기	5			5		
	디자인 헤어컬러 마무리하기	4			4		
합계		9			9		

※ 자신의 점수를 문항 수로 나눈 값이 '3점' 이하에 해당하는 영역은 업무를 성공적으로 수행하는데 요구는 능력이 부족한 것으로 교육훈련이나 개인학습을 통한 개발이 필요함.

[교수자 피드백]

Chapter 3 NCS 응용 헤어컬러링 실기

10 th week

발레아주 기법

학습내용(단원명)	수업 목표
발레아주 기법	• 고객의 희망색상에 대한 발색가능정도를 확인하고 원하는 컬러를 선정하여 시술할 수 있다. • 발레아주 기법으로 헤어컬러를 수행할 수 있다.

1. 응용 헤어컬러 준비하기

1) 재료

① 핀셋

② 샴푸 · 린스

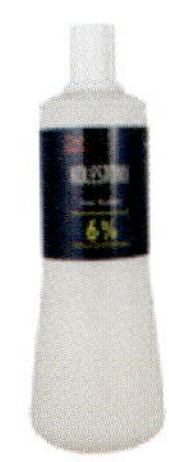

③ 산화제

④ 염모제

⑤ 염색볼

⑥ 염색솔

⑦ 염색짜개

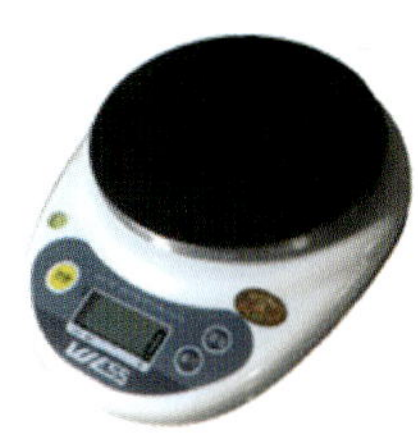

⑧ 염색저울

⑨ 염색보

⑩ 장갑

⑪ 이어 캡

2) 블로킹 및 도해도

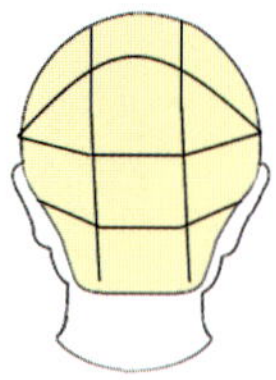	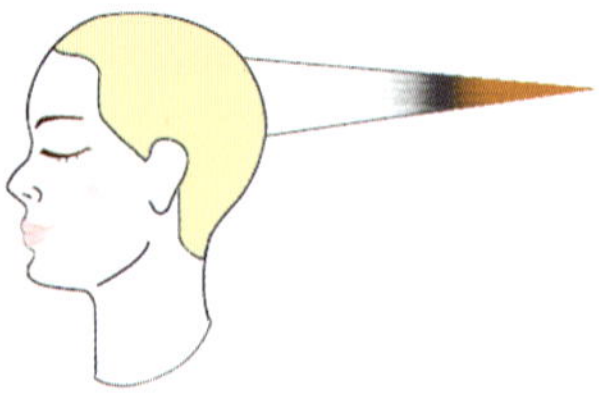
블로킹	도해도

3) 모델분석 및 시술방법

모델 분석	모질 □ 발수성 □ 보통모 ■ 흡수모 모량 ■ 많음 □ 보통 □ 적음 신생모 레벨 (없음), 길이 (x) 기염모 레벨 (10), 길이 (40~45 cm) 백모량 □ 유(%) 분포상태( ) / ■ 무 모발상태 □ 건강모 ■ 손상모 □ 극 손상모 화학적 시술 ■ 유(□펌, ■염색), (2 개월 전) / □ 무 기타 □ 임신, 탈모, 출산, 생리 등 특이 체질 패치테스트 이상 □ 유 / ■ 무
시술방법 및 약제선정	고객 희망 컬러 : 모발 끝부분만 밝은 갈색 시술 염모제 : 13레벨 사전처리 : PPT 도포순서 : 네이프(nape) → 백(back) → 골덴(golden) → 탑(top) → 사이드(side) 방치시간 : 35분 사후처리 : LPP

4) 시술 전, 후

시술 전

시술 후

2. 응용 헤어컬러 시술하기

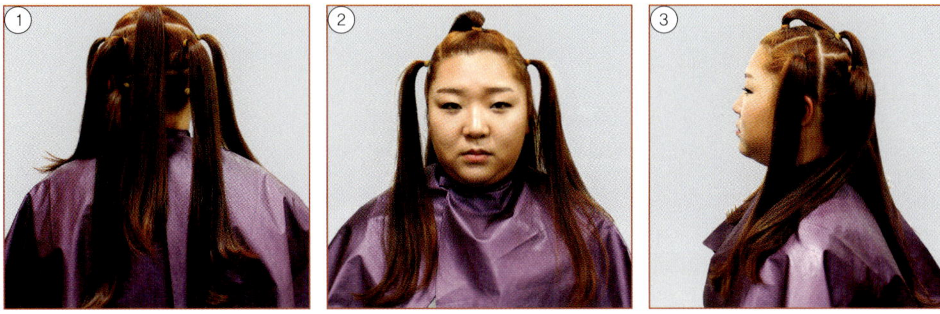

①~③ 시술 전 모발을 블록을 나누어 고무줄로 묶음

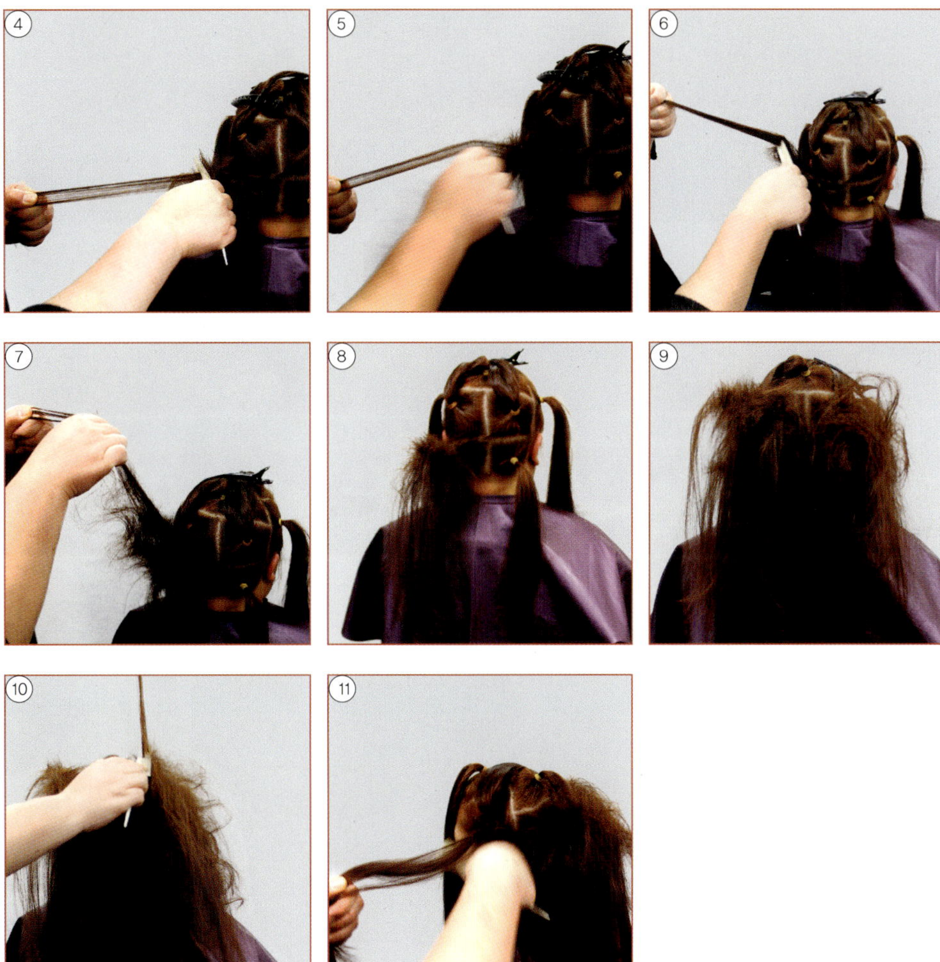

④~⑪ 묶은 다발의 모발을 잡고 백콤을 넣음

⑫~⑭ 백콤이 완성된 상태

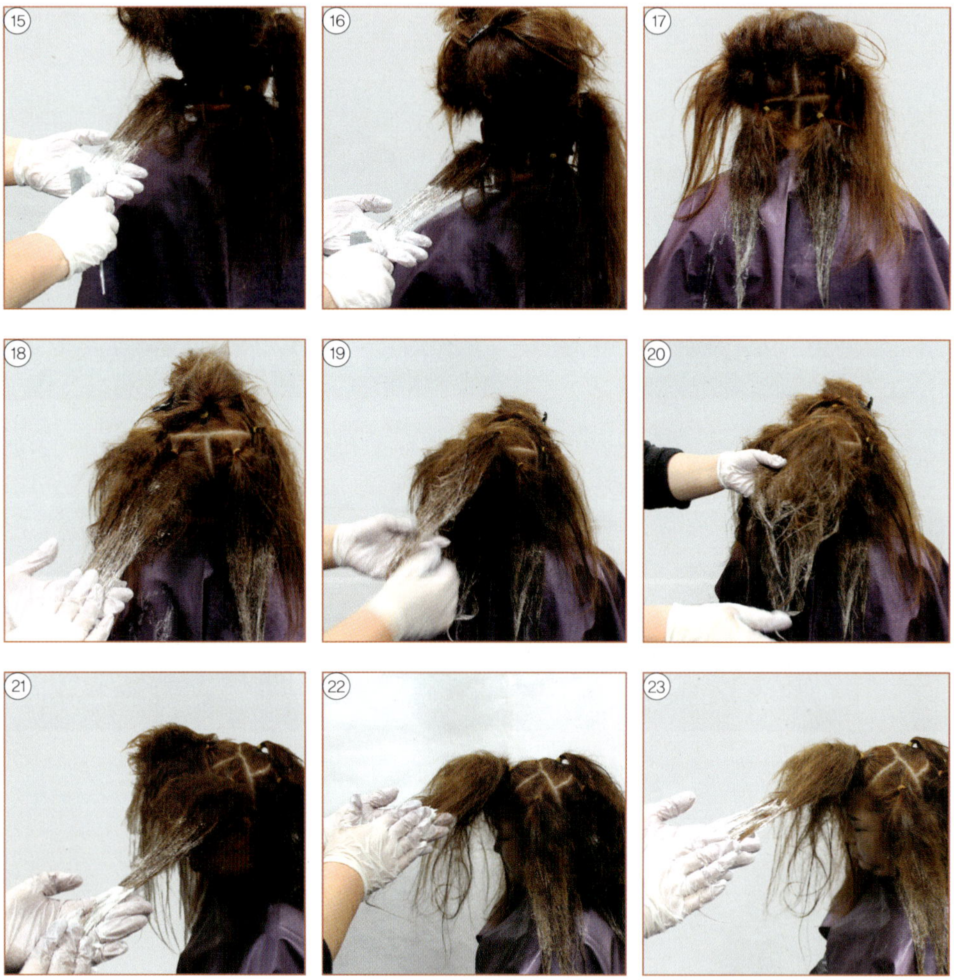

⑮~㉓ 백콤을 넣은 모 다발 끝부분에 염색약을 도포함

㉔~㉕ 도포가 끝난 상태(자연방치 35분)

㉖ 컬러테스트 후 샴푸진행

3. 응용 헤어컬러 마무리하기

앞(front)

뒤(back)

우측(right side)

좌측(left side)

〈서식 1〉

개인정보 수집 및 사진 이용 동의서

본인은 ○○ 대학교 헤어 미용과 교재로 사용될『NCS **응용 헤어컬러링 교재**』에 사용되는 헤어시술모델과 관련하여 개인정보의 제공 및 시술사진 활용에 동의합니다.

1. 목 적 : 작품별 관련 모델 시술자료
2. 수집항목 : 본인 얼굴이미지와 시술과정 사진

20　　년　　월　　일

■ 본인

성 명 : ______________________ (서명)

생년월일 : ______________________

주 소 : ______________________________________

확인(시술자) ______________________ (서명)

개인정보보호법 제15조

개인정보 수집 · 이용에 동의	□동의	□미동의
사진활용에 동의	□동의	□미동의

■ 본인은 헤어 모델과 시술에 관련하여 어떠한 이의도 제기하지 않겠다는 내용에 동의합니다.

20　　년　　월　　일

____________ (서명)

모발진단서

날짜 :	모델명 :	시술자명 :

시술 전 모발 상태

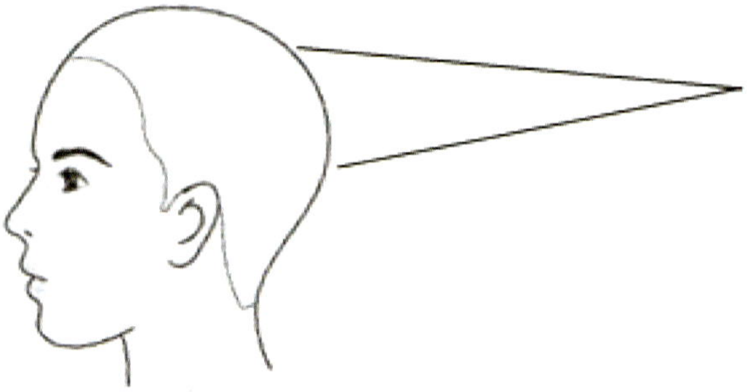

모질	☐ 발수성	☐ 보통모	☐ 흡수모
모량	☐ 많음	☐ 보통	☐ 적음
신생모	레벨 ( ), 길이 (cm)		
기염모	레벨 ( ), 길이 (cm)		
백모량	☐ 유(%) 분포상태( ) / ☐ 무		
모발상태	☐ 건강모	☐ 손상모	☐ 극 손상모
화학적 시술	☐ 유(☐펌, ☐염색), (개월 전) / ☐ 무		
기타	☐ 임신, 탈모, 출산, 생리 등 특이 체질		
패치테스트	☐ 유 / ☐ 무		
퍼스널 컬러 진단	☐ 웜톤 / ☐ 쿨톤		

약액 선정 및 시술 과정

고객 희망 컬러 :

시술 염모제 :

사전처리 :

도포순서 :

방치시간 :

사후처리 :

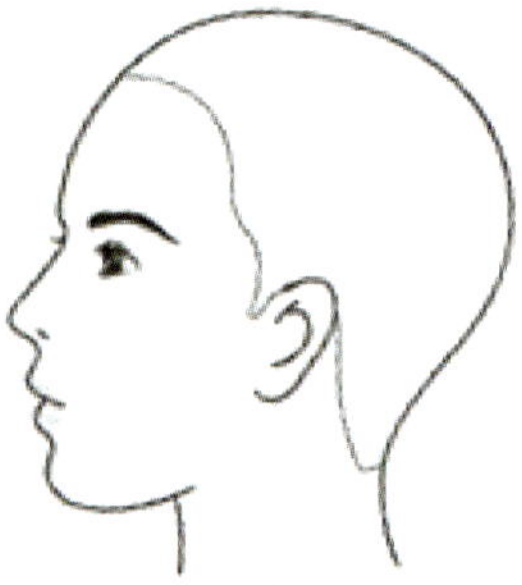

미용요금 상세 주문내역서

20　　년　　월　　일

고객성명	□ 남 □ 여	핸드폰 (SNS)	□ 수신 □ 수신안함
담당자		생일	
방문경로	□ 블로그　□ 까페　□ 간판　□ 재방문　□ 소개 (　　　　)　□ 기타		

시술내용	기본요금	추가요금	비고
컷트　□ 남 □ 여 □ 학생 □ 디자인컷 □ 앞머리			
펌　□ 앞머리 □ 다운펌 □ 기본펌 □ 영양펌 □ 열펌 □ 뿌리펌			
염색　□ 뿌리염색 □ 전체염색 □ 탈 색 □ 헤나/왁싱 □ 와칸			
크리닉 □ 기본 □ 특수			
두피 스켈링			
스켈링 컷			
드라이			
샴푸			
업스타일			
점판			

할인/서비스	(%) /
총 합계	
결제방법	□ 현금　□ 카드　□ 회원권

고객 확인	(서명)	담당자 (원장, 부원장, 점장, 실장, 디자이너, 매니저)	(서명)

※ 공중위생관리법에 의거하여 시술하는 자는 미용사 자격증(면허증)이 반드시 있어야 함.

실습과정 사진		
사진		설명
		• • • • •
		• • • • •
		• • • • •
		• • • • •
		• • • • •

실습완료 사진	
앞(front)	뒤(back)
우측(right side)	좌측(left side)

Review

단원평가

발레아주 기법에 대한 장점과 단점, 그리고 느낀 점을 쓰시오!

장점 :

단점 :

느낀 점 :

4. 학생 자가 진단 및 교수평가

능력단위명 〈코드〉	헤어서비스 준비하기 〈1201010117_16v3〉 특수목적 샴푸 〈1201010119_17v4〉 디자인 헤어컬러 〈1201010137_17v4〉

<table>
<tr><th colspan="2" rowspan="2">진단 영역</th><th rowspan="2">진 단 문 항</th><th colspan="5">학생 평가</th><th colspan="5">교수평가</th></tr>
<tr><th>매우 미흡</th><th>미흡</th><th>보통</th><th>우수</th><th>매우 우수</th><th>매우 미흡</th><th>미흡</th><th>보통</th><th>우수</th><th>매우 우수</th></tr>
<tr><td rowspan="5">헤어서비스 준비하기</td><td rowspan="5">헤어컬러 준비하기</td><td>3.1 피부보호를 위해 얼굴, 목, 귀 등에 보호제품을 도포 할 수 있다.</td><td>①</td><td>②</td><td>③</td><td>④</td><td>⑤</td><td>①</td><td>②</td><td>③</td><td>④</td><td>⑤</td></tr>
<tr><td>3.2 고객의 옷에 염모제가 묻지 않도록 어깨보, 가운 등을 착용해 줄 수 있다.</td><td>①</td><td>②</td><td>③</td><td>④</td><td>⑤</td><td>①</td><td>②</td><td>③</td><td>④</td><td>⑤</td></tr>
<tr><td>3.3 헤어컬러 서비스 전 알레르기 반응 확인을 위해 패치 테스트(Patch Test)를 할 수 있다.</td><td>①</td><td>②</td><td>③</td><td>④</td><td>⑤</td><td>①</td><td>②</td><td>③</td><td>④</td><td>⑤</td></tr>
<tr><td>3.4 헤어컬러 서비스 전 희망색상을 확인하기 위해 스트랜드 테스트(Strand Test)를 할 수 있다.</td><td>①</td><td>②</td><td>③</td><td>④</td><td>⑤</td><td>①</td><td>②</td><td>③</td><td>④</td><td>⑤</td></tr>
<tr><td>3.5 모발 상태에 따른 전처리제를 처리할 수 있다</td><td>①</td><td>②</td><td>③</td><td>④</td><td>⑤</td><td>①</td><td>②</td><td>③</td><td>④</td><td>⑤</td></tr>
</table>

[진단결과]

<table>
<tr><th colspan="2">진단영역</th><th>문항 수</th><th>점수</th><th>점수 ÷ 문항 수</th><th>문항 수</th><th>점수</th><th>점수 ÷ 문항 수</th></tr>
<tr><td>헤어서비스 준비하기</td><td>헤어컬러 준비하기</td><td>5</td><td></td><td></td><td>5</td><td></td><td></td></tr>
<tr><td colspan="2">합계</td><td>5</td><td></td><td></td><td>5</td><td></td><td></td></tr>
</table>

진단영역		진단 문항	학생 평가					교수평가				
			매우 미흡	미흡	보통	우수	매우 우수	매우 미흡	미흡	보통	우수	매우 우수
특수목적 샴푸	특수목적 샴푸하기	1.1 헤어컬러, 헤어펌 등 미용서비스에 사용한 화학제품의 종류를 정확하게 파악하고 샴푸제를 선택할 수 있다.	①	②	③	④	⑤	①	②	③	④	⑤
		1.2 염모제를 제거할 경우 사용한 약제와 테크닉의 특성을 고려하여 샴푸 순서와 방법을 결정할 수 있다.	①	②	③	④	⑤	①	②	③	④	⑤
		1.3 모발과 두피로부터 화학제품이 충분하게 제거될 수 있도록 샴푸할 수 있다.	①	②	③	④	⑤	①	②	③	④	⑤
	특수목적 트리트먼트하기	2.1 헤어트리트먼트제를 모발에 도포한 후 두피지압과 매니플레이션을 할 수 있다.	①	②	③	④	⑤	①	②	③	④	⑤
		2.2 헤어트리트먼트제가 페이스라인, 귀, 두피 등에 남지 않도록 충분하게 헹굴 수 있다.	①	②	③	④	⑤	①	②	③	④	⑤
		2.3 타월로 모발의 물기를 제거한 후 두상을 타월로 감쌀 수 있다.	①	②	③	④	⑤	①	②	③	④	⑤
		2.4 샴푸대 및 주변을 깨끗하게 정리한 후 고객을 서비스 공간으로 안내할 수 있다.	①	②	③	④	⑤	①	②	③	④	⑤

[진단결과]

진단영역		문항 수	점수	점수 ÷ 문항 수	문항 수	점수	점수 ÷ 문항 수
특수목적 샴푸	특수목적 샴푸하기	3			3		
	특수목적 트리트먼트하기	4			4		
합계		7			7		

<table>
<tr><th rowspan="2" colspan="2">진단 영역</th><th rowspan="2">진 단 문 항</th><th colspan="5">학생 평가</th><th colspan="5">교수평가</th></tr>
<tr><th>매우 미흡</th><th>미흡</th><th>보통</th><th>우수</th><th>매우 우수</th><th>매우 미흡</th><th>미흡</th><th>보통</th><th>우수</th><th>매우 우수</th></tr>
<tr><td rowspan="9">디자인 헤어컬러</td><td rowspan="5">디자인 헤어컬러하기</td><td>1.1 고객의 희망색상에 대한 발색가능정도를 확인하기 위해 스트렌드 테스트를 할 수 있다.</td><td>①</td><td>②</td><td>③</td><td>④</td><td>⑤</td><td>①</td><td>②</td><td>③</td><td>④</td><td>⑤</td></tr>
<tr><td>1.2 고객의 요구와 모발 상태에 따라 염·탈색제를 선정하여 배합할 수 있다.</td><td>①</td><td>②</td><td>③</td><td>④</td><td>⑤</td><td>①</td><td>②</td><td>③</td><td>④</td><td>⑤</td></tr>
<tr><td>1.3 디자인에 따른 도포방법 및 사용도구를 결정할 수 있다.</td><td>①</td><td>②</td><td>③</td><td>④</td><td>⑤</td><td>①</td><td>②</td><td>③</td><td>④</td><td>⑤</td></tr>
<tr><td>1.4 호일워크, 발레아주, 존컬러 등 도포방법에 따라 모발에 염모제를 도포할 수 있다.</td><td>①</td><td>②</td><td>③</td><td>④</td><td>⑤</td><td>①</td><td>②</td><td>③</td><td>④</td><td>⑤</td></tr>
<tr><td>1.5 원하는 컬러를 얻기 위해 가온기 사용여부를 결정할 수 있다.</td><td>①</td><td>②</td><td>③</td><td>④</td><td>⑤</td><td>①</td><td>②</td><td>③</td><td>④</td><td>⑤</td></tr>
<tr><td rowspan="4">디자인 헤어컬러 마무리하기</td><td>2.1 헤어컬러 마무리 샴푸 시 에멀전 여부를 결정할 수 있다.</td><td>①</td><td>②</td><td>③</td><td>④</td><td>⑤</td><td>①</td><td>②</td><td>③</td><td>④</td><td>⑤</td></tr>
<tr><td>2.2 사용한 염모제와 염색방법의 특성을 고려하여 샴푸순서와 방법을 결정할 수 있다.</td><td>①</td><td>②</td><td>③</td><td>④</td><td>⑤</td><td>①</td><td>②</td><td>③</td><td>④</td><td>⑤</td></tr>
<tr><td>2.3 모발보호와 헤어컬러의 지속성을 위해 후처리를 할 수 있다.</td><td>①</td><td>②</td><td>③</td><td>④</td><td>⑤</td><td>①</td><td>②</td><td>③</td><td>④</td><td>⑤</td></tr>
<tr><td>2.4 헤어스타일링 제품과 도구를 사용하여 마무리할 수 있다.</td><td>①</td><td>②</td><td>③</td><td>④</td><td>⑤</td><td>①</td><td>②</td><td>③</td><td>④</td><td>⑤</td></tr>
</table>

[진단결과]

<table>
<tr><th colspan="2">진단영역</th><th>문항 수</th><th>점수</th><th>점수 ÷ 문항 수</th><th>문항 수</th><th>점수</th><th>점수 ÷ 문항 수</th></tr>
<tr><td rowspan="2">디자인 헤어컬러</td><td>디자인 헤어컬러하기</td><td>5</td><td></td><td></td><td>5</td><td></td><td></td></tr>
<tr><td>디자인 헤어컬러 마무리하기</td><td>4</td><td></td><td></td><td>4</td><td></td><td></td></tr>
<tr><td colspan="2">합계</td><td>9</td><td></td><td></td><td>9</td><td></td><td></td></tr>
</table>

※ 자신의 점수를 문항 수로 나눈 값이 '3점' 이하에 해당하는 영역은 업무를 성공적으로 수행하는데 요구는 능력이 부족한 것으로 교육훈련이나 개인학습을 통한 개발이 필요함.

[교수자 피드백]

Chapter 3 NCS 응용 헤어컬러링 실기

11 th week

그라데이션 기법

학습내용(단원명)	수업 목표
그라데이션 컬러	• 퍼스널 컬러를 진단하고 고객에게 어울리는 컬러를 수행할 수 있다. • 그라데이션 컬러 기법으로 트랜디한 컬러를 수행할 수 있다.

1. 응용 헤어컬러 준비하기

1) 재료

① 핀셋

② 샴푸 · 린스

③ 산화제

④ 염모제

⑤ 염색볼

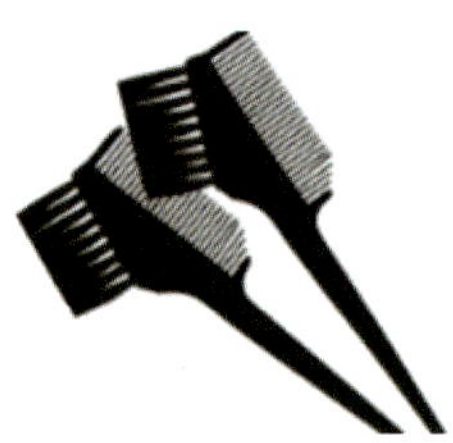

⑥ 염색솔

⑦ 염색짜개

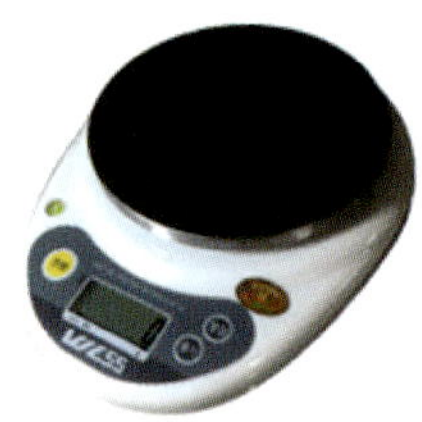

⑧ 염색저울

⑨ 염색보

⑩ 장갑

⑪ 이어 캡

2) 블로킹 및 도해도

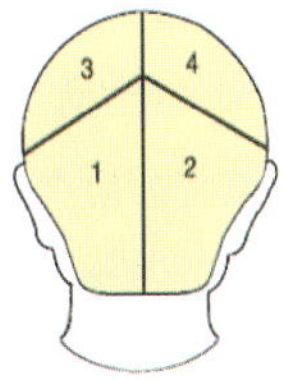	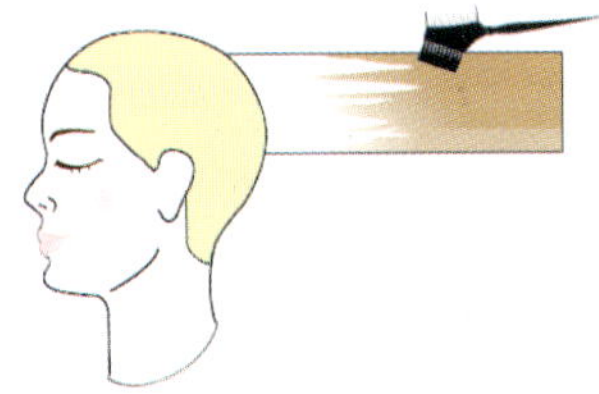
블로킹	도해도

3) 모델분석 및 시술방법

모델 분석	모질 □ 발수성 ■ 보통모 □ 흡수모 모량 □ 많음 ■ 보통 □ 적음 신생모 레벨 (2~3), 길이 (10~12 cm) 기염모 레벨 (8), 길이 (30~35 cm) 백모량 □ 유(%) 분포상태( ) / ■ 무 모발상태 □ 건강모 ■ 손상모 □ 극 손상모 화학적 시술 ■ 유(□펌, ■염색), (2 개월 전) / □ 무 기타 □ 임신, 탈모, 출산, 생리 등 특이 체질 패치테스트 이상 □ 유 / ■ 무
시술방법 및 약제선정	고객 희망 컬러 : 밝은 갈색 시술 염모제 : 13레벨 사전처리 : PPT 도포순서 : 네이프(nape) → 백(back) → 골덴(golden) → 탑(top) → 사이드(side) 방치시간 : 35~40분 사후처리 : LPP

4) 시술 전, 후

시술 전

시술 후

2. 응용 헤어컬러 시술하기

①~③ 시술 전 4등분 블로킹으로 나눔

④~⑥ 모발 끝부분부터 모근 쪽으로 자연스럽게 염모제를 도포함
브러시를 세워서 도포

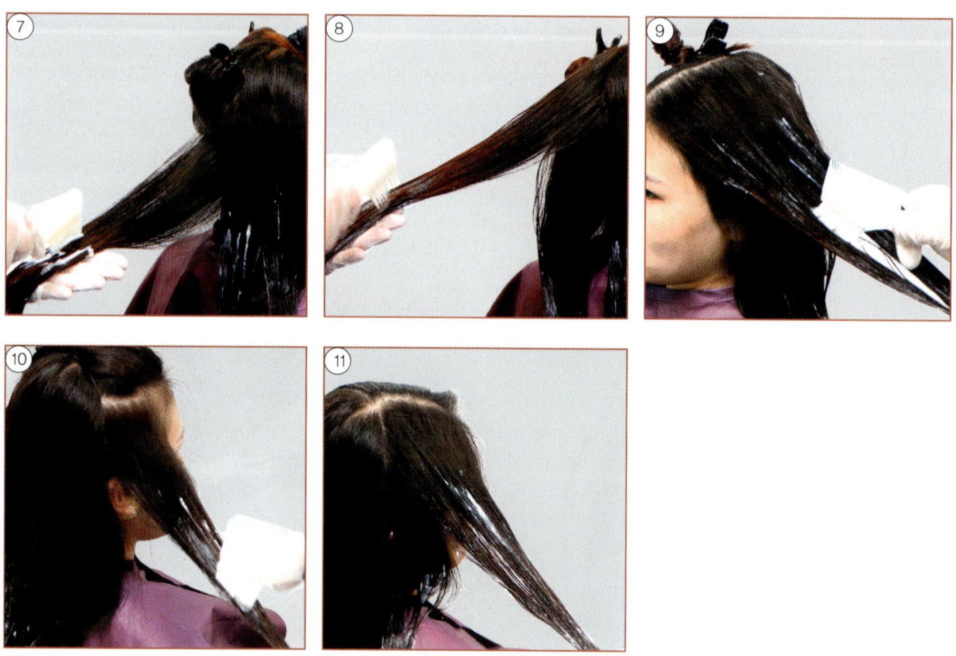

⑦ ~ ⑪ 네이프(nape) → 백(back) → 골덴(golden) → 탑(top)의 순서로 도포를 진행함

⑫ ~ ⑭ 1차 도포가 진행된 상태(15분 자연방치)

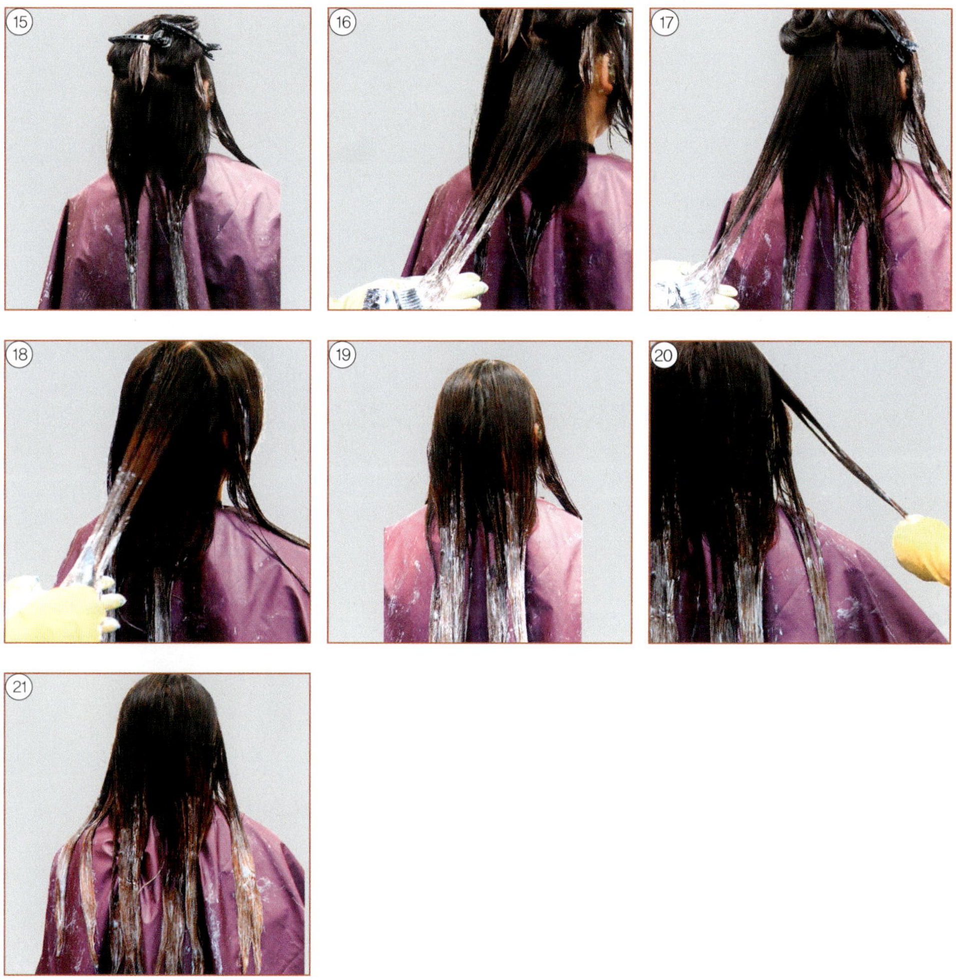

⑮ ~ ㉑ 2차 도포 진행

모발 끝부분을 다시 도포하여 좀 더 밝게 진행함(자연방치 25분)

3. 응용 헤어컬러 마무리하기

앞(front)

뒤(back)

우측(right side)

좌측(left side)

〈서식 1〉

개인정보 수집 및 사진 이용 동의서

본인은 ○○ 대학교 헤어 미용과 교재로 사용될 『NCS **응용 헤어컬러링 교재**』에 사용되는 헤어시술모델과 관련하여 개인정보의 제공 및 시술사진 활용에 동의합니다.

1. 목 적 : 작품별 관련 모델 시술자료
2. 수집항목 : 본인 얼굴이미지와 시술과정 사진

20　　년　　월　　일

■ 본인

성 명 : ____________________ (서명)

생년월일 : ____________________

주 소 : ____

확인(시술자) ____________________ (서명)

개인정보보호법 제15조

개인정보 수집 · 이용에 동의　　☐동의　　☐미동의

사진활용에 동의　　☐동의　　☐미동의

■ 본인은 헤어 모델과 시술에 관련하여 어떠한 이의도 제기하지 않겠다는 내용에 동의합니다.

20　　년　　월　　일

__________ (서명)

모발진단서

날짜 :　　　　　　　　모델명 :　　　　　　　　시술자명 :

시술 전 모발 상태

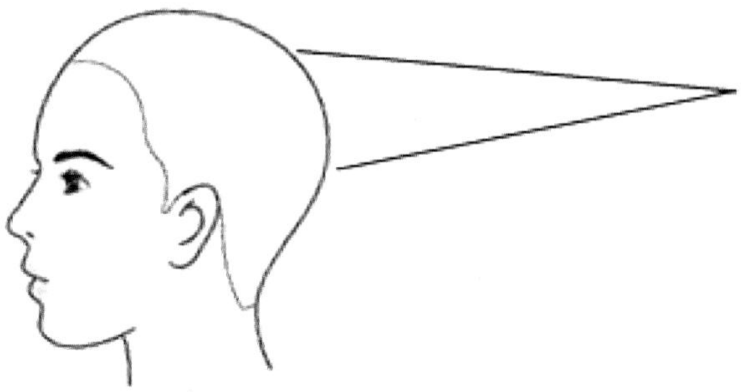

모질	☐ 발수성	☐ 보통모	☐ 흡수모
모량	☐ 많음	☐ 보통	☐ 적음
신생모	레벨 (	), 길이 (	cm)
기염모	레벨 (	), 길이 (	cm)
백모량	☐ 유(	%) 분포상태(	) / ☐ 무
모발상태	☐ 건강모	☐ 손상모	☐ 극 손상모
화학적 시술	☐ 유(☐펌, ☐염색), (		개월 전) / ☐ 무
기타	☐ 임신, 탈모, 출산, 생리 등 특이 체질		
패치테스트	☐ 유 / ☐ 무		
퍼스널 컬러 진단	☐ 웜톤 / ☐ 쿨톤		

약액 선정 및 시술 과정

고객 희망 컬러 :
시술 염모제 :
사전처리 :
도포순서 :
방치시간 :
사후처리 :

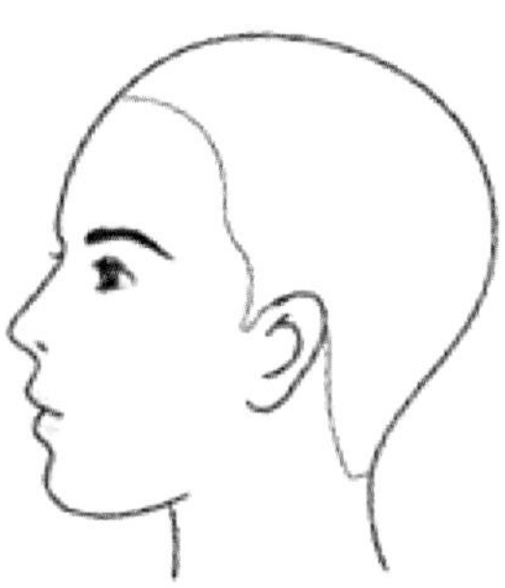

미용요금 상세 주문내역서

20 년 월 일

고객성명	□ 남 □ 여	핸드폰 (SNS)	□ 수신 □ 수신안함
담당자		생일	
방문경로	□ 블로그 □ 까페 □ 간판 □ 재방문 □ 소개 ( ) □ 기타		

시술내용	기본요금	추가요금	비고
컷트 □ 남 □ 여 □ 학생 □ 디자인컷 □ 앞머리			
펌 □ 앞머리 □ 다운펌 □ 기본펌 □ 영양펌 □ 열펌 □ 뿌리펌			
염색 □ 뿌리염색 □ 전체염색 □ 탈 색 □ 헤나/왁싱 □ 와칸			
크리닉 □ 기본 □ 특수			
두피 스켈링			
스켈링 컷			
드라이			
샴푸			
업스타일			
점판			

할인/서비스	(%) /
총 합계	
결제방법	□ 현금 □ 카드 □ 회원권

고객 확인	(서명)	담당자 (원장, 부원장, 점장, 실장, 디자이너, 매니저)	(서명)

※ 공중위생관리법에 의거하여 시술하는 자는 미용사 자격증(면허증)이 반드시 있어야 함.

<table>
<tr><th colspan="3">실습과정 사진</th></tr>
<tr><th colspan="2">사진</th><th>설명</th></tr>
<tr><td></td><td></td><td>•
•
•
•
•</td></tr>
<tr><td></td><td></td><td>•
•
•
•
•</td></tr>
<tr><td></td><td></td><td>•
•
•
•
•</td></tr>
<tr><td></td><td></td><td>•
•
•
•
•</td></tr>
<tr><td></td><td></td><td>•
•
•
•
•</td></tr>
</table>

<table>
<tr><th colspan="2">실습완료 사진</th></tr>
<tr><td></td><td></td></tr>
<tr><td>앞(front)</td><td>뒤(back)</td></tr>
<tr><td></td><td></td></tr>
<tr><td>우측(right side)</td><td>좌측(left side)</td></tr>
</table>

Review

단원평가

그라데이션 컬러에 대한 장점과 단점, 그리고 느낀 점을 쓰시오!

장점 :

단점 :

느낀 점 :

4. 학생 자가 진단 및 교수평가

능력단위명 〈코드〉	헤어서비스 준비하기 〈1201010117_16v3〉 특수목적 샴푸 〈1201010119_17v4〉 크리에이티브 헤어컬러〈1201010146_17v4〉

진단 영역		진 단 문 항	학생 평가					교수평가				
			매우 미흡	미흡	보통	우수	매우 우수	매우 미흡	미흡	보통	우수	매우 우수
헤어서비스 준비하기	헤어컬러 준비하기	3.1 피부보호를 위해 얼굴, 목, 귀 등에 보호제품을 도포 할 수 있다.	①	②	③	④	⑤	①	②	③	④	⑤
		3.2 고객의 옷에 염모제가 묻지 않도록 어깨보, 가운 등을 착용해 줄 수 있다.	①	②	③	④	⑤	①	②	③	④	⑤
		3.3 헤어컬러 서비스 전 알레르기 반응 확인을 위해 패치 테스트(Patch Test)를 할 수 있다.	①	②	③	④	⑤	①	②	③	④	⑤
		3.4 헤어컬러 서비스 전 희망색상을 확인하기 위해 스트랜드 테스트(Strand Test)를 할 수 있다.	①	②	③	④	⑤	①	②	③	④	⑤
		3.5 모발 상태에 따른 전처리제를 처리할 수 있다	①	②	③	④	⑤	①	②	③	④	⑤

[진단결과]

진단영역		문항 수	점수	점수 ÷ 문항 수	문항 수	점수	점수 ÷ 문항 수
헤어서비스 준비하기	헤어컬러 준비하기	5			5		
합계		5			5		

<table>
<tr><td rowspan="2" colspan="2">진단 영역</td><td rowspan="2">진 단 문 항</td><td colspan="5">학생 평가</td><td colspan="5">교수평가</td></tr>
<tr><td>매우 미흡</td><td>미흡</td><td>보통</td><td>우수</td><td>매우 우수</td><td>매우 미흡</td><td>미흡</td><td>보통</td><td>우수</td><td>매우 우수</td></tr>
<tr><td rowspan="7">특수목적 샴푸</td><td rowspan="3">특수목적 샴푸하기</td><td>1.1 헤어컬러, 헤어펌 등 미용서비스에 사용한 화학제품의 종류를 정확하게 파악하고 샴푸제를 선택할 수 있다.</td><td>①</td><td>②</td><td>③</td><td>④</td><td>⑤</td><td>①</td><td>②</td><td>③</td><td>④</td><td>⑤</td></tr>
<tr><td>1.2 염모제를 제거할 경우 사용한 약제와 테크닉의 특성을 고려하여 샴푸 순서와 방법을 결정할 수 있다.</td><td>①</td><td>②</td><td>③</td><td>④</td><td>⑤</td><td>①</td><td>②</td><td>③</td><td>④</td><td>⑤</td></tr>
<tr><td>1.3 모발과 두피로부터 화학제품이 충분하게 제거될 수 있도록 샴푸할 수 있다.</td><td>①</td><td>②</td><td>③</td><td>④</td><td>⑤</td><td>①</td><td>②</td><td>③</td><td>④</td><td>⑤</td></tr>
<tr><td rowspan="4">특수목적 트리트먼트하기</td><td>2.1 헤어트리트먼트제를 모발에 도포한 후 두피지압과 매니플레이션을 할 수 있다.</td><td>①</td><td>②</td><td>③</td><td>④</td><td>⑤</td><td>①</td><td>②</td><td>③</td><td>④</td><td>⑤</td></tr>
<tr><td>2.2 헤어트리트먼트제가 페이스라인, 귀, 두피 등에 남지 않도록 충분하게 헹굴 수 있다.</td><td>①</td><td>②</td><td>③</td><td>④</td><td>⑤</td><td>①</td><td>②</td><td>③</td><td>④</td><td>⑤</td></tr>
<tr><td>2.3 타월로 모발의 물기를 제거한 후 두상을 타월로 감쌀 수 있다.</td><td>①</td><td>②</td><td>③</td><td>④</td><td>⑤</td><td>①</td><td>②</td><td>③</td><td>④</td><td>⑤</td></tr>
<tr><td>2.4 샴푸대 및 주변을 깨끗하게 정리한 후 고객을 서비스 공간으로 안내할 수 있다.</td><td>①</td><td>②</td><td>③</td><td>④</td><td>⑤</td><td>①</td><td>②</td><td>③</td><td>④</td><td>⑤</td></tr>
</table>

[진단결과]

<table>
<tr><td colspan="2">진단영역</td><td>문항 수</td><td>점수</td><td>점수 ÷ 문항 수</td><td>문항 수</td><td>점수</td><td>점수 ÷ 문항 수</td></tr>
<tr><td rowspan="2">특수목적 샴푸</td><td>특수목적 샴푸하기</td><td>3</td><td></td><td></td><td>3</td><td></td><td></td></tr>
<tr><td>특수목적 트리트먼트하기</td><td>4</td><td></td><td></td><td>4</td><td></td><td></td></tr>
<tr><td colspan="2">합계</td><td>7</td><td></td><td></td><td>7</td><td></td><td></td></tr>
</table>

<table>
<tr><th colspan="3"></th><th colspan="5">학생 평가</th><th colspan="5">교수평가</th></tr>
<tr><th colspan="2">진단 영역</th><th>진 단 문 항</th><th>매우 미흡</th><th>미흡</th><th>보통</th><th>우수</th><th>매우 우수</th><th>매우 미흡</th><th>미흡</th><th>보통</th><th>우수</th><th>매우 우수</th></tr>
<tr><td rowspan="6">크리에이티브 헤어컬러</td><td rowspan="3">크리에이티브 헤어컬러하기</td><td>1.1 고객의 퍼스널컬러를 진단하고 최신 트렌드를 반영한 헤어컬러 디자인을 제안할 수 있다.</td><td>①</td><td>②</td><td>③</td><td>④</td><td>⑤</td><td>①</td><td>②</td><td>③</td><td>④</td><td>⑤</td></tr>
<tr><td>1.2 고객의 이전 미용서비스내역에 따라 언더컬러 색소를 추정하여 염모제를 선택할 수 있다.</td><td>①</td><td>②</td><td>③</td><td>④</td><td>⑤</td><td>①</td><td>②</td><td>③</td><td>④</td><td>⑤</td></tr>
<tr><td>1.3 고객에게 제안한 헤어컬러디자인을 표현할 수 있는 염색방법을 결정하여 도포할 수 있다.</td><td>①</td><td>②</td><td>③</td><td>④</td><td>⑤</td><td>①</td><td>②</td><td>③</td><td>④</td><td>⑤</td></tr>
<tr><td rowspan="3">크리에이티브 헤어컬러 마무리하기</td><td>2.1 염색이 퇴색이 되지 않도록 모발에 따라 온도를 조절한 열기구를 선택하여 헤어스타일을 연출할 수 있다.</td><td>①</td><td>②</td><td>③</td><td>④</td><td>⑤</td><td>①</td><td>②</td><td>③</td><td>④</td><td>⑤</td></tr>
<tr><td>2.2 모발보호와 컬러유지를 위한 헤어전문 제품을 선택하여 마무리할 수 있다.</td><td>①</td><td>②</td><td>③</td><td>④</td><td>⑤</td><td>①</td><td>②</td><td>③</td><td>④</td><td>⑤</td></tr>
<tr><td>2.3 염모제 유형에 따른 홈케어 손질을 위한 헤어제품을 추천할 수 있다.</td><td>①</td><td>②</td><td>③</td><td>④</td><td>⑤</td><td>①</td><td>②</td><td>③</td><td>④</td><td>⑤</td></tr>
</table>

[진단결과]

<table>
<tr><th colspan="2">진단영역</th><th>문항 수</th><th>점수</th><th>점수 ÷ 문항 수</th><th>문항 수</th><th>점수</th><th>점수 ÷ 문항 수</th></tr>
<tr><td rowspan="2">크리에이티브 헤어컬러</td><td>크리에이티브 헤어컬러하기</td><td>3</td><td></td><td></td><td>3</td><td></td><td></td></tr>
<tr><td>크리에이티브 헤어컬러 마무리하기</td><td>3</td><td></td><td></td><td>3</td><td></td><td></td></tr>
<tr><td colspan="2">합계</td><td>6</td><td></td><td></td><td>6</td><td></td><td></td></tr>
</table>

※ 자신의 점수를 문항 수로 나눈 값이 '3점' 이하에 해당하는 영역은 업무를 성공적으로 수행하는데 요구는 능력이 부족한 것으로 교육훈련이나 개인학습을 통한 개발이 필요함.

[교수자 피드백]

Chapter 3 NCS 응용 헤어컬러링 실기

12 th week

투톤컬러

학습내용(단원명)	수업 목표
투톤컬러	• 퍼스널 컬러를 진단하고 고객에게 어울리는 컬러를 수행할 수 있다. • 투톤컬러 기법으로 트랜디한 컬러를 수행할 수 있다.

1. 응용 헤어컬러 준비하기

1) 재료

① 핀셋

② 샴푸 · 린스

③ 산화제

④ 염모제

⑤ 염색볼

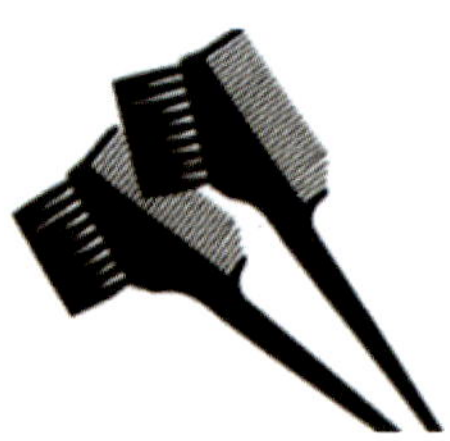
⑥ 염색솔

⑦ 염색짜개

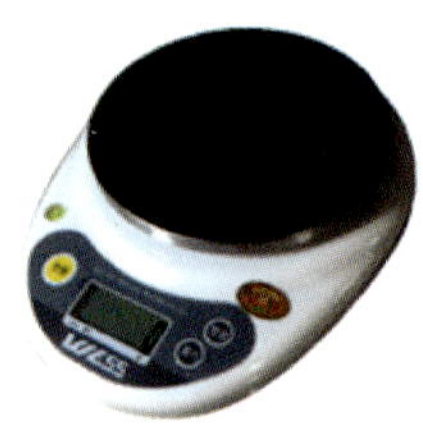
⑧ 염색저울

⑨ 염색보

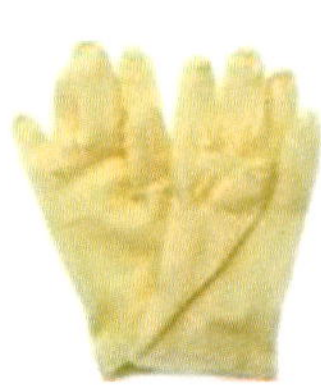
⑩ 장갑

⑪ 이어 캡

2) 블로킹 및 도해도

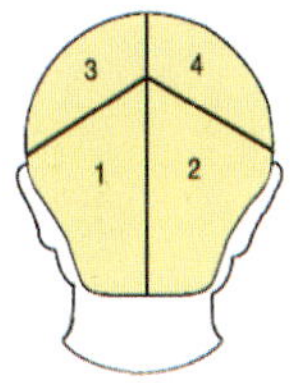	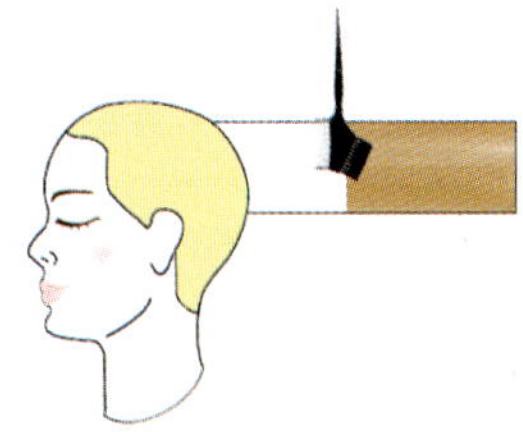
블로킹	도해도

3) 모델분석 및 시술방법

모델 분석	모질 □ 발수성 ■ 보통모 □ 흡수모 모량 □ 많음 ■ 보통 □ 적음 신생모 레벨 (2~3), 길이 (1~2 cm) 기염모 레벨 (7~8), 길이 (10~15 cm) 백모량 □ 유(%) 분포상태( ) / ■ 무 모발상태 □ 건강모 ■ 손상모 □ 극 손상모 화학적 시술 ■ 유(□펌, ■염색), (2 개월 전) / □ 무 기타 □ 임신, 탈모, 출산, 생리 등 특이 체질 패치테스트 이상 □ 유 / ■ 무
시술방법 및 약제선정	고객 희망 컬러 : 투톤 컬러 자연갈색 시술 염모제 : 14레벨 사전처리 : PPT 도포순서 : 네이프(nape) → 백(back) → 골덴(golden) → 탑(top) → 사이드(side) 방치시간 : 35분 사후처리 : LPP

4) 시술 전, 후

시술 전

시술 후

2. 응용 헤어컬러 시술하기

①~③ 시술 전 4등분 블로킹으로 나눔
2cm내외 섹션으로 진행

④~⑥ 모발 스트랜드의 절반 정도 염모제를 도포함

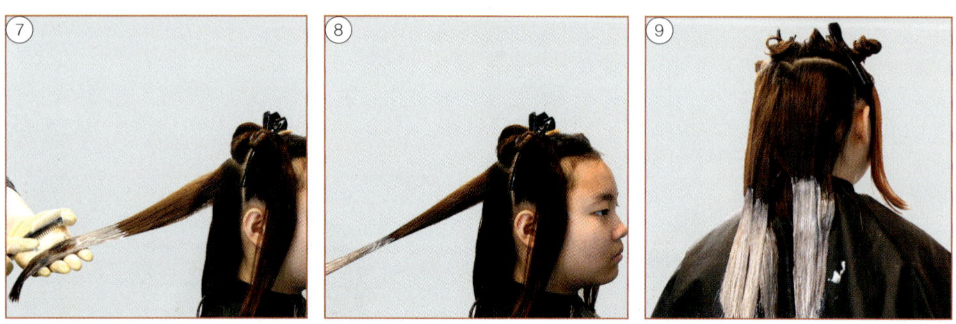

⑦~⑨ 네이프(nape) → 백(back) → 골덴(golden) → 탑(top)의 순서로 도포를 진행함

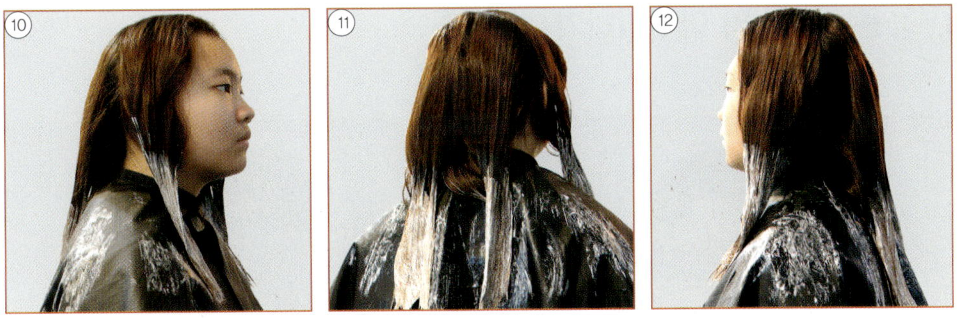

⑩~⑫ 도포가 끝난 상태(자연방치 35분)

⑬ 컬러 테스트

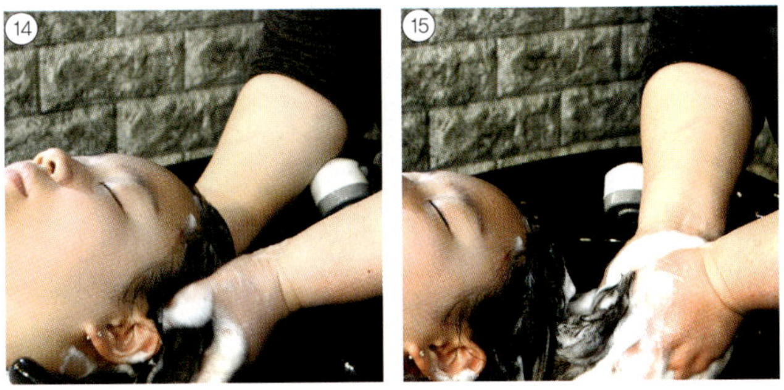

⑭~⑮ 샴푸 후 건조

3. 응용 헤어컬러 마무리하기

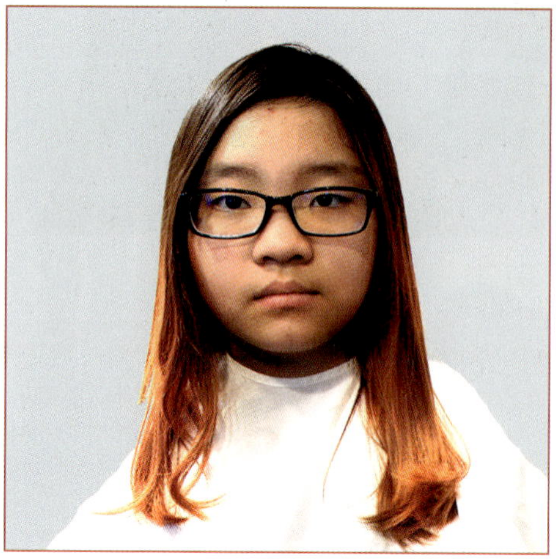

앞(front)

뒤(back)

우측(right side)

좌측(left side)

〈서식 1〉

개인정보 수집 및 사진 이용 동의서

본인은 ○○ 대학교 헤어 미용과 교재로 사용될 『NCS **응용 헤어컬러링 교재**』에 사용되는 헤어시술모델과 관련하여 개인정보의 제공 및 시술사진 활용에 동의합니다.

1. 목 적 : 작품별 관련 모델 시술자료
2. 수집항목 : 본인 얼굴이미지와 시술과정 사진

20 년 월 일

■ 본인

성 명 : ______________________ (서명)

생년월일 : ______________________

주 소 : ______________________________________

확인(시술자) ______________________ (서명)

개인정보보호법 제15조

개인정보 수집 · 이용에 동의	□동의	□미동의
사진활용에 동의	□동의	□미동의

■ 본인은 헤어 모델과 시술에 관련하여 어떠한 이의도 제기하지 않겠다는 내용에 동의합니다.

20 년 월 일

__________ (서명)

모발진단서

날짜 :	모델명 :	시술자명 :

시술 전 모발 상태

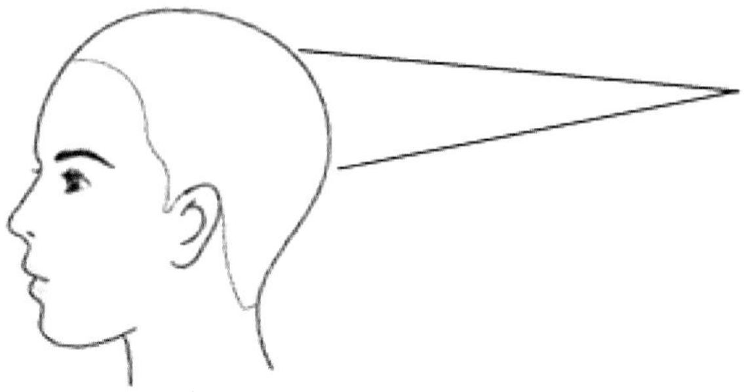

모질	☐ 발수성	☐ 보통모	☐ 흡수모
모량	☐ 많음	☐ 보통	☐ 적음
신생모	레벨 ( ), 길이 (cm)		
기염모	레벨 ( ), 길이 (cm)		
백모량	☐ 유(%) 분포상태( ) / ☐ 무		
모발상태	☐ 건강모	☐ 손상모	☐ 극 손상모
화학적 시술	☐ 유(☐펌, ☐염색), (개월 전) / ☐ 무		
기타	☐ 임신, 탈모, 출산, 생리 등 특이 체질		
패치테스트	☐ 유 / ☐ 무		
퍼스널 컬러 진단	☐ 웜톤 / ☐ 쿨톤		

약액 선정 및 시술 과정

고객 희망 컬러 :
시술 염모제 :
사전처리 :
도포순서 :
방치시간 :
사후처리 :

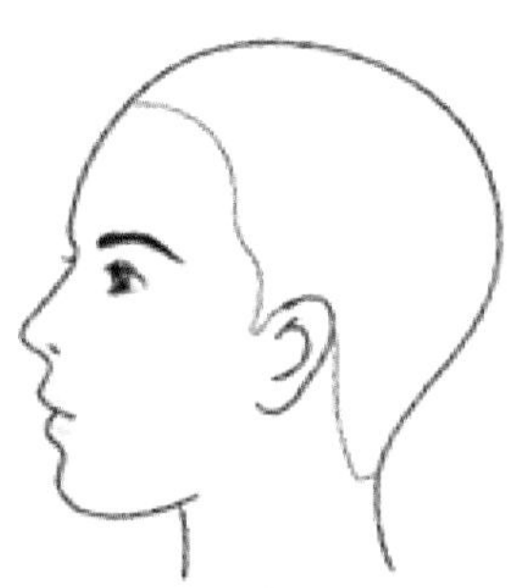

미용요금 상세 주문내역서

20　　년　　월　　일

고객성명	□ 남 □ 여	핸드폰 (SNS)	□ 수신 □ 수신안함
담당자		생일	
방문경로	□ 블로그 □ 까페 □ 간판 □ 재방문 □ 소개 (　　　) □ 기타		

시술내용	기본요금	추가요금	비고
컷트 □ 남 □ 여 □ 학생 □ 디자인컷 □ 앞머리			
펌 □ 앞머리 □ 다운펌 □ 기본펌 □ 영양펌 □ 열펌 □ 뿌리펌			
염색 □ 뿌리염색 □ 전체염색 □ 탈 색 □ 헤나/왁싱 □ 와칸			
크리닉 □ 기본 □ 특수			
두피 스켈링			
스켈링 컷			
드라이			
샴푸			
업스타일			
점판			

할인/서비스	(%) /
총 합계	
결제방법	□ 현금 □ 카드 □ 회원권

고객 확인	(서명)	담당자 (원장, 부원장, 점장, 실장, 디자이너, 매니저)	(서명)

※ 공중위생관리법에 의거하여 시술하는 자는 미용사 자격증(면허증)이 반드시 있어야 함.

실습과정 사진		
사진		설명
		• • • • •
		• • • • •
		• • • • •
		• • • • •
		• • • • •

실습완료 사진	
앞(front)	뒤(back)
우측(right side)	좌측(left side)

Review

단원평가

투톤 컬러에 대한 장점과 단점, 그리고 느낀 점을 쓰시오!

장점 :

단점 :

느낀 점 :

4. 학생 자가 진단 및 교수평가

능력단위명 〈코드〉	헤어서비스 준비하기 〈1201010117_16v3〉 특수목적 샴푸 〈1201010119_17v4〉 크리에이티브 헤어컬러〈1201010146_17v4〉

진단 영역		진 단 문 항	학생 평가					교수평가				
			매우 미흡	미흡	보통	우수	매우 우수	매우 미흡	미흡	보통	우수	매우 우수
헤어서비스 준비하기	헤어컬러 준비하기	3.1 피부보호를 위해 얼굴, 목, 귀 등에 보호제품을 도포 할 수 있다.	①	②	③	④	⑤	①	②	③	④	⑤
		3.2 고객의 옷에 염모제가 묻지 않도록 어깨보, 가운 등을 착용해 줄 수 있다.	①	②	③	④	⑤	①	②	③	④	⑤
		3.3 헤어컬러 서비스 전 알레르기 반응 확인을 위해 패치 테스트(Patch Test)를 할 수 있다.	①	②	③	④	⑤	①	②	③	④	⑤
		3.4 헤어컬러 서비스 전 희망색상을 확인하기 위해 스트랜드 테스트(Strand Test)를 할 수 있다.	①	②	③	④	⑤	①	②	③	④	⑤
		3.5 모발 상태에 따른 전처리제를 처리할 수 있다	①	②	③	④	⑤	①	②	③	④	⑤

[진단결과]

진단영역		문항 수	점수	점수 ÷ 문항 수	문항 수	점수	점수 ÷ 문항 수
헤어서비스 준비하기	헤어컬러 준비하기	5			5		
합계		5			5		

진단영역		진단문항	학생 평가					교수평가				
			매우 미흡	미흡	보통	우수	매우 우수	매우 미흡	미흡	보통	우수	매우 우수
특수목적 샴푸	특수목적 샴푸하기	1.1 헤어컬러, 헤어펌 등 미용서비스에 사용한 화학제품의 종류를 정확하게 파악하고 샴푸제를 선택할 수 있다.	①	②	③	④	⑤	①	②	③	④	⑤
		1.2 염모제를 제거할 경우 사용한 약제와 테크닉의 특성을 고려하여 샴푸 순서와 방법을 결정할 수 있다.	①	②	③	④	⑤	①	②	③	④	⑤
		1.3 모발과 두피로부터 화학제품이 충분하게 제거될 수 있도록 샴푸할 수 있다.	①	②	③	④	⑤	①	②	③	④	⑤
	특수목적 트리트먼트하기	2.1 헤어트리트먼트제를 모발에 도포한 후 두피지압과 매니플레이션을 할 수 있다.	①	②	③	④	⑤	①	②	③	④	⑤
		2.2 헤어트리트먼트제가 페이스라인, 귀, 두피 등에 남지 않도록 충분하게 헹굴 수 있다.	①	②	③	④	⑤	①	②	③	④	⑤
		2.3 타월로 모발의 물기를 제거한 후 두상을 타월로 감쌀 수 있다.	①	②	③	④	⑤	①	②	③	④	⑤
		2.4 샴푸대 및 주변을 깨끗하게 정리한 후 고객을 서비스 공간으로 안내할 수 있다.	①	②	③	④	⑤	①	②	③	④	⑤

[진단결과]

진단영역		문항 수	점수	점수 ÷ 문항 수	문항 수	점수	점수 ÷ 문항 수
특수목적 샴푸	특수목적 샴푸하기	3			3		
	특수목적 트리트먼트하기	4			4		
합계		7			7		

<table>
<tr><th colspan="2" rowspan="2">진단 영역</th><th rowspan="2">진 단 문 항</th><th colspan="5">학생 평가</th><th colspan="5">교수평가</th></tr>
<tr><th>매우 미흡</th><th>미흡</th><th>보통</th><th>우수</th><th>매우 우수</th><th>매우 미흡</th><th>미흡</th><th>보통</th><th>우수</th><th>매우 우수</th></tr>
<tr><td rowspan="6">크리에이티브 헤어컬러</td><td rowspan="3">크리에이티브 헤어컬러하기</td><td>1.1 고객의 퍼스널컬러를 진단하고 최신 트렌드를 반영한 헤어컬러 디자인을 제안할 수 있다.</td><td>①</td><td>②</td><td>③</td><td>④</td><td>⑤</td><td>①</td><td>②</td><td>③</td><td>④</td><td>⑤</td></tr>
<tr><td>1.2 고객의 이전 미용서비스내역에 따라 언더컬러 색소를 추정하여 염모제를 선택할 수 있다.</td><td>①</td><td>②</td><td>③</td><td>④</td><td>⑤</td><td>①</td><td>②</td><td>③</td><td>④</td><td>⑤</td></tr>
<tr><td>1.3 고객에게 제안한 헤어컬러디자인을 표현할 수 있는 염색방법을 결정하여 도포할 수 있다.</td><td>①</td><td>②</td><td>③</td><td>④</td><td>⑤</td><td>①</td><td>②</td><td>③</td><td>④</td><td>⑤</td></tr>
<tr><td rowspan="3">크리에이티브 헤어컬러 마무리하기</td><td>2.1 염색이 퇴색이 되지 않도록 모발에 따라 온도를 조절한 열기구를 선택하여 헤어스타일을 연출할 수 있다.</td><td>①</td><td>②</td><td>③</td><td>④</td><td>⑤</td><td>①</td><td>②</td><td>③</td><td>④</td><td>⑤</td></tr>
<tr><td>2.2 모발보호와 컬러유지를 위한 헤어전문 제품을 선택하여 마무리할 수 있다.</td><td>①</td><td>②</td><td>③</td><td>④</td><td>⑤</td><td>①</td><td>②</td><td>③</td><td>④</td><td>⑤</td></tr>
<tr><td>2.3 염모제 유형에 따른 홈케어 손질을 위한 헤어제품을 추천할 수 있다.</td><td>①</td><td>②</td><td>③</td><td>④</td><td>⑤</td><td>①</td><td>②</td><td>③</td><td>④</td><td>⑤</td></tr>
</table>

[진단결과]

<table>
<tr><th colspan="2">진단영역</th><th>문항 수</th><th>점수</th><th>점수 ÷ 문항 수</th><th>문항 수</th><th>점수</th><th>점수 ÷ 문항 수</th></tr>
<tr><td rowspan="2">크리에이티브 헤어컬러</td><td>크리에이티브 헤어컬러하기</td><td>3</td><td></td><td></td><td>3</td><td></td><td></td></tr>
<tr><td>크리에이티브 헤어컬러 마무리하기</td><td>3</td><td></td><td></td><td>3</td><td></td><td></td></tr>
<tr><td colspan="2">합계</td><td>6</td><td></td><td></td><td>6</td><td></td><td></td></tr>
</table>

※ 자신의 점수를 문항 수로 나눈 값이 '3점' 이하에 해당하는 영역은 업무를 성공적으로 수행하는데 요구는 능력이 부족한 것으로 교육훈련이나 개인학습을 통한 개발이 필요함.

[교수자 피드백]

Chapter 3 NCS 응용 헤어컬러링 실기

13th week

탈·염 디자인 컬러

학습내용(단원명)	수업 목표
탈 · 염 디자인 컬러	• 퍼스널 컬러를 진단하고 고객에게 어울리는 컬러를 수행 할 수 있다. • 탈색과 염색의 두 가지염색 기법으로 트랜디한 컬러를 수행 할 수 있다.

1. 응용 헤어컬러 준비하기

1) 재료

① 핀셋

② 샴푸 · 린스

③ 산화제

④ 염모제

⑤ 염색볼

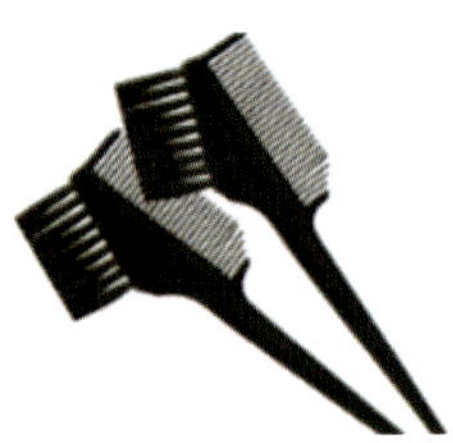

⑥ 염색솔

⑦ 염색짜개

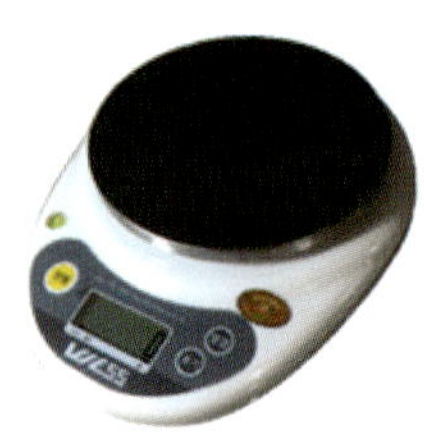

⑧ 염색저울

⑨ 염색보

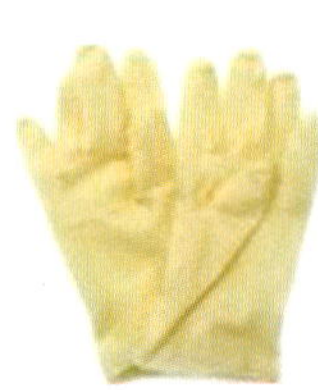

⑩ 장갑

⑪ 이어 캡

2) 블로킹 및 도해도

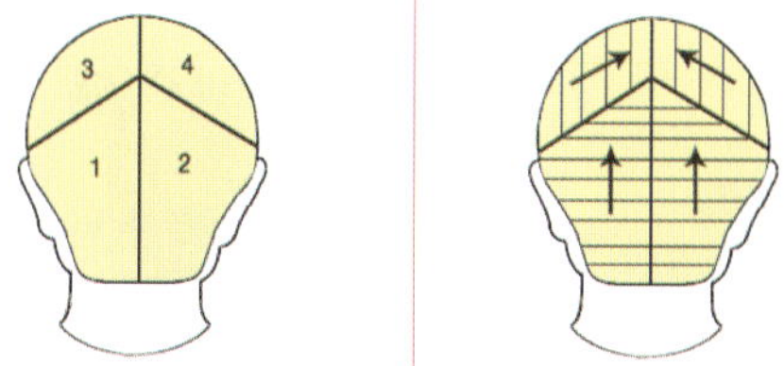

블로킹 및 섹션

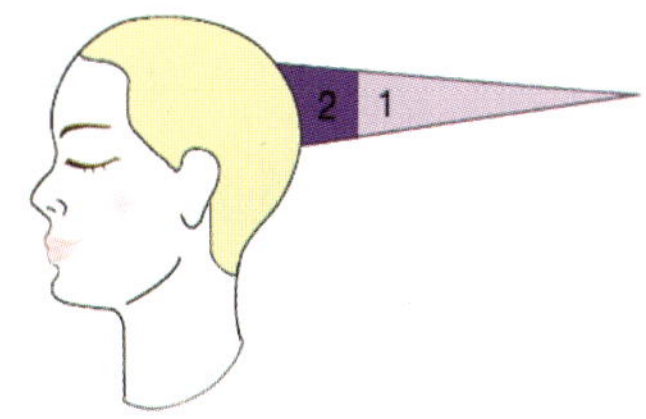

도해도

3) 모델분석 및 시술방법

모델 분석	모질 ■ 발수성 □ 보통모 □ 흡수모 모량 ■ 많음 □ 보통 □ 적음 신생모 레벨 (3), 길이 (15 cm) 기염모 레벨 (8), 길이 (10 cm) 백모량 □ 유(%) 분포상태( ) / ■ 무 모발상태 □ 건강모 ■ 손상모 □ 극 손상모 화학적 시술 ■ 유(□펌, ■염색), (2 개월 전) / □ 무 기타 □ 임신, 탈모, 출산, 생리 등 특이 체질 패치테스트 이상 □ 유 / ■ 무
시술방법 및 약제선정	고객 희망 컬러 : 탈색 후 카키브라운 시술 염모제 : 탈색제, 8레벨 카키 브라운 사전처리 : PPT 도포순서 : 탈색 → 1차 도포(신생모)/ 2차도포(기염모)/ 3차도포(뿌리 신생모) → 염모제 → 원터치 방치시간 : 탈색 → 1차(20분), 2차(10분), 3차(10분) → 염모제 → 35분 사후처리 : LPP

4) 시술 전, 후

시술 전

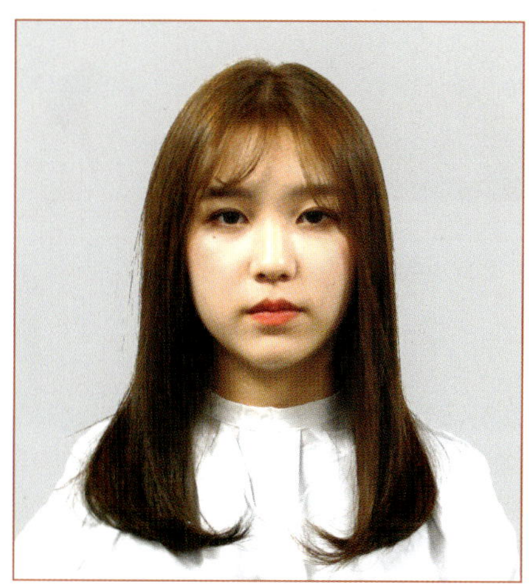

시술 후

2. 응용 헤어컬러 시술하기

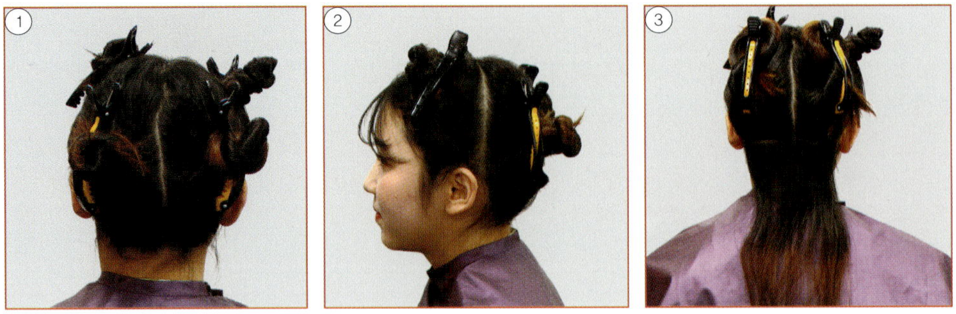

①~③ 시술 전 4등분 블로킹으로 나눔
네이프(nape) 2cm내외로 섹션을 나눔

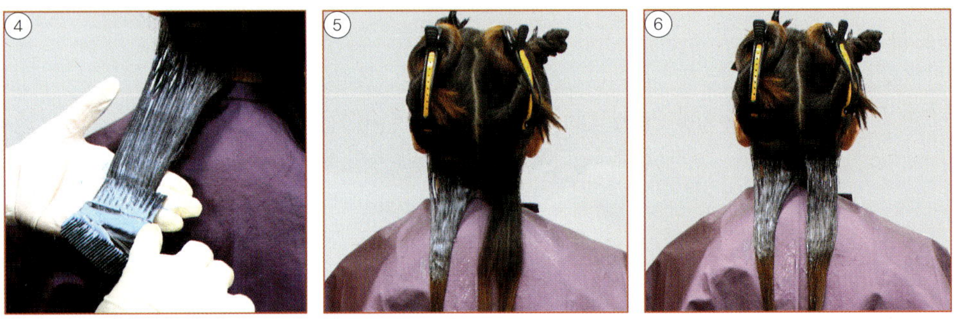

④~⑥ 시술 전 4등분 블로킹으로 나눔

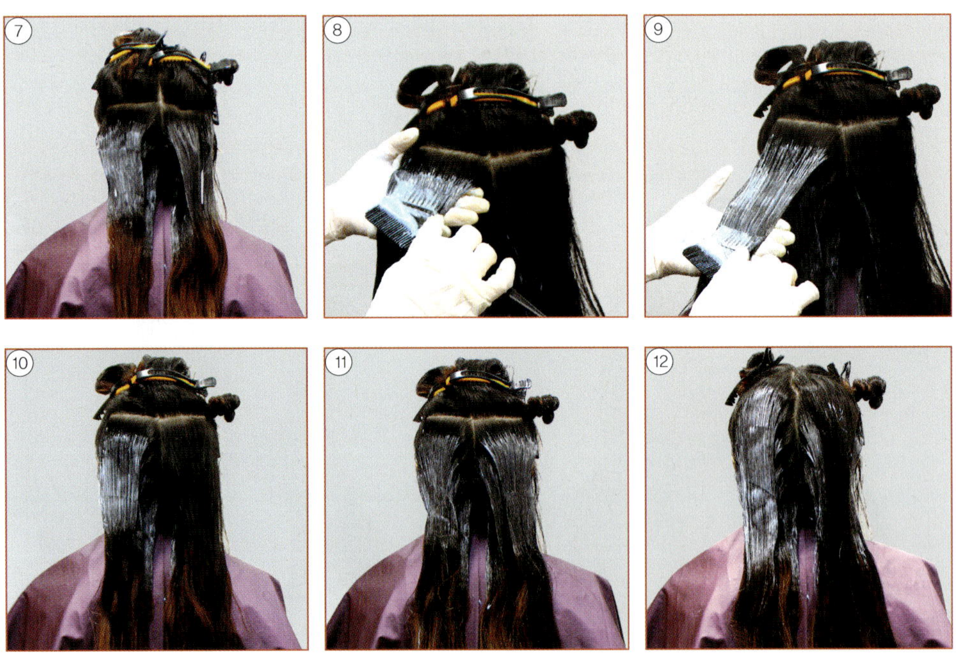

⑦~⑫ 네이프(nape) → 백(back) → 골덴(golden) → 탑(top)의 순서로 도포를 진행함

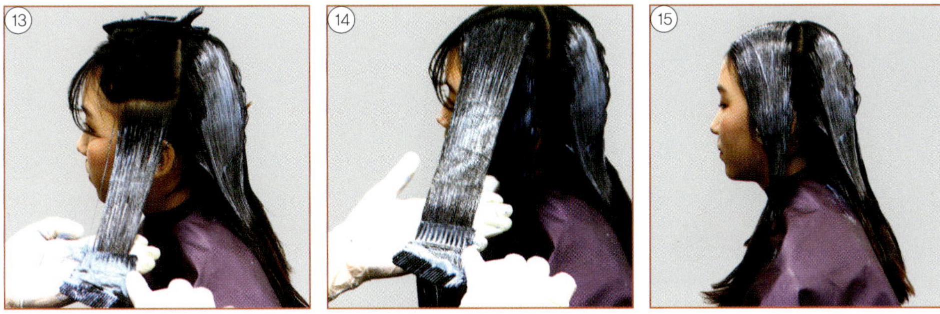

⑬~⑮ 사이드(side)도 동일하게 도포를 진행함

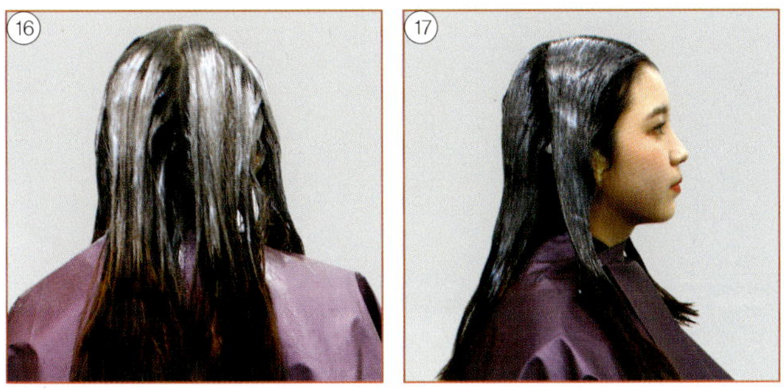

⑯~⑰ 1차 도포가 완성된 모습
1차 도포 후 20~25분 자연방치

⑱~⑳ 2차 도포 진행
끝부분 기염모 모발을 도포함

㉑~㉓ 사이드(side)도 동일하게 도포를 진행함

㉔ 2차 도포가 끝난 상태(10분 자연방치)

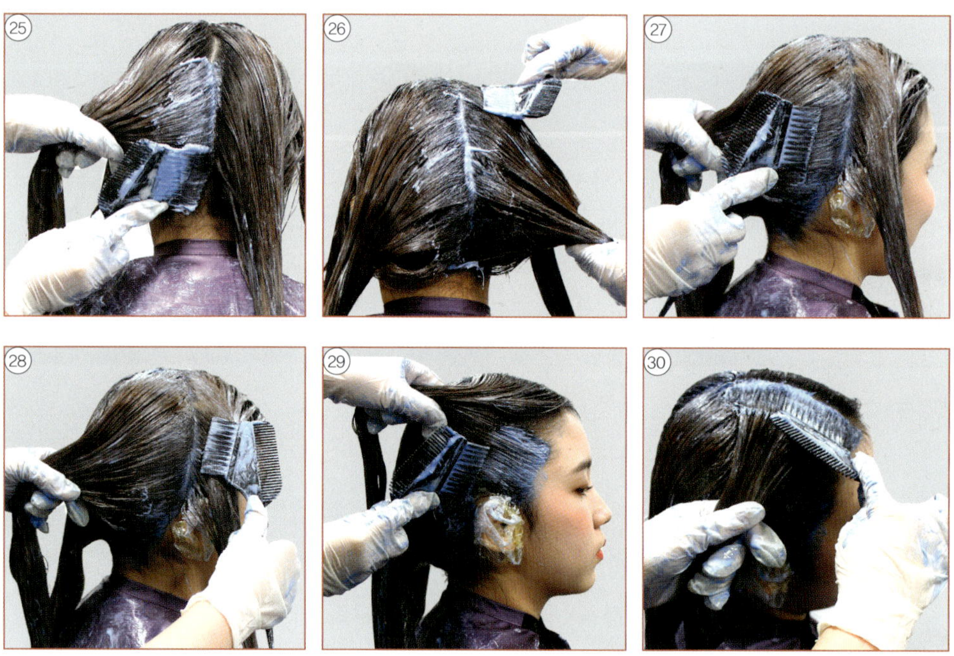

㉕~㉚ 4등분으로 나눈 후 백(back)과 사이드(side) 둘레로 신생모 뿌리부분 도포

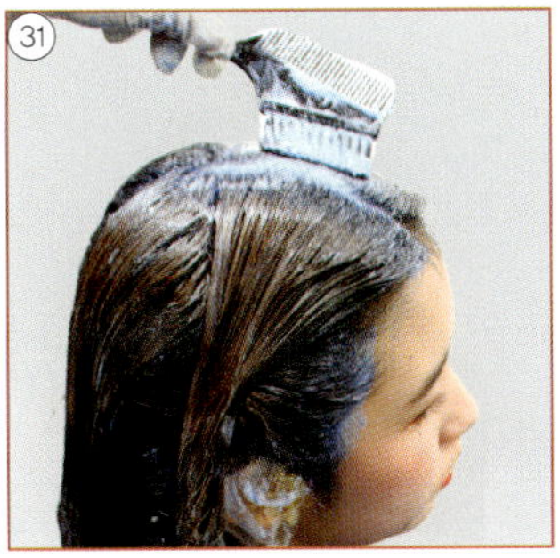

㉛ 두피까지 꼼꼼하게 도포함

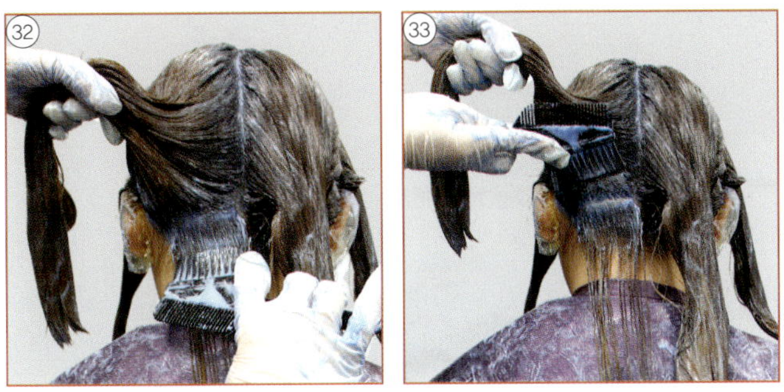

㉜~㉝ 네이프(nape) → 백(back) → 골덴(golden) → 탑(top) → 사이드(side) 순으로 위아래 뿌리 신생모를 도포함

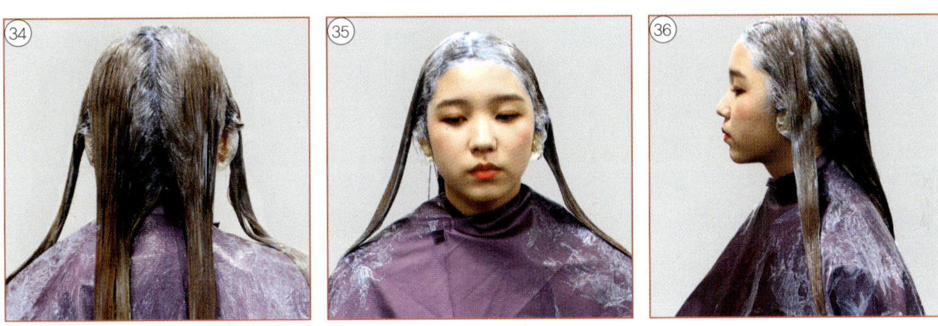

㉞~㊱ 3차 도포가 끝난 상태(자연방치 10분)

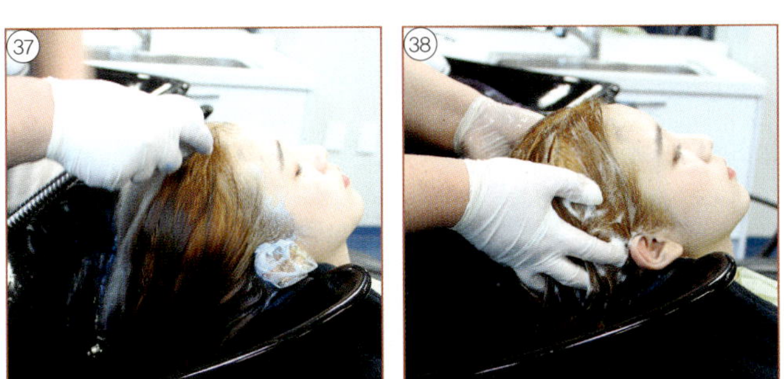

㊲~㊳ 컬러테스트 후 샴푸

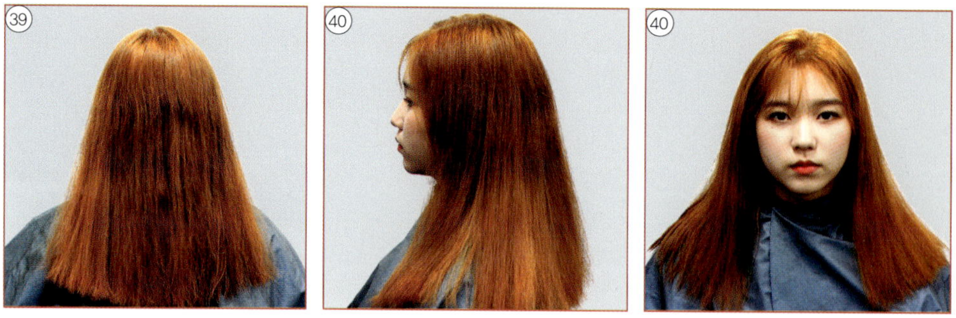

㊴~㊶ 탈색이 끝난 상태

㊷~㊹ 염모제 도포

섹션 2cm내외로 진행하면서 염모제를 도포함

㊺~㊼ 사이드(side)도 동일하게 진행함

㊽ 사이드(side) 도포가 끝난 상태

㊾ 1차 도포 후 바로 뿌리 신생모 도포

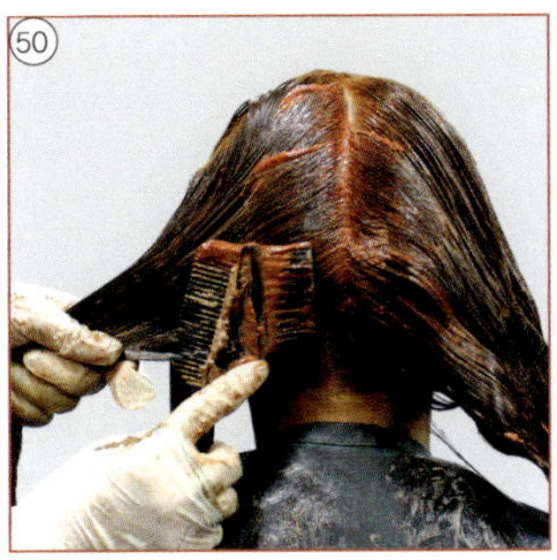

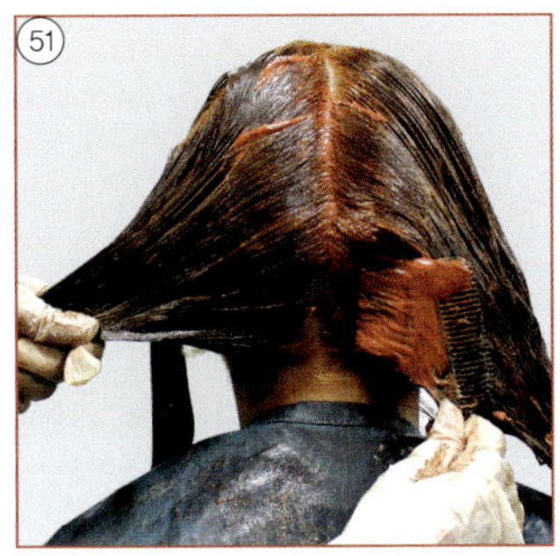

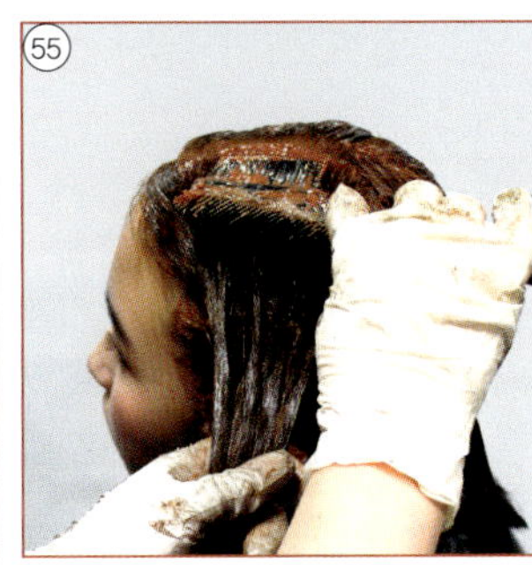

㊿~57 4등분으로 나눈 후 뿌리 신생모를 도포하고 네이프(nape)부터 탑까지 진행

㊳ 전체 다 도포 한 후에 크로스 체킹

㊴ 염모제 도포가 끝난 상태

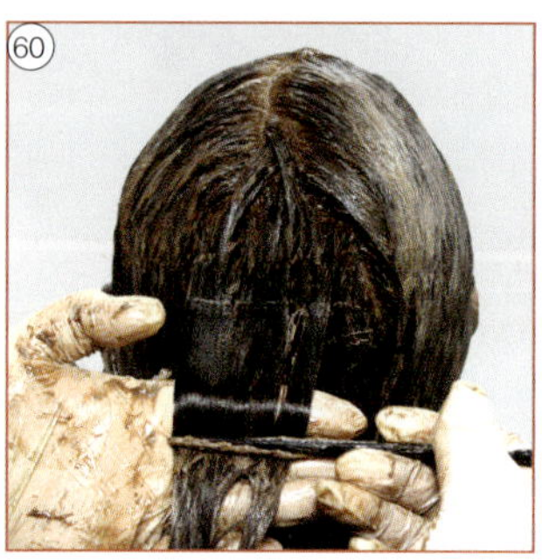

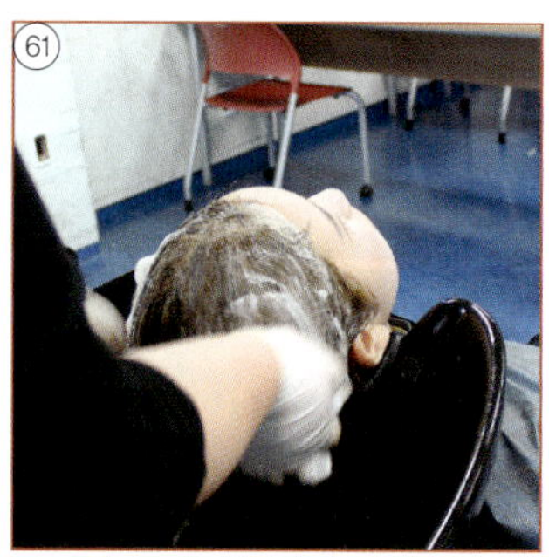

㊵~㊶ 컬러테스트 후 샴푸

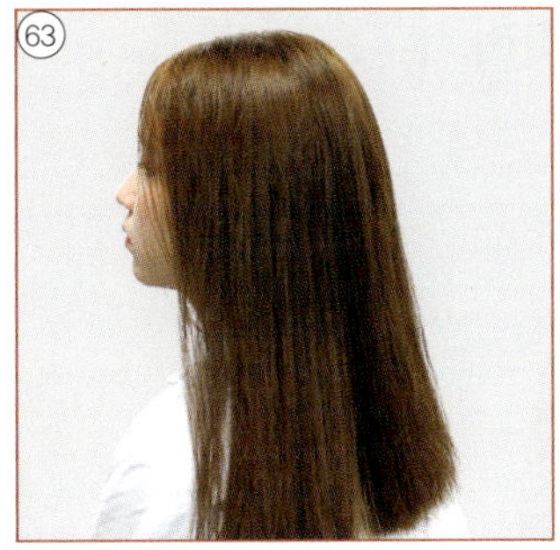

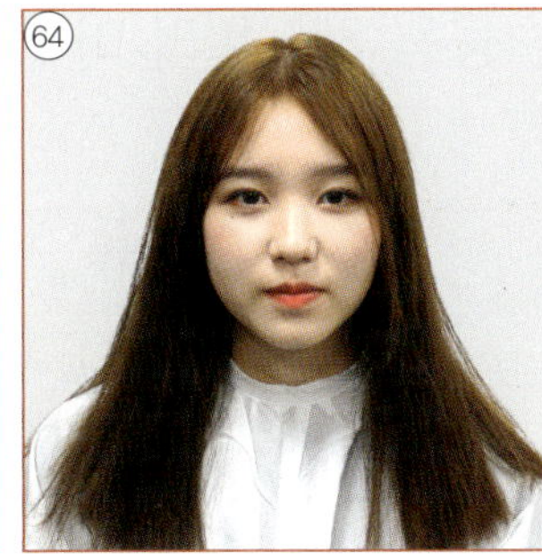

㉂~㉅ 샴푸 후 건조된 모습

3. 응용 헤어컬러 마무리하기

앞(front)

뒤(back)

우측(right side)

좌측(left side)

〈서식 1〉

개인정보 수집 및 사진 이용 동의서

본인은 ○○ 대학교 헤어 미용과 교재로 사용될 『**NCS 응용 헤어컬러링 교재**』에 사용되는 헤어시술모델과 관련하여 개인정보의 제공 및 시술사진 활용에 동의합니다.

1. 목 적 : 작품별 관련 모델 시술자료
2. 수집항목 : 본인 얼굴이미지와 시술과정 사진

20 년 월 일

■ 본인

성 명 : ______________________ (서명)

생년월일 : ______________________

주 소 : ____________________________________

확인(시술자) ______________________ (서명)

개인정보보호법 제15조

개인정보 수집 · 이용에 동의	□동의	□미동의
사진활용에 동의	□동의	□미동의

■ 본인은 헤어 모델과 시술에 관련하여 어떠한 이의도 제기하지 않겠다는 내용에 동의합니다.

20 년 월 일

______________ (서명)

모발진단서

날짜 :	모델명 :	시술자명 :

시술 전 모발 상태

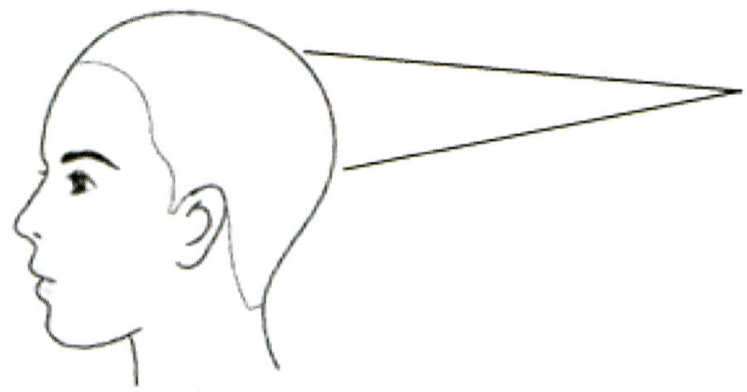

모질	☐ 발수성	☐ 보통모	☐ 흡수모
모량	☐ 많음	☐ 보통	☐ 적음
신생모	레벨 ( ), 길이 (cm)		
기염모	레벨 ( ), 길이 (cm)		
백모량	☐ 유(%) 분포상태( ) / ☐ 무		
모발상태	☐ 건강모	☐ 손상모	☐ 극 손상모
화학적 시술	☐ 유(☐펌, ☐염색), (개월 전) / ☐ 무		
기타	☐ 임신, 탈모, 출산, 생리 등 특이 체질		
패치테스트	☐ 유 / ☐ 무		
퍼스널 컬러 진단	☐ 웜톤 / ☐ 쿨톤		

약액 선정 및 시술 과정

고객 희망 컬러 :
시술 염모제 :
사전처리 :
도포순서 :
방치시간 :
사후처리 :

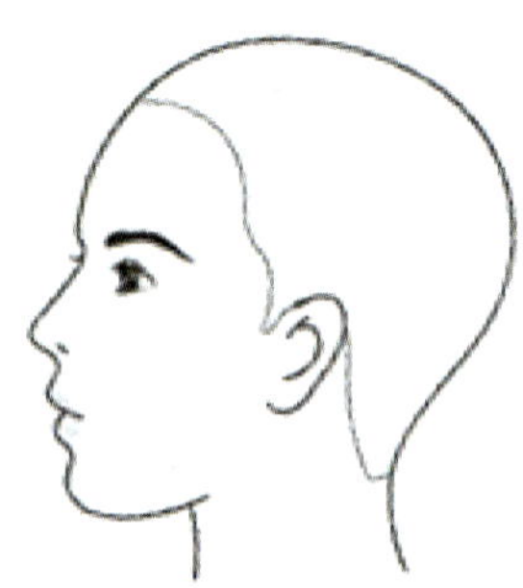

미용요금 상세 주문내역서

20 년 월 일

고객성명	□ 남 □ 여	핸드폰 (SNS)	□ 수신 □ 수신안함
담당자		생일	
방문경로	□ 블로그 □ 까페 □ 간판 □ 재방문 □ 소개 ( ) □ 기타		

시술내용	기본요금	추가요금	비고
컷트 □ 남 □ 여 □ 학생 □ 디자인컷 □ 앞머리			
펌 □ 앞머리 □ 다운펌 □ 기본펌 □ 영양펌 □ 열펌 □ 뿌리펌			
염색 □ 뿌리염색 □ 전체염색 □ 탈 색 □ 헤나/왁싱 □ 와칸			
크리닉 □ 기본 □ 특수			
두피 스켈링			
스켈링 컷			
드라이			
샴푸			
업스타일			
점판			

할인/서비스	(%) /
총 합계	
결제방법	□ 현금 □ 카드 □ 회원권

고객 확인	(서명)	담당자 (원장, 부원장, 점장, 실장, 디자이너, 매니저)	(서명)

※ 공중위생관리법에 의거하여 시술하는 자는 미용사 자격증(면허증)이 반드시 있어야 함.

<table>
<tr><th colspan="3">실습과정 사진</th></tr>
<tr><th colspan="2">사진</th><th>설명</th></tr>
<tr><td></td><td></td><td>•
•
•
•
•</td></tr>
<tr><td></td><td></td><td>•
•
•
•
•</td></tr>
<tr><td></td><td></td><td>•
•
•
•
•</td></tr>
<tr><td></td><td></td><td>•
•
•
•
•</td></tr>
<tr><td></td><td></td><td>•
•
•
•
•</td></tr>
</table>

실습완료 사진	
앞(front)	뒤(back)
우측(right side)	좌측(left side)

Review

단원평가

탈 · 염 디자인 컬러에 대한 장점과 단점, 그리고 느낀 점을 쓰시오!

장점 :

단점 :

느낀 점 :

4. 학생 자가 진단 및 교수평가

능력단위명 〈코드〉	헤어서비스 준비하기 〈1201010117_16v3〉 특수목적 샴푸 〈1201010119_17v4〉 크리에이티브 헤어컬러〈1201010146_17v4〉

진단 영역		진 단 문 항	학생 평가					교수평가				
			매우 미흡	미흡	보통	우수	매우 우수	매우 미흡	미흡	보통	우수	매우 우수
헤어서비스 준비하기	헤어컬러 준비하기	3.1 피부보호를 위해 얼굴, 목, 귀 등에 보호제품을 도포 할 수 있다.	①	②	③	④	⑤	①	②	③	④	⑤
		3.2 고객의 옷에 염모제가 묻지 않도록 어깨보, 가운 등을 착용해 줄 수 있다.	①	②	③	④	⑤	①	②	③	④	⑤
		3.3 헤어컬러 서비스 전 알레르기 반응 확인을 위해 패치 테스트(Patch Test)를 할 수 있다.	①	②	③	④	⑤	①	②	③	④	⑤
		3.4 헤어컬러 서비스 전 희망색상을 확인하기 위해 스트랜드 테스트(Strand Test)를 할 수 있다.	①	②	③	④	⑤	①	②	③	④	⑤
		3.5 모발 상태에 따른 전처리제를 처리할 수 있다	①	②	③	④	⑤	①	②	③	④	⑤

[진단결과]

진단영역		문항 수	점수	점수 ÷ 문항 수	문항 수	점수	점수 ÷ 문항 수
헤어서비스 준비하기	헤어컬러 준비하기	5			5		
합계		5			5		

진단영역		진 단 문 항	학생 평가					교수평가				
			매우 미흡	미흡	보통	우수	매우 우수	매우 미흡	미흡	보통	우수	매우 우수
특수목적 샴푸	특수목적 샴푸하기	1.1 헤어컬러, 헤어펌 등 미용서비스에 사용한 화학제품의 종류를 정확하게 파악하고 샴푸제를 선택할 수 있다.	①	②	③	④	⑤	①	②	③	④	⑤
		1.2 염모제를 제거할 경우 사용한 약제와 테크닉의 특성을 고려하여 샴푸 순서와 방법을 결정할 수 있다.	①	②	③	④	⑤	①	②	③	④	⑤
		1.3 모발과 두피로부터 화학제품이 충분하게 제거될 수 있도록 샴푸할 수 있다.	①	②	③	④	⑤	①	②	③	④	⑤
	특수목적 트리트먼트하기	2.1 헤어트리트먼트제를 모발에 도포한 후 두피지압과 매니플레이션을 할 수 있다.	①	②	③	④	⑤	①	②	③	④	⑤
		2.2 헤어트리트먼트제가 페이스라인, 귀, 두피 등에 남지 않도록 충분하게 헹굴 수 있다.	①	②	③	④	⑤	①	②	③	④	⑤
		2.3 타월로 모발의 물기를 제거한 후 두상을 타월로 감쌀 수 있다.	①	②	③	④	⑤	①	②	③	④	⑤
		2.4 샴푸대 및 주변을 깨끗하게 정리한 후 고객을 서비스 공간으로 안내할 수 있다.	①	②	③	④	⑤	①	②	③	④	⑤

[진단결과]

진단영역		문항 수	점수	점수 ÷ 문항 수	문항 수	점수	점수 ÷ 문항 수
특수목적 샴푸	특수목적 샴푸하기	3			3		
	특수목적 트리트먼트하기	4			4		
합계		7			7		

<table>
<tr><th colspan="3"></th><th colspan="5">학생 평가</th><th colspan="5">교수평가</th></tr>
<tr><th colspan="2">진단 영역</th><th>진 단 문 항</th><th>매우 미흡</th><th>미흡</th><th>보통</th><th>우수</th><th>매우 우수</th><th>매우 미흡</th><th>미흡</th><th>보통</th><th>우수</th><th>매우 우수</th></tr>
<tr><td rowspan="6">크리에이티브 헤어컬러</td><td rowspan="3">크리에이티브 헤어컬러하기</td><td>1.1 고객의 퍼스널컬러를 진단하고 최신 트렌드를 반영한 헤어컬러 디자인을 제안할 수 있다.</td><td>①</td><td>②</td><td>③</td><td>④</td><td>⑤</td><td>①</td><td>②</td><td>③</td><td>④</td><td>⑤</td></tr>
<tr><td>1.2 고객의 이전 미용서비스내역에 따라 언더컬러 색소를 추정하여 염모제를 선택할 수 있다.</td><td>①</td><td>②</td><td>③</td><td>④</td><td>⑤</td><td>①</td><td>②</td><td>③</td><td>④</td><td>⑤</td></tr>
<tr><td>1.3 고객에게 제안한 헤어컬러디자인을 표현할 수 있는 염색방법을 결정하여 도포할 수 있다.</td><td>①</td><td>②</td><td>③</td><td>④</td><td>⑤</td><td>①</td><td>②</td><td>③</td><td>④</td><td>⑤</td></tr>
<tr><td rowspan="3">크리에이티브 헤어컬러 마무리하기</td><td>2.1 염색이 퇴색이 되지 않도록 모발에 따라 온도를 조절한 열기구를 선택하여 헤어스타일을 연출할 수 있다.</td><td>①</td><td>②</td><td>③</td><td>④</td><td>⑤</td><td>①</td><td>②</td><td>③</td><td>④</td><td>⑤</td></tr>
<tr><td>2.2 모발보호와 컬러유지를 위한 헤어전문 제품을 선택하여 마무리할 수 있다.</td><td>①</td><td>②</td><td>③</td><td>④</td><td>⑤</td><td>①</td><td>②</td><td>③</td><td>④</td><td>⑤</td></tr>
<tr><td>2.3 염모제 유형에 따른 홈케어 손질을 위한 헤어제품을 추천할 수 있다.</td><td>①</td><td>②</td><td>③</td><td>④</td><td>⑤</td><td>①</td><td>②</td><td>③</td><td>④</td><td>⑤</td></tr>
</table>

[진단결과]

<table>
<tr><th colspan="2">진단영역</th><th>문항 수</th><th>점수</th><th>점수 ÷ 문항 수</th><th>문항 수</th><th>점수</th><th>점수 ÷ 문항 수</th></tr>
<tr><td rowspan="2">크리에이티브 헤어컬러</td><td>크리에이티브 헤어컬러하기</td><td>3</td><td></td><td></td><td>3</td><td></td><td></td></tr>
<tr><td>크리에이티브 헤어컬러 마무리하기</td><td>3</td><td></td><td></td><td>3</td><td></td><td></td></tr>
<tr><td colspan="2">합계</td><td>6</td><td></td><td></td><td>6</td><td></td><td></td></tr>
</table>

※ 자신의 점수를 문항 수로 나눈 값이 '3점' 이하에 해당하는 영역은 업무를 성공적으로 수행하는데 요구는 능력이 부족한 것으로 교육훈련이나 개인학습을 통한 개발이 필요함.

[교수자 피드백]

Chapter 3 NCS 응용 헤어컬러링 실기

14th week

톤다운

학습내용(단원명)	수업 목표
톤다운	• 퍼스널 컬러를 진단하고 고객에게 어울리는 컬러를 수행 할 수 있다. • 톤다운 기법으로 트랜디한 컬러를 수행 할 수 있다.

1. 응용 헤어컬러 준비하기

1) 재료

① 핀셋

② 샴푸 · 린스

③ 산화제

④ 염모제

⑤ 염색볼

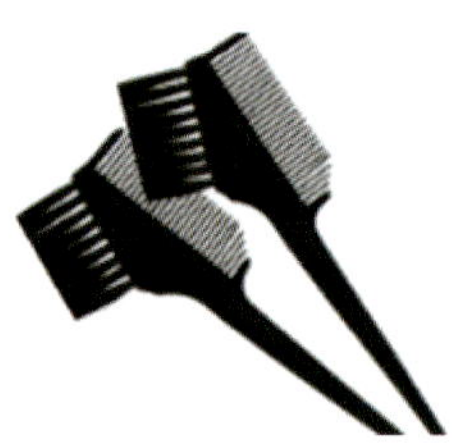

⑥ 염색솔

⑦ 염색짜개

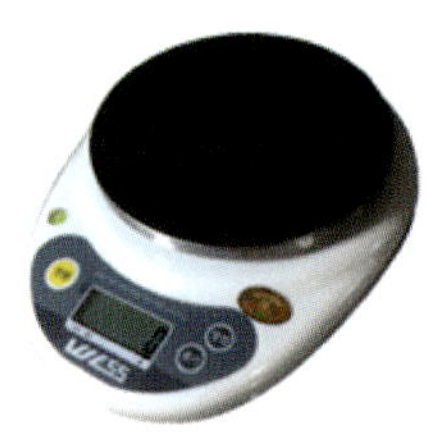

⑧ 염색저울

⑨ 염색보

⑩ 장갑

⑪ 이어 캡

2) 블로킹 및 도해도

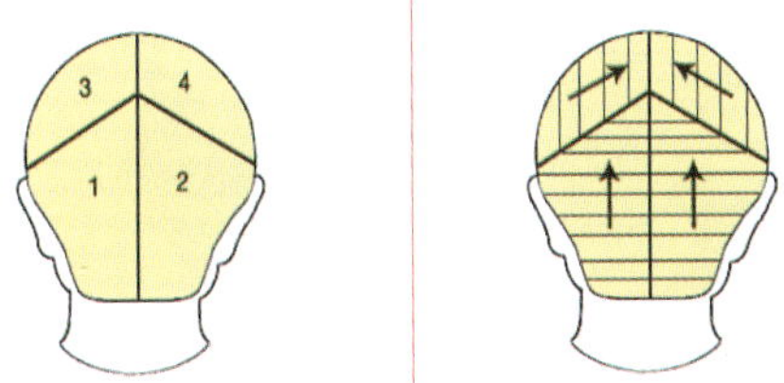	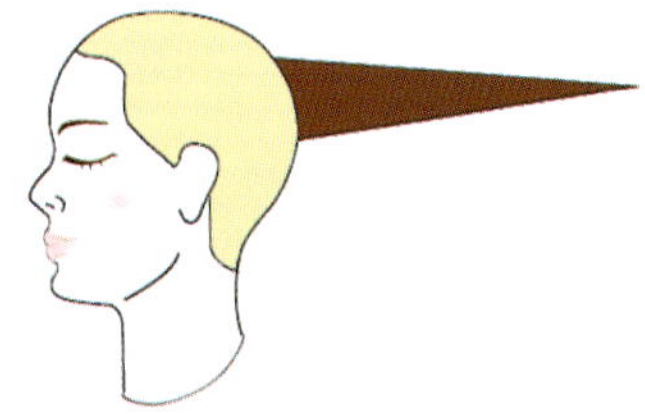
블로킹 및 섹션	도해도

3) 모델분석 및 시술방법

모델 분석	모질　□ 발수성　■ 보통모　□ 흡수모 모량　□ 많음　□ 보통　■ 적음 신생모　레벨 (2~3),　길이 (2~3 cm) 기염모　레벨 (10),　길이 (40~50 cm) 백모량　□ 유(　　%) 분포상태(　　　) / ■ 무 모발상태　□ 건강모　■ 손상모　□ 극 손상모 화학적 시술　■ 유(□펌, ■염색), (2 개월 전) / □ 무 기타　□ 임신, 탈모, 출산, 생리 등 특이 체질 패치테스트 이상　□ 유 / ■ 무	
시술방법 및 약제선정		고객 희망 컬러 : 어두운 애쉬 브라운 시술 염모제 : 6 레벨 애쉬 브라운 사전처리 : PPT 도포순서 : 네이프(nape) → 백(back) → 골덴(golden) → 탑(top) → 사이드(side) 방치시간 : 35분 사후처리 : LPP

4) 시술 전, 후

시술전

시술후

2. 응용 헤어컬러 시술하기

①~③ 시술 전 4등분 블로킹으로 나눔

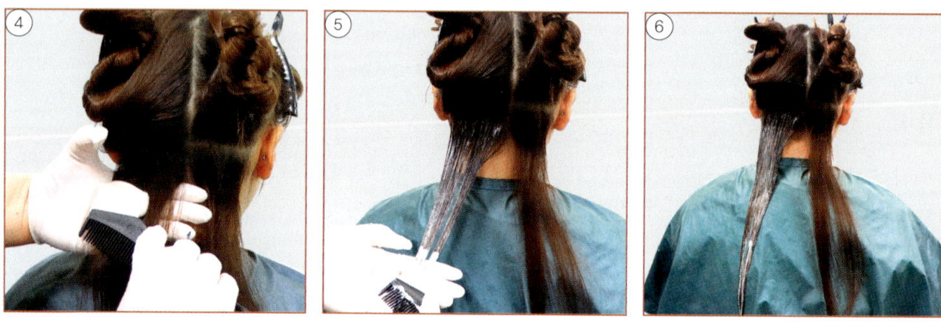

④~⑥ 네이프(nape) 2cm내외 섹션으로 진행
모근부터 모선까지 원터치로 도포함

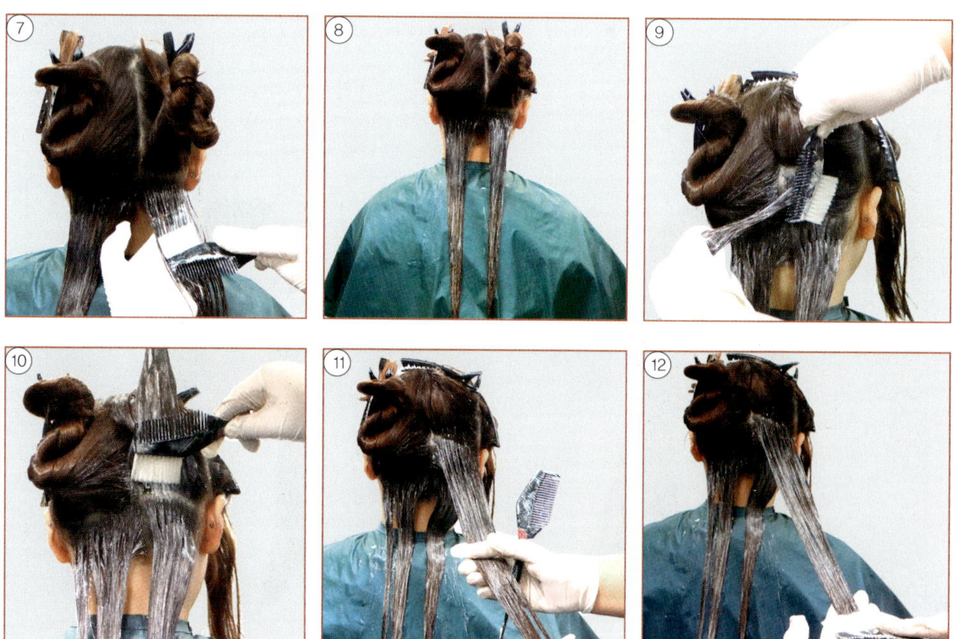

⑦~㉑ 네이프(nape) → 백(back) → 골덴(golden) → 탑(top)의 순서로 도포를 진행함

㉒ 백 전체가 도포된 상태

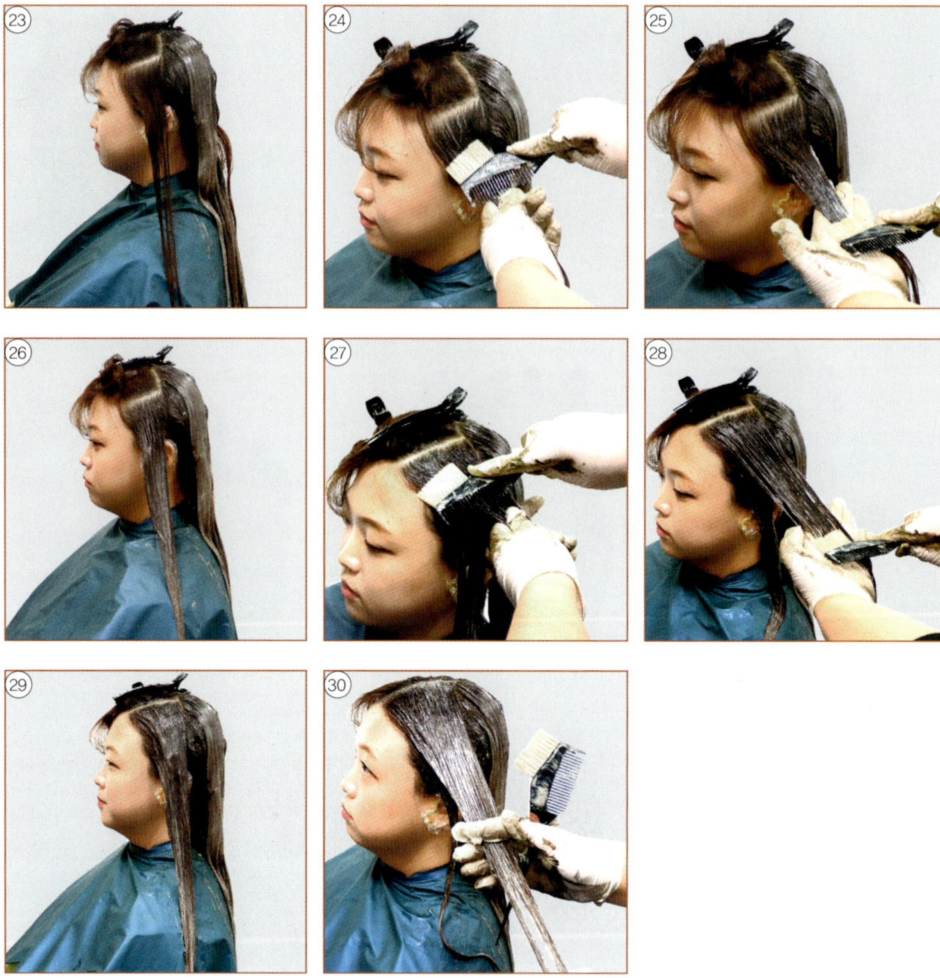

㉓~㉚ 사이드(side)도 동일하게 도포함

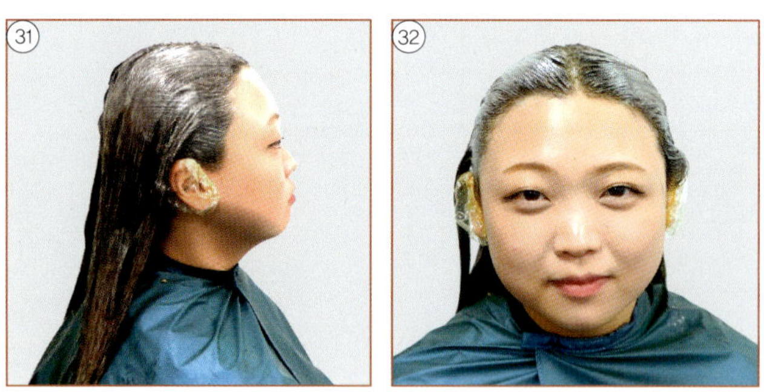

㉛~㉜ 도포가 완성된 모습(자연방치 35분)

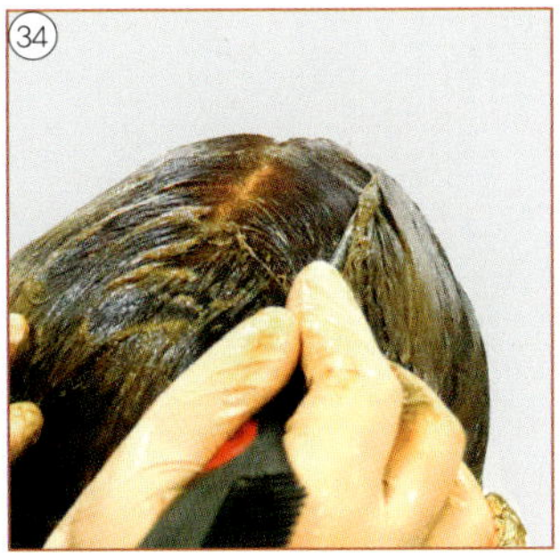

㉝~㉞ 컬러 테스트

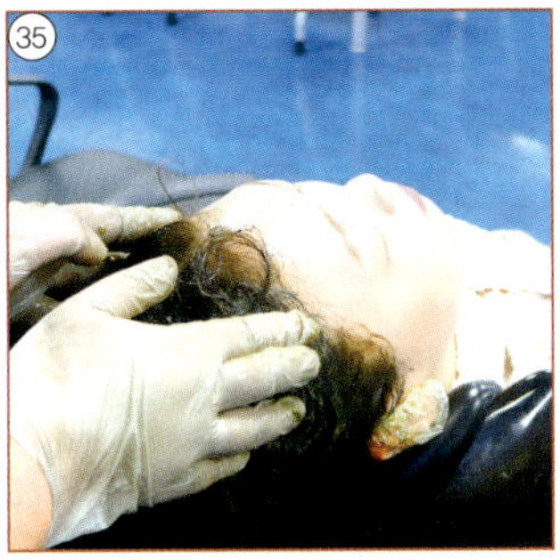

㉟ 염모제가 두피에 남아있지 않도록 에멀전 후 깨끗이 헹궈줌

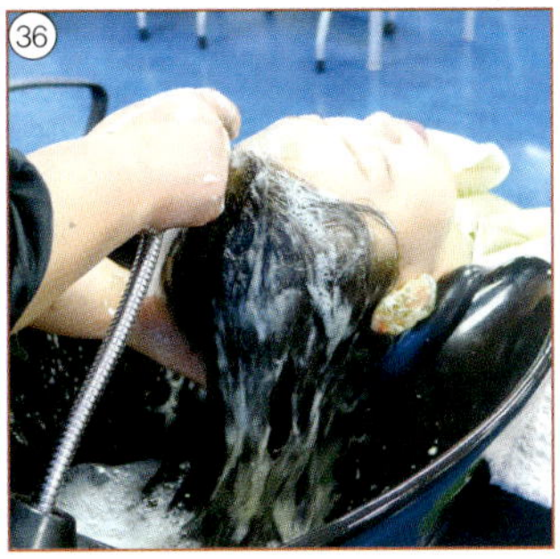

㊱ 샴푸

3. 응용 헤어컬러 마무리하기

앞(front)

뒤(back)

우측(right side)

좌측(left side)

〈서식 1〉

개인정보 수집 및 사진 이용 동의서

본인은 ○○ 대학교 헤어 미용과 교재로 사용될 『NCS **응용 헤어컬러링 교재**』에 사용되는 헤어시술모델과 관련하여 개인정보의 제공 및 시술사진 활용에 동의합니다.

1. 목 적 : 작품별 관련 모델 시술자료
2. 수집항목 : 본인 얼굴이미지와 시술과정 사진

20　　년　　월　　일

■ 본인

성 명 : ______________________ (서명)

생년월일 : ______________________

주 소 : ______________________________________

확인(시술자) ______________________ (서명)

개인정보보호법 제15조

개인정보 수집 · 이용에 동의	□동의	□미동의
사진활용에 동의	□동의	□미동의

■ 본인은 헤어 모델과 시술에 관련하여 어떠한 이의도 제기하지 않겠다는 내용에 동의합니다.

20　　년　　월　　일

__________ (서명)

모발진단서

날짜 :	모델명 :	시술자명 :

시술 전 모발 상태

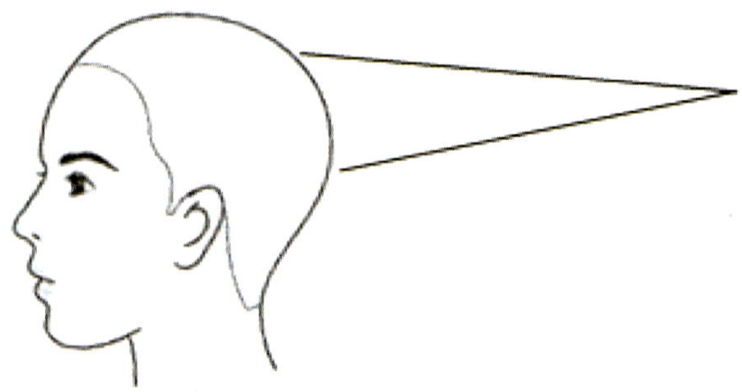

모질	☐ 발수성	☐ 보통모	☐ 흡수모
모량	☐ 많음	☐ 보통	☐ 적음
신생모	레벨 (	), 길이 (	cm)
기염모	레벨 (	), 길이 (	cm)
백모량	☐ 유(	%) 분포상태(	) / ☐ 무
모발상태	☐ 건강모	☐ 손상모	☐ 극 손상모
화학적 시술	☐ 유(☐펌, ☐염색), (		개월 전) / ☐ 무
기타	☐ 임신, 탈모, 출산, 생리 등 특이 체질		
패치테스트	☐ 유 / ☐ 무		
퍼스널 컬러 진단	☐ 웜톤 / ☐ 쿨톤		

약액 선정 및 시술 과정

고객 희망 컬러 :
시술 염모제 :
사전처리 :
도포순서 :
방치시간 :
사후처리 :

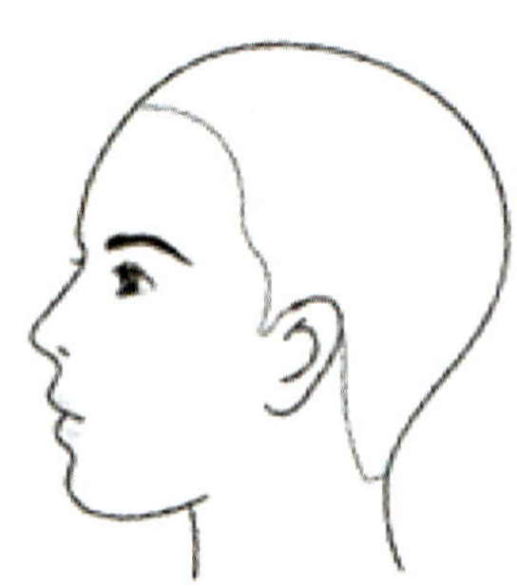

미용요금 상세 주문내역서

20 년 월 일

고객성명	□ 남 □ 여	핸드폰 (SNS)	□ 수신 □ 수신안함
담당자		생일	
방문경로	□ 블로그 □ 까페 □ 간판 □ 재방문 □ 소개 ( ) □ 기타		

시술내용	기본요금	추가요금	비고
컷트 □ 남 □ 여 □ 학생 □ 디자인컷 □ 앞머리			
펌 □ 앞머리 □ 다운펌 □ 기본펌 □ 영양펌 □ 열펌 □ 뿌리펌			
염색 □ 뿌리염색 □ 전체염색 □ 탈 색 □ 헤나/왁싱 □ 와칸			
크리닉 □ 기본 □ 특수			
두피 스켈링			
스켈링 컷			
드라이			
샴푸			
업스타일			
점판			

할인/서비스	(%) /
총 합계	
결제방법	□ 현금 □ 카드 □ 회원권

고객 확인	(서명)	담당자 (원장, 부원장, 점장, 실장, 디자이너, 매니저)	(서명)

※ 공중위생관리법에 의거하여 시술하는 자는 미용사 자격증(면허증)이 반드시 있어야 함.

실습과정 사진		
사진		설명
		• • • • •
		• • • • •
		• • • • •
		• • • • •
		• • • • •

실습완료 사진	
앞(front)	뒤(back)
우측(right side)	좌측(left side)

Review

단원평가

톤다운에 대한 장점과 단점, 그리고 느낀점을 쓰시오!

장점 :

단점 :

느낀 점 :

4. 학생 자가 진단 및 교수평가

능력단위명 〈코드〉	헤어서비스 준비하기 〈1201010117_16v3〉 특수목적 샴푸 〈1201010119_17v4〉 크리에이티브 헤어컬러〈1201010146_17v4〉

진단영역		진 단 문 항	학생 평가					교수평가				
			매우 미흡	미흡	보통	우수	매우 우수	매우 미흡	미흡	보통	우수	매우 우수
헤어서비스 준비하기	헤어컬러 준비하기	3.1 피부보호를 위해 얼굴, 목, 귀 등에 보호제품을 도포 할 수 있다.	①	②	③	④	⑤	①	②	③	④	⑤
		3.2 고객의 옷에 염모제가 묻지 않도록 어깨보, 가운 등을 착용해 줄 수 있다.	①	②	③	④	⑤	①	②	③	④	⑤
		3.3 헤어컬러 서비스 전 알레르기 반응 확인을 위해 패치 테스트(Patch Test)를 할 수 있다.	①	②	③	④	⑤	①	②	③	④	⑤
		3.4 헤어컬러 서비스 전 희망색상을 확인하기 위해 스트랜드 테스트(Strand Test)를 할 수 있다.	①	②	③	④	⑤	①	②	③	④	⑤
		3.5 모발 상태에 따른 전처리제를 처리할 수 있다	①	②	③	④	⑤	①	②	③	④	⑤

[진단결과]

진단영역		문항 수	점수	점수 ÷ 문항 수	문항 수	점수	점수 ÷ 문항 수
헤어서비스 준비하기	헤어컬러 준비하기	5			5		
합계		5			5		

진단영역		진 단 문 항	학생 평가					교수평가				
			매우 미흡	미흡	보통	우수	매우 우수	매우 미흡	미흡	보통	우수	매우 우수
특수목적 샴푸	특수목적 샴푸하기	1.1 헤어컬러, 헤어펌 등 미용서비스에 사용한 화학제품의 종류를 정확하게 파악하고 샴푸제를 선택할 수 있다.	①	②	③	④	⑤	①	②	③	④	⑤
		1.2 염모제를 제거할 경우 사용한 약제와 테크닉의 특성을 고려하여 샴푸 순서와 방법을 결정할 수 있다.	①	②	③	④	⑤	①	②	③	④	⑤
		1.3 모발과 두피로부터 화학제품이 충분하게 제거될 수 있도록 샴푸할 수 있다.	①	②	③	④	⑤	①	②	③	④	⑤
	특수목적 트리트먼트하기	2.1 헤어트리트먼트제를 모발에 도포한 후 두피지압과 매니플레이션을 할 수 있다.	①	②	③	④	⑤	①	②	③	④	⑤
		2.2 헤어트리트먼트제가 페이스라인, 귀, 두피 등에 남지 않도록 충분하게 헹굴 수 있다.	①	②	③	④	⑤	①	②	③	④	⑤
		2.3 타월로 모발의 물기를 제거한 후 두상을 타월로 감쌀 수 있다.	①	②	③	④	⑤	①	②	③	④	⑤
		2.4 샴푸대 및 주변을 깨끗하게 정리한 후 고객을 서비스 공간으로 안내할 수 있다.	①	②	③	④	⑤	①	②	③	④	⑤

[진단결과]

진단영역		문항 수	점수	점수 ÷ 문항 수	문항 수	점수	점수 ÷ 문항 수
특수목적 샴푸	특수목적 샴푸하기	3			3		
	특수목적 트리트먼트하기	4			4		
합계		7			7		

진단 영역		진단 문항	학생 평가					교수평가				
			매우 미흡	미흡	보통	우수	매우 우수	매우 미흡	미흡	보통	우수	매우 우수
크리에이티브 헤어컬러	크리에이티브 헤어컬러하기	1.1 고객의 퍼스널컬러를 진단하고 최신 트렌드를 반영한 헤어컬러 디자인을 제안할 수 있다.	①	②	③	④	⑤	①	②	③	④	⑤
		1.2 고객의 이전 미용서비스내역에 따라 언더컬러 색소를 추정하여 염모제를 선택할 수 있다.	①	②	③	④	⑤	①	②	③	④	⑤
		1.3 고객에게 제안한 헤어컬러디자인을 표현할 수 있는 염색방법을 결정하여 도포할 수 있다.	①	②	③	④	⑤	①	②	③	④	⑤
	크리에이티브 헤어컬러 마무리하기	2.1 염색이 퇴색이 되지 않도록 모발에 따라 온도를 조절한 열기구를 선택하여 헤어스타일을 연출할 수 있다.	①	②	③	④	⑤	①	②	③	④	⑤
		2.2 모발보호와 컬러유지를 위한 헤어전문 제품을 선택하여 마무리할 수 있다.	①	②	③	④	⑤	①	②	③	④	⑤
		2.3 염모제 유형에 따른 홈케어 손질을 위한 헤어제품을 추천할 수 있다.	①	②	③	④	⑤	①	②	③	④	⑤

[진단결과]

진단영역		문항 수	점수	점수 ÷ 문항 수	문항 수	점수	점수 ÷ 문항 수
크리에이티브 헤어컬러	크리에이티브 헤어컬러하기	3			3		
	크리에이티브 헤어컬러 마무리하기	3			3		
합계		6			6		

※ 자신의 점수를 문항 수로 나눈 값이 '3점' 이하에 해당하는 영역은 업무를 성공적으로 수행하는데 요구는 능력이 부족한 것으로 교육훈련이나 개인학습을 통한 개발이 필요함.

[교수자 피드백]

Chapter 3 NCS 응용 헤어컬러링 실기

15th week

창작 헤어컬러 디자인

학습내용(단원명)	수업 목표
창작 헤어컬러 디자인	• 현재 유행하는 컬러를 분석하여 고객에게 어울리는 헤어컬러를 선택하고 제안해 줄 수 있다. • 다양한 도포 기법을 디자인하여 수행 할 수 있다.

1. 응용 헤어컬러 준비하기

1) 재료

① 핀셋

② 샴푸 · 린스

③ 산화제

④ 염모제

⑤ 염색볼

⑥ 염색솔

⑦ 염색짜개

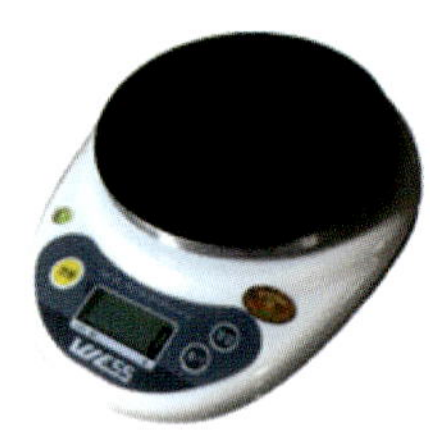

⑧ 염색저울

⑨ 염색보

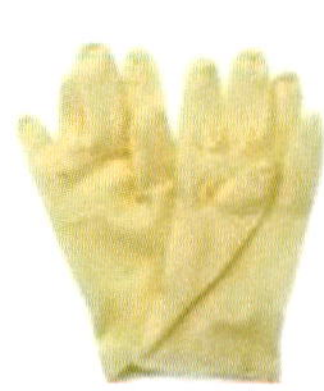

⑩ 장갑

⑪ 이어 캡

2) 블로킹 및 도해도

<table>
<tr><td>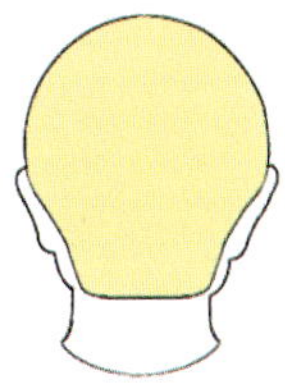</td><td>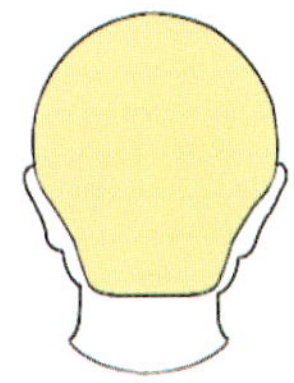</td><td>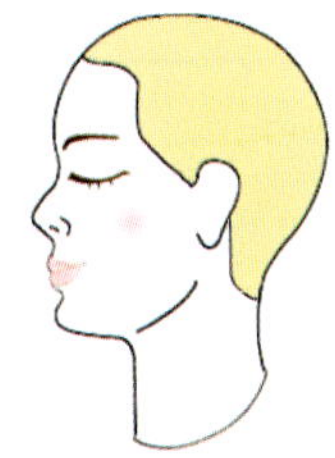</td></tr>
<tr><td colspan="2">블로킹 및 섹션</td><td>도해도</td></tr>
</table>

3) 모델분석 및 시술방법

<table>
<tr><td>모델
분석</td><td>모질 □ 발수성 □ 보통모 □ 흡수모
모량 □ 많음 □ 보통 □ 적음
신생모 레벨 ( ), 길이 (cm)
기염모 레벨 ( ), 길이 (cm)
백모량 □ 유(%) 분포상태( ) / □ 무
모발상태 □ 건강모 □ 손상모 □ 극 손상모
화학적 시술 □ 유(□펌, □염색), (2 개월 전) / □ 무
기타 □ 임신, 탈모, 출산, 생리 등 특이 체질
패치테스트 이상 □ 유 / □ 무</td></tr>
<tr><td>시술방법
및
약제선정</td><td>고객 희망 컬러 :
시술 염모제 :
사전처리 :
도포순서 :
방치시간 :
사후처리 :</td></tr>
</table>

4) 시술 전, 후

시술 전	시술 후

2. 응용 헤어컬러 시술하기

①	②	③
④	⑤	⑥
⑦	⑧	⑨

⑩ ⑪ ⑫

⑬ ⑭ ⑮

⑯ ⑰ ⑱

3. 응용 헤어컬러 마무리하기

앞(front)

뒤(back)

우측(right side)

좌측(left side)

〈서식 1〉

개인정보 수집 및 사진 이용 동의서

본인은 ○○ 대학교 헤어 미용과 교재로 사용될 『NCS **응용 헤어컬러링 교재**』에 사용되는 헤어시술모델과 관련하여 개인정보의 제공 및 시술사진 활용에 동의합니다.

1. 목 적 : 작품별 관련 모델 시술자료
2. 수집항목 : 본인 얼굴이미지와 시술과정 사진

20 년 월 일

■ 본인

성 명 : ______________________ (서명)

생년월일 : ______________________

주 소 : ______________________________________

확인(시술자) ______________________ (서명)

개인정보보호법 제15조

개인정보 수집 · 이용에 동의 □동의 □미동의

사진활용에 동의 □동의 □미동의

■ 본인은 헤어 모델과 시술에 관련하여 어떠한 이의도 제기하지 않겠다는 내용에 동의합니다.

20 년 월 일

__________ (서명)

모발진단서

날짜 : 모델명 : 시술자명 :

시술 전 모발 상태

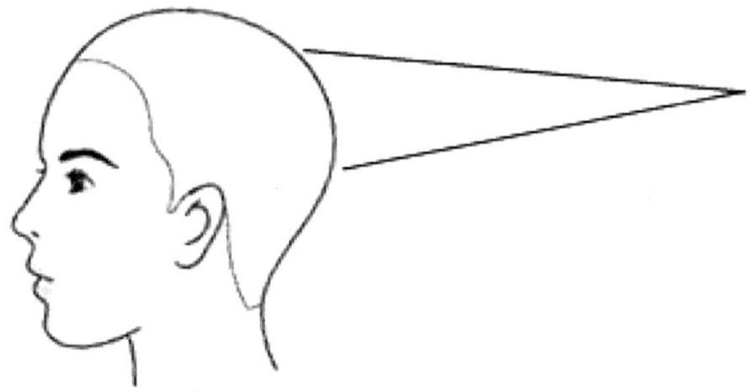

모질	□ 발수성	□ 보통모	□ 흡수모
모량	□ 많음	□ 보통	□ 적음
신생모	레벨 (	), 길이 (	cm)
기염모	레벨 (	), 길이 (	cm)
백모량	□ 유(	%) 분포상태(	) / □ 무
모발상태	□ 건강모	□ 손상모	□ 극 손상모
화학적 시술	□ 유(□펌, □염색), (		개월 전) / □ 무
기타	□ 임신, 탈모, 출산, 생리 등 특이 체질		
패치테스트	□ 유 / □ 무		
퍼스널 컬러 진단	□ 웜톤 / □ 쿨톤		

약액 선정 및 시술 과정

고객 희망 컬러 :
시술 염모제 :
사전처리 :
도포순서 :
방치시간 :
사후처리 :

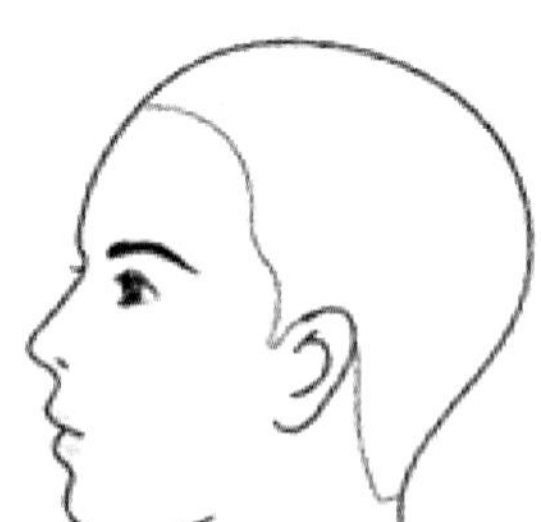

미용요금 상세 주문내역서

20 년 월 일

고객성명	□ 남 □ 여	핸드폰 (SNS)	□ 수신 □ 수신안함
담당자		생일	
방문경로	□ 블로그 □ 까페 □ 간판 □ 재방문 □ 소개 ( ) □ 기타		

시술내용	기본요금	추가요금	비고
컷트 □ 남 □ 여 □ 학생 □ 디자인컷 □ 앞머리			
펌 □ 앞머리 □ 다운펌 □ 기본펌 □ 영양펌 □ 열펌 □ 뿌리펌			
염색 □ 뿌리염색 □ 전체염색 □ 탈 색 □ 헤나/왁싱 □ 와칸			
크리닉 □ 기본 □ 특수			
두피 스켈링			
스켈링 컷			
드라이			
샴푸			
업스타일			
점판			

할인/서비스	(%) /
총 합계	
결제방법	□ 현금 □ 카드 □ 회원권

고객 확인	(서명)	담당자 (원장, 부원장, 점장, 실장, 디자이너, 매니저)	(서명)

※ 공중위생관리법에 의거하여 시술하는 자는 미용사 자격증(면허증)이 반드시 있어야 함.

실습과정 사진		
사진		설명
		• • • • •
		• • • • •
		• • • • •
		• • • • •
		• • • • •

실습완료 사진	
앞(front)	뒤(back)
우측(right side)	좌측(left side)

Review

단원평가

창작 헤어컬러 디자인에 대한 장점과 단점, 그리고 느낀 점을 쓰시오!

장점 :

단점 :

느낀 점 :

4. 학생 자가 진단 및 교수평가

능력단위명 〈코드〉	헤어서비스 준비하기 〈1201010117_16v3〉 특수목적 샴푸 〈1201010119_17v4〉 크리에이티브 헤어컬러〈1201010146_17v4〉

진단영역		진 단 문 항	학생 평가					교수평가				
			매우 미흡	미흡	보통	우수	매우 우수	매우 미흡	미흡	보통	우수	매우 우수
헤어서비스 준비하기	헤어컬러 준비하기	3.1 피부보호를 위해 얼굴, 목, 귀 등에 보호제품을 도포 할 수 있다.	①	②	③	④	⑤	①	②	③	④	⑤
		3.2 고객의 옷에 염모제가 묻지 않도록 어깨보, 가운 등을 착용해 줄 수 있다.	①	②	③	④	⑤	①	②	③	④	⑤
		3.3 헤어컬러 서비스 전 알레르기 반응 확인을 위해 패치 테스트(Patch Test)를 할 수 있다.	①	②	③	④	⑤	①	②	③	④	⑤
		3.4 헤어컬러 서비스 전 희망색상을 확인하기 위해 스트랜드 테스트(Strand Test)를 할 수 있다.	①	②	③	④	⑤	①	②	③	④	⑤
		3.5 모발 상태에 따른 전처리제를 처리할 수 있다	①	②	③	④	⑤	①	②	③	④	⑤

[진단결과]

진단영역		문항 수	점수	점수 ÷ 문항 수	문항 수	점수	점수 ÷ 문항 수
헤어서비스 준비하기	헤어컬러 준비하기	5			5		
합계		5			5		

진단 영역		진 단 문 항	학생 평가 매우 미흡	미흡	보통	우수	매우 우수	교수평가 매우 미흡	미흡	보통	우수	매우 우수
특수목적 샴푸	특수목적 샴푸하기	1.1 헤어컬러, 헤어펌 등 미용서비스에 사용한 화학제품의 종류를 정확하게 파악하고 샴푸제를 선택할 수 있다.	①	②	③	④	⑤	①	②	③	④	⑤
		1.2 염모제를 제거할 경우 사용한 약제와 테크닉의 특성을 고려하여 샴푸 순서와 방법을 결정할 수 있다.	①	②	③	④	⑤	①	②	③	④	⑤
		1.3 모발과 두피로부터 화학제품이 충분하게 제거될 수 있도록 샴푸할 수 있다.	①	②	③	④	⑤	①	②	③	④	⑤
	특수목적 트리트먼트하기	2.1 헤어트리트먼트제를 모발에 도포한 후 두피지압과 매니플레이션을 할 수 있다.	①	②	③	④	⑤	①	②	③	④	⑤
		2.2 헤어트리트먼트제가 페이스라인, 귀, 두피 등에 남지 않도록 충분하게 헹굴 수 있다.	①	②	③	④	⑤	①	②	③	④	⑤
		2.3 타월로 모발의 물기를 제거한 후 두상을 타월로 감쌀 수 있다.	①	②	③	④	⑤	①	②	③	④	⑤
		2.4 샴푸대 및 주변을 깨끗하게 정리한 후 고객을 서비스 공간으로 안내할 수 있다.	①	②	③	④	⑤	①	②	③	④	⑤

[진단결과]

진단영역		문항 수	점수	점수 ÷ 문항 수	문항 수	점수	점수 ÷ 문항 수
특수목적 샴푸	특수목적 샴푸하기	3			3		
	특수목적 트리트먼트하기	4			4		
합계		7			7		

진단 영역		진 단 문 항	학생 평가					교수평가				
			매우 미흡	미흡	보통	우수	매우 우수	매우 미흡	미흡	보통	우수	매우 우수
크리에이티브 헤어컬러	크리에이티브 헤어컬러하기	1.1 고객의 퍼스널컬러를 진단하고 최신 트렌드를 반영한 헤어컬러 디자인을 제안할 수 있다.	①	②	③	④	⑤	①	②	③	④	⑤
		1.2 고객의 이전 미용서비스내역에 따라 언더컬러 색소를 추정하여 염모제를 선택할 수 있다.	①	②	③	④	⑤	①	②	③	④	⑤
		1.3 고객에게 제안한 헤어컬러디자인을 표현할 수 있는 염색방법을 결정하여 도포할 수 있다.	①	②	③	④	⑤	①	②	③	④	⑤
	크리에이티브 헤어컬러 마무리하기	2.1 염색이 퇴색이 되지 않도록 모발에 따라 온도를 조절한 열기구를 선택하여 헤어스타일을 연출할 수 있다.	①	②	③	④	⑤	①	②	③	④	⑤
		2.2 모발보호와 컬러유지를 위한 헤어전문 제품을 선택하여 마무리할 수 있다.	①	②	③	④	⑤	①	②	③	④	⑤
		2.3 염모제 유형에 따른 홈케어 손질을 위한 헤어제품을 추천할 수 있다.	①	②	③	④	⑤	①	②	③	④	⑤

[진단결과]

진단영역		문항 수	점수	점수 ÷ 문항 수	문항 수	점수	점수 ÷ 문항 수
크리에이티브 헤어컬러	크리에이티브 헤어컬러하기	3			3		
	크리에이티브 헤어컬러 마무리하기	3			3		
합계		6			6		

※ 자신의 점수를 문항 수로 나눈 값이 '3점' 이하에 해당하는 영역은 업무를 성공적으로 수행하는데 요구는 능력이 부족한 것으로 교육훈련이나 개인학습을 통한 개발이 필요함.

[교수자 피드백]

<table>
<tr><th colspan="3">교과명 : 응용 헤어 컬러링 (　　　차) 수행 평가서</th></tr>
<tr><td>교수명
(학습자명)</td><td colspan="2"></td></tr>
<tr><td>학생명
(피평가자명)</td><td colspan="2"></td></tr>
<tr><td>평가방법</td><td colspan="2">평가자 체크리스트</td></tr>
<tr><td>능력 단위명(코드)/
능력단위 요소명</td><td colspan="2">디자인헤어컬러 〈1201010137_17v4〉</td></tr>
<tr><td rowspan="4">평가계획</td><td>• 평가 1 : (Pass/Fail)</td><td>날짜 : 20　　년　　월　　일</td></tr>
<tr><td>• 재평가 2 : (Pass/Fail)</td><td>날짜 : 20　　년　　월　　일</td></tr>
<tr><td>• 재평가 3 : (Pass/Fail)</td><td>날짜 : 20　　년　　월　　일</td></tr>
<tr><td>• 최종 수행 완료 시점</td><td>〈　　　번〉</td></tr>
<tr><td rowspan="2">학습내용
(단원명)</td><td>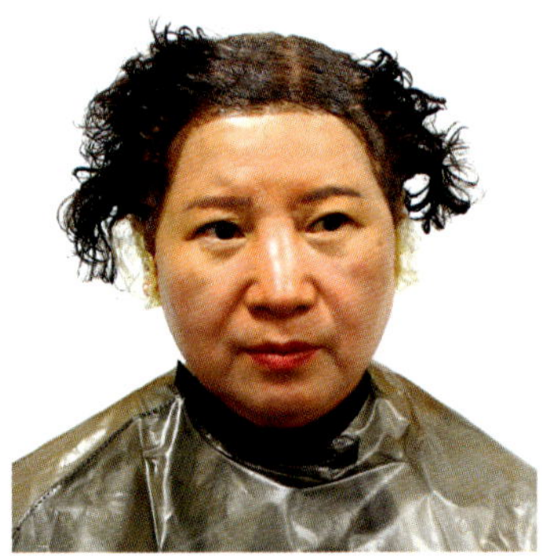</td><td>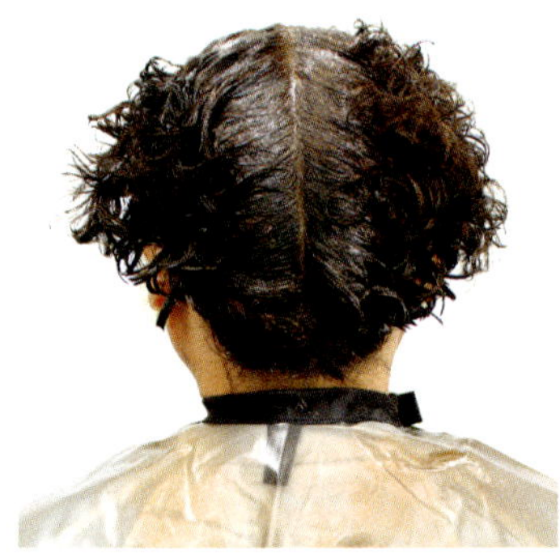</td></tr>
<tr><td>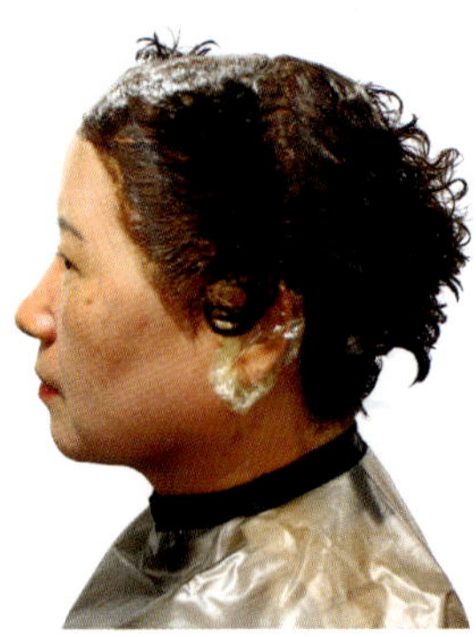</td><td>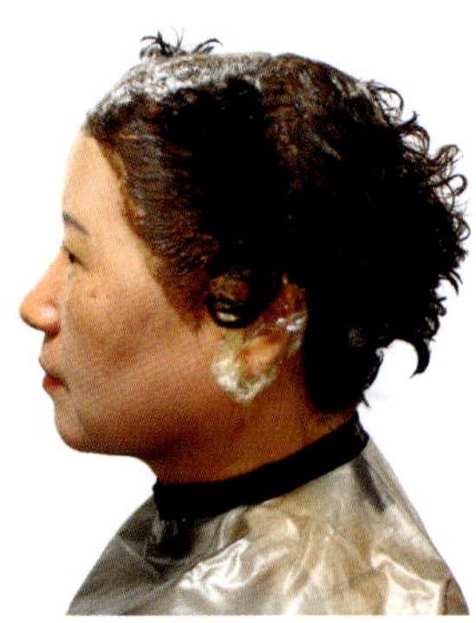</td></tr>
</table>

진단영역		진 단 문 항	학생 평가 매우미흡	미흡	보통	우수	매우우수	교수평가 매우미흡	미흡	보통	우수	매우우수
디자인 헤어컬러	디자인 헤어컬러하기	1.1 고객의 희망색상에 대한 발색가능정도를 확인하기 위해 스트렌드 테스트를 할 수 있다.	①	②	③	④	⑤	①	②	③	④	⑤
		1.2 고객의 요구와 모발 상태에 따라 염·탈색제를 선정하여 배합할 수 있다.	①	②	③	④	⑤	①	②	③	④	⑤
		1.3 디자인에 따른 도포방법 및 사용도구를 결정할 수 있다.	①	②	③	④	⑤	①	②	③	④	⑤
		1.4 호일워크, 발레아주, 존컬러 등 도포방법에 따라 모발에 염모제를 도포할 수 있다.	①	②	③	④	⑤	①	②	③	④	⑤
		1.5 원하는 컬러를 얻기 위해 가온기 사용여부를 결정할 수 있다.	①	②	③	④	⑤	①	②	③	④	⑤
	디자인 헤어컬러 마무리하기	2.1 헤어컬러 마무리 샴푸 시 에멀전 여부를 결정 할 수 있다.	①	②	③	④	⑤	①	②	③	④	⑤
		2.2 사용한 염모제와 염색방법의 특성을 고려하여 샴푸순서와 방법을 결정할 수 있다.	①	②	③	④	⑤	①	②	③	④	⑤
		2.3 모발보호와 헤어컬러의 지속성을 위해 후처리를 할 수 있다.	①	②	③	④	⑤	①	②	③	④	⑤
		2.4 헤어스타일링 제품과 도구를 사용하여 마무리할 수 있다.	①	②	③	④	⑤	①	②	③	④	⑤

[진단결과]

진단영역		문항 수	점수	점수 ÷ 문항 수	문항 수	점수	점수 ÷ 문항 수
디자인 헤어컬러	디자인 헤어컬러하기	5			5		
	디자인 헤어컬러 마무리하기	4			4		
합계		9			9		

※ 자신의 점수를 문항 수로 나눈 값이 '3점' 이하에 해당하는 영역은 업무를 성공적으로 수행하는데 요구는 능력이 부족한 것으로 교육훈련이나 개인학습을 통한 개발이 필요함.

<table>
<tr><th colspan="3">교과명 : 응용 헤어 컬러링 (　　　차) 수행 평가서</th></tr>
<tr><td>교수명
(학습자명)</td><td colspan="2"></td></tr>
<tr><td>학생명
(피평가자명)</td><td colspan="2"></td></tr>
<tr><td>평가방법</td><td colspan="2">평가자 체크리스트</td></tr>
<tr><td>능력 단위명(코드)/
능력단위 요소명</td><td colspan="2">크리에이티브 헤어컬러〈1201010146_17v4〉</td></tr>
<tr><td rowspan="4">평가계획</td><td>• 평가 1 : (Pass/Fail)</td><td>날짜 : 20　　년　　월　　일</td></tr>
<tr><td>• 재평가 2 : (Pass/Fail)</td><td>날짜 : 20　　년　　월　　일</td></tr>
<tr><td>• 재평가 3 : (Pass/Fail)</td><td>날짜 : 20　　년　　월　　일</td></tr>
<tr><td>• 최종 수행 완료 시점</td><td>〈　　번〉</td></tr>
<tr><td rowspan="2">학습내용
(단원명)</td><td></td><td></td></tr>
<tr><td></td><td></td></tr>
</table>

진단영역		진 단 문 항	학생 평가					교수평가				
			매우 미흡	미흡	보통	우수	매우 우수	매우 미흡	미흡	보통	우수	매우 우수
크리에이티브 헤어컬러	크리에이티브 헤어컬러하기	1.1 고객의 퍼스널컬러를 진단하고 최신 트렌드를 반영한 헤어컬러 디자인을 제안할 수 있다.	①	②	③	④	⑤	①	②	③	④	⑤
		1.2 고객의 이전 미용서비스내역에 따라 언더컬러 색소를 추정하여 염모제를 선택할 수 있다.	①	②	③	④	⑤	①	②	③	④	⑤
		1.3 고객에게 제안한 헤어컬러디자인을 표현할 수 있는 염색방법을 결정하여 도포할 수 있다.	①	②	③	④	⑤	①	②	③	④	⑤
	크리에이티브 헤어컬러 마무리하기	2.1 염색이 퇴색이 되지 않도록 모발에 따라 온도를 조절한 열기구를 선택하여 헤어스타일을 연출할 수 있다.	①	②	③	④	⑤	①	②	③	④	⑤
		2.2 모발보호와 컬러유지를 위한 헤어전문 제품을 선택하여 마무리할 수 있다.	①	②	③	④	⑤	①	②	③	④	⑤
		2.3 염모제 유형에 따른 홈케어 손질을 위한 헤어제품을 추천할 수 있다.	①	②	③	④	⑤	①	②	③	④	⑤

[진단결과]

진단영역		문항 수	점수	점수 ÷ 문항 수	문항 수	점수	점수 ÷ 문항 수
크리에이티브 헤어컬러	크리에이티브 헤어컬러하기	3			3		
	크리에이티브 헤어컬러 마무리하기	3			3		
합계		6			6		

※ 자신의 점수를 문항 수로 나눈 값이 '3점' 이하에 해당하는 영역은 업무를 성공적으로 수행하는데 요구는 능력이 부족한 것으로 교육훈련이나 개인학습을 통한 개발이 필요함.

참고문헌

1) 정희영 저(2011). "헤어 컬러링의 이해", 서울: 훈민사, pp.80-82.

2) 김홍희, 김문주, 유의경, 현지원, 김혜란, 송미라 저(2005). " 헤어컬러즈&컬러즈", 서울: 광문각, pp.40-41.

3) 곽진만, 유은성, 유현주, 이수인, 이옥규, 정경숙, 정숙희, 정지영 저(2011). "HAIR COLORIST", 서울: 충구문화사, p.175.

4) 이영미, 장문주, 연정아 저(2011). "헤어컬러링", 서울: 훈민사, pp.42-43.

5) 고경숙, 윤복연, 강은지, 김미연 저(2016). "NCS 기반 헤어컬러링", 서울: 훈민사, p.37.

6) 박진혁, 김민 저(2014). "THE HAIR COLORING", 서울: 예림, pp.76-78.

7) 정희영 저(2011). 위의책. pp.61-67.

8) 양은진, 이영미, 김선희, 김은영, 김정숙, 박도현, 서원숙, 심선녀, 이윤현, 홍보경 저(2015). " 헤어컬러링", 경기: 메디시언, pp.64-67.

9) 곽진만, 유은성, 유현주, 이수인, 이옥규, 정경숙, 정숙희, 정지영 저(2011). 위의책, pp.180-183.

10) 고경숙, 윤복연, 강은지, 김미연 저(2016). 위의책, pp.41-42.

11) 김영미, 강영주, 강미영, 국지연, 김만태, 김미강 외저(2011). "헤어컬러디자인", 서울: 청구문화사, p.27.

12) 곽진만, 김명주, 김미선, 김성아, 김혜경 외저(2011). "Special Hair Colorist", pp.184-186.

13) 박진혁, 김민 저(2014). 위의책, pp.79-81.

14) 정희영 저(2011). 위의책. pp.72-77.

15) 박진혁, 김민 저(2014). 위의책, pp.87-90.

16) 정희영 저(2011). 위의책. p.69.

17) 김홍희, 김문주, 유의경, 현지원, 김혜란, 송미라 저(2005). 위의책, p.35.

18) 고경숙, 윤복연, 강은지, 김미연 저(2016). 위의책, p.69.

19) 손지연, 정유진, 박민서, 왕혜자 저(2014)." 헤어컬러 베이직&인텐시브" 서울: 구민사, p.60.

20) 김홍희, 김문주, 유의경, 현지원, 김혜란, 송미라 저(2005). 위의책, pp.35-36.

21) 고경숙, 윤복연, 강은지, 김미연 저(2016). 위의책, pp.95-96.

22) 손지연, 정유진, 박민서, 왕혜자 저(2014).위의책, p.64.

23) 고경숙, 윤복연, 강은지, 김미연 저(2016). 위의책, p100.

24) 조정혜, 강영숙, 김명주, 맹유진, 소영진, 오현주, 최정명 저(2005). " Hair Best Color 컬러리스트를 위한 베이직 북",서울: 훈민사, p.59.

25) 김홍희, 김문주, 유의경, 현지원, 김혜란, 송미라 저(2005). 위의책, pp.36-39.
26) 박진혁, 김민 저(2014). 위의책, p.119.
27) 고경숙, 윤복연, 강은지, 김미연 저(2016). 위의책, p82.
28) 박진혁, 김민 저(2014). 위의책, pp.122-124.
29) 김홍희, 김문주, 유의경, 현지원, 김혜란, 송미라 저(2005). 위의책, p73.
30) 박진혁, 김민 저(2014). 위의책, p130.
31) 곽진만, 유은성, 유현주, 이수인, 이옥규, 정경숙, 정숙희, 정지영 저(2011). 위의책, p.72.
32) 정숙희, 권태신, 김춘일, 박기원, 박세희, 심선녀 외저(2009). 서울: 청구문화사, p.142.
33) 고경숙, 윤복연, 강은지, 김미연 저(2016). 위의책, pp.171-175.
34) 조정혜, 강영숙, 김명주, 맹유진, 소영진, 오현주, 최정명 저(2005). 위의책, pp. 136-142.
35) 조정혜, 강영숙, 김명주, 맹유진, 소영진, 오현주, 최정명 저(2005). 위의책, pp.153-154.
36) 손지연, 정유진, 박민서, 왕혜자 저(2014).위의책, p.107.
37) 손지연, 정유진, 박민서, 왕혜자 저(2014).위의책, pp.108-110.
38) 정숙희, 권태신, 김춘일, 박기원, 박세희, 심선녀 외저(2009). 서울: 청구문화사, p161.

찾아보기

NCS 적용교육

어드밴스 헤어컬러링

2018년 9월 15일 초판 인쇄
2018년 9월 20일 초판 발행

저 자 박은준 · 권은실 · 김우빈

발행인 주병오 · 주민기

발행처 메디시언

주 소 경기도 파주시 회동길 209
파주출판문화도시

영업팀 (031) 955－7566 · 7577
편집디자인팀 (031) 955－7731
F A X (031) 955－7730
홈페이지 www.ji-gu.co.kr
전자우편 jigupub@hanmail.net
등록번호 2005년 2월 16일 제 406-2005-000045호

ISBN 979-11-86739-68-6 값 28,000원